# 走笔且吃茶

## 茶文化漫谈

刘伟华　著

中国农业出版社

北　京

# 序言

　　九年前，伟华编著《且品诗文将饮茶》，这是一本经典茶诗文选读本。如今这本即将付梓的《走笔且吃茶》，则是她习茶多年来依托经典，又跳出书本，走出校门，深入文化源头，来到茶产业前沿，投入实践探索的记录。

　　读《走笔且吃茶》，我约略看到她十几年来实践探索的几条路径。

　　一是茶文化与茶产业融合发展的研究探索。她立足宜昌，从调查入手，聚焦茶业一产、二产、三产深度融合联动，突出文化创意创新，从茶产品设计、茶文化旅游、茶馆茶楼经营等方面，提出了新理念、新模式。近十年，"茶文化热"持续升温，传承弘扬茶文化不仅为茶产品提升了附加值，还带来了丰富文化精神生活的社会效益。在产业和消费"双升级"的当下，茶文化的传承创新，一方面创造需求，把茶叶消费推上新的台阶；另一方面增加供给，提供多样化、高质量的茶产品和服务，实现需求和供给双方同时发力，正需要有能敢为者去开创践行。

二是区域原生态茶文化资源的采集与转化。她深入三峡地区土家族这方文化活水，寻源问道，采集神话传说、茶歌茶谣以及土家人祖传罐罐茶文化，感受民间茶俗、节庆文化，尝试激活传统与现实文化相融通。在中华文明的历史长河中，荆楚文化以其乐生、浪漫的特有气质，泽被后世。把以宜昌为中心的三峡地区的原生态茶文化，导入当代茶产业中去，打造区域特色茶文化，今天正当其时。

三是构建茶文化专业课程体系的教学实践。她立足本校，面向湖北、三峡地区，以服务茶产业第一线为宗旨，构建包括课程内容设置、考核评估、教学模式的专业建设体系，参与中华茶文化传承与非遗传承的国家级教学资源库建设，承担茶文化传承与创新示范点建设任务，取得了一定进展与成效。茶文化进入高等教育，就全国而论，毕竟只有十多年时间，尚处在一个边实践运作边探索研讨的阶段，多种实践尝试，积累经验，都是可贵的。

四是当代茶艺的创新和理论阐述。1999年农艺师列入《中华人民共和国职业分类大典》后这二十多年来，茶叶品饮这门生活艺术已经得到普遍认可。但茶艺不只是一门职业技能，更是一种有品质的生活艺术体验、一个美育的载体。在传统与时尚、物质与精神、表演与生活等诸多关系上值得探讨，对茶艺的定义、艺术特征、社会功能等方面有待进行理论上的阐述。对此，伟华这几年已有了起步，亦有所论述。多次参与全国茶艺职业技能竞赛执裁及竞赛技术总规程制定，为她奠定了理论基础。

从读《且品诗文将饮茶》，到读《走笔且吃茶》，这近十年间，欣喜地看到了新一代茶文化研究教育人士的成长。回望1990年在杭州召开国际茶文化研讨会时，参会者都是不同行业和专业中的茶文化爱好者；1999年茶艺师列入《中华人民共和国职业分类大典》后，渐渐出现了从事茶艺培训教学的专业人士；2003年浙江树人大学开设应用茶文化专业；2006年浙江林业大学设置本科层次文化管理（茶文化方向）专业后，一代专业的茶文化研究者首先在高等院校的教学实践中成长。伟华就是其中的一位。

一个产业文化化、文化产业化，文化和经济相互赋能，一二三产深度融合的新的大茶叶产业已然向我们走来，必然造就新的产业生态、经营管理与文化传承，亦必将涌现更多新人新作。

我期待着。

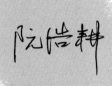

# 目录

## 序言

### 一瓯君与共

| | |
|---|---|
| 浊酒清茶皆人生 | 002 |
| 不如吃茶去 | 005 |
| 茶斟七分心自宽 | 011 |
| 春风二三月，清心且吃茶 | 014 |
| 茶·菩提 | 017 |
| 茶烟蕴藉木樨花 | 021 |
| 让我陪你去远安 | 026 |
| 唐宋文人的三峡茶缘 | 031 |
| 雷思霈《白洋山茶》解读 | 036 |
| 三峡地区土家族茶歌的文化魅力 | 047 |
| 郑燮茶联的审美韵味 | 072 |

茶人名号百千种，但说爱茶万般情　　　075

中国古代文人茶礼述略　　　085

茶说橘说屈姑说　　　096

有声的画卷　炽热的情歌　　　098

人间有味是清欢　　　105

素馨茉莉一杯茶　　　110

诗味益茶清

生命，只是一种开放的姿态　　　116

春天，一个诗人复活　　　118

拔掉一颗牙　　　120

汉字的加减法　　　122

魂归故里　　　122

端详一枚税徽　　　126

舅爷爷家的柿子树　　　128

三十年祭：与外婆书　　　130

三十三年祭：再与外婆书　　　134

流水之下：再与外婆书　　　136

掌　纹　　　138

南河谣　　　139

秋分辞　　　141

一切刚刚好　　　　　　　　　　　143

我曾与你暂别　　　　　　　　　　145

茶之歌　　　　　　　　　　　　　147

北戴河闻蝉　　　　　　　　　　　149

灯还亮着　　　　　　　　　　　　153

河水溶溶韵悠悠　　　　　　　　　156

怀念雨声　　　　　　　　　　　　159

伤心伤怀在望楼　　　　　　　　　161

上洋，一棵开花的树　　　　　　　164

安魂曲　　　　　　　　　　　　　167

我是你的传奇　　　　　　　　　　191

在路上　　　　　　　　　　　　　193

曾经，我们也有故乡　　　　　　　196

悠悠故土情　　　　　　　　　　　199

温新阶《乡村影像》之印象　　　　202

生命，生长在忧伤的河流之上　　　205

基于岗位能力要求的高职茶文化专业课程体系构建　214

茶文化对宜昌茶产业发展的推动作用研究　224

延伸课堂，传承文化，推动茶文化专业建设　276

茶产业文化化视域下的新时期茶馆经营　283

五峰土家茶文化产业创新模式研究综述　293

宜昌茶文化旅游开发现状及对策研究　335

紧抓文化内核，融合乡村旅游，构建远安茶产业发展新格局　352

恩施民俗茶文化的内涵及其呈现　366

传承与创新，规则与自由　376

## 代后记

从心出发，重新出发　391

一瓯君与共

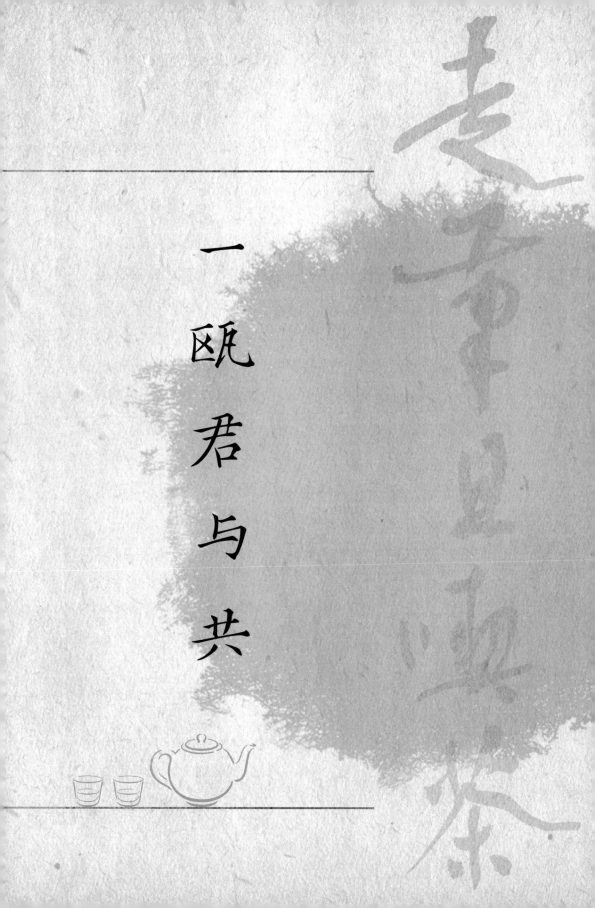

# 浊酒清茶皆人生

　　"酒盏解忘忧，茶瓯工破睡"，在中国几千年的历史文化长河之中，酒与茶扮演着重要的角色。上至王公贵族，下至黎民百姓，风雅筵席、日常生活都离不开酒与茶；骚人墨客，三军将帅，对酒与茶的迷恋，可谓互堪伯仲。

　　酒，入史入文，道尽人生豪情。曹孟德"煮酒论英雄"的伟略，关云长"温酒斩华雄"的潇洒，赵匡胤"杯酒释兵权"的心机，武松醉卧景阳冈打虎逞英雄，阮籍醉酒穷途以明志，嵇康佯狂醉酒以避世，唐寅醉酒花下眠……

　　酒，似乎与生俱来就与人的喜怒哀乐紧密相连，成为人们宣泄情感的重要载体。酒入愁肠，可以化作相思泪；酒伴欢颜，可以助人逸兴遄飞。

　　"浊酒一杯家万里，燕然未勒归无计"写尽无奈；"醉卧沙场君莫笑，古来征战几人回"道尽苍凉。陶渊明"忽与一觞酒，日夕欢相持"尽显归隐山林的闲适平淡；李白"举杯邀明月，对影成三人"，寄托难与尘世同的冷清孤傲。放翁"红酥手，黄滕酒"演绎的是"一怀愁绪，几年离索"的刻骨悲伤，东坡"明月几时有，把酒问青天"抒发的是大江东去的豪迈，易安"东篱把酒黄昏后"浅吟的是有暗香盈袖的婉约。

　　酒，是人类忠诚的朋友。伴佳人笑，陪文人哭。让人们在浮华残酷的社会里寻求沉醉的瞬间，释放痛苦的灵魂。它演绎的是浪漫，是激情。

茶，却是以其"散郁气，驱睡气，养生气，除病气，利礼仁，表敬意，尝滋味，养身体，可行道，可雅志"的十德，悄然进入诗人、文人的世界。

狂放孤傲的卢仝高歌："一碗喉吻润，两碗破孤闷。三碗搜枯肠，唯有文字五千卷。四碗发轻汗，平生不平事，尽向毛孔散。五碗肌骨清，六碗通仙灵。七碗吃不得也，唯觉两腋习习清风生。蓬莱山，在何处？玉川子乘此清风欲归去。"赢得"七碗茶歌"的"生前身后名"。

白居易低吟"琴里知闻唯渌水，茶中故旧是蒙山"，视琴茶为"知己故人"。他"起尝一瓯茗，行读一卷书""夜茶一两杓，秋吟三数声""或饮茶一盏，或吟诗一章""游罢睡一觉，觉来茶一瓯""从心至百骸，无一不自由""虽被世间笑，终无身外忧""醉对数丛红芍药，渴尝一碗绿昌明"，诗人醉对红花，渴尝绿茶，其乐无穷。"不寄他人先寄我，应缘我是别茶人。"显露的是洋洋自许之情。

陆游出生于茶乡，当过茶官，晚年又归隐茶乡。一心杀敌，却被当作吟风弄月的闲适诗人。于是，茶，成了他最好的伴侣。"矮纸斜行闲作草，晴窗细乳戏分茶""我是江南桑苎家，汲泉闲品故园茶""雪液清甘涨井泉，自携茶灶就烹煎""难从陆羽毁茶论，宁和陶潜止酒诗"，酒可止，茶不能缺。

苏东坡更是视茶为二八佳人，"戏作小诗君勿笑，从来佳茗似佳人"。对茶充满爱怜之情。他一生嗜茶如命，起也茶，坐也茶，醒也茶，醉也茶："酒困路长唯欲睡，日高人渴漫思茶，敲门试问野人家。"他懂茶，爱茶："活水还须活火烹，自临钓石取深清。"不管走到哪里，不管命运如何，茶始终是他的人生伴侣。

茶与酒，可谓千岁老友。古代文人，几乎都与酒茶结缘。现实社会中，人们也离不开酒与茶。以酒买醉，用茶清醒。人们借酒说话，借酒办事，借酒装疯，借酒消愁，借酒抒情，借酒滋事。形形色色的故事就在酒的催化下上演了。然则，"茫茫人事，忧思、忧愁、忧患千桩万种，区区杜康何能消解？若是二三知己，品茗倾谈，围炉夜话，如潺潺流水，涓涓清溪，倒可以于相互慰藉中分忧解愁。"

俗话说，浅茶满酒是也。酒尚大，是以大杯为美，以海量为豪，动辄干杯；茶尚细，需细品方有滋味。酒尚乱，虽不至于天下大乱，也可使人乱了分寸，乱了一夜；茶需静，静心静意，环境清雅，器具清雅，方能得品茗之神韵。饮酒尚歌，欢歌笑语，长歌当哭；饮茶尚谈，婉婉而款款，如泣如诉。

若说酒是豪爽、猛烈、讲义气的汉子，茶则是文静、宽厚、重情谊的书生。

若说酒是烈焰红唇，茶则是红颜知己，她适合安静相对、心灵互通。

若说酒是浪漫热烈的探戈，茶则是优雅的慢四，应该十指紧扣、默然相拥。

若说酒是挥剑问情的壮怀激烈，茶则是禅佛一味的恬静淡定。

常听人说，人生是一杯苦酒。我却说，人生是一杯苦茶。酒，来得浓烈，来得激情，来得浪漫。茶，来得优雅，来得超然，来得豁达。

我们需要浓烈的、浪漫的酒，它带我们积极入世。我们需要优雅的、豁达的茶，它带我们看清纷扰世事，超凡出尘。我们需要时而激烈时而浪漫，更需要时而清醒时而超脱。浊酒一杯，清茶一碗，演绎的是百态人生，吟唱的是真实的生活。"留一半清醒留一半醉"，这才是对待生活最好的态度。

（2010.8）

# 不如吃茶去

真正喜欢起喝茶，是受到父亲的影响。父亲是地方上一个不太大的官儿，按现在的话说，终年在为"三农"服务。父亲年轻的时候，肩负家庭生活与工作的双重压力，很艰辛地承受着人生的风风雨雨。在熬夜写一些专业文章补贴家用的时候，他学会了喝茶。而当时的茶叶，显然并不是什么好茶，用的也是那种粗糙的搪瓷茶缸。这一喝，父亲就再也没有放下。

随着年岁的增长，茶叶越放越多；随着儿女们逐一参加工作，父亲享用的茶叶档次也越来越高。

我是从读高中的时候开始喝茶的。那时候，哥哥为父亲买的都是绿茶。产自武陵山脉中的五峰县，终年云雾缭绕的山峰孕育出上好的采花毛尖、千丈白毫。父亲的玻璃杯里，随着热雾氤氲，浅绿得近乎泛白的叶芽或舒展或站立，根根茸毫毕现，在清亮的汤水里宛如曼妙多姿的舞女，格外养心悦目。这美妙的感觉触动了我的心弦，我决定也要手捧一杯清茶，坐在冬日的长廊上，复习功课。于是，我偷偷地准备好杯子，小心地撮了几丝茶叶，冲满开水，就自得地坐在书桌旁，静静地开始等待一种感觉的来临。想等待什么？并不清楚。父亲看我一本正经的样子，笑着说："泡茶很有讲究的。水不能太热，80度合适；最先冲泡的茶水要倒掉，这叫洗茶；你才喝茶，茶叶不能太多，慢慢来。"说完，端起茶杯，轻啜一口，滋滋有声。哦，以前，父亲是为了缓解生活压力而喝茶；现在，完全就是为了享受而饮茶了。我偷偷地乐了。

有了第一次，就有了日后的坚持。刚参加工作时，有些同事见我年纪轻轻的一个小丫头，每天端杯茶，就笑得很夸张地说："你居然还会喝茶？"直到我与他比较了茶龄、对茶的认识以及各自的茶叶档次，他再也不敢嘲笑我了。其实，现在我才明白了，起初爱上茶，完全是一个女孩子被茶叶与热水的那种交融的情愫所感动，而产生的质朴的依恋，哪里是懂得什么茶叶与茶道呢？

从一开始爱上绿茶，就再也没想过尝试其他的茶类。随阅历增长，见识过更好的绿茶，如龙井、碧螺春；也见识过上好的红茶，如祁红、滇红；去云南的时候，也喝过普洱茶。但是，总是爱绿茶的清澈，爱绿茶的雅致。

从小爱读《红楼梦》，"栊翠庵茶品梅花雪"一节里，脱俗的妙玉用精致高贵、世间少见的器皿招待宝钗、黛玉喝茶，又用绿玉斗斟茶与宝玉。那泡茶的水是五年前妙玉住在玄墓蟠香寺时，收梅花上的雪，用鬼脸青的花瓮深埋在地下，这年夏天才打开。选用历史名茶老君眉，才泡出汤色清澈、回味无穷的清茶来，让黛玉等赞不绝口。她还讲出一套

"一杯为品，二杯即是解渴的蠢物，三杯便是饮牛饮骡了"的饮茶之论，让我记忆深刻。

想象着那轻浮于茶水里的荡漾着的绿芽，我的心就会在寂静的深夜里，沉浸在那一片风花雪月之中了，"寒夜客来茶当酒，竹炉汤沸火初红；寻常一样窗前月，才有梅花便不同"。就这样朦朦胧胧地喜欢上绿茶，有了十几年的时间。

我以为，这一生，肯定只会爱绿茶了。

直到认识了一个茶学界的朋友，从他那里，懂得了很多关于茶的知识。最终又促使自己去专门学习茶学，探究茶文化的奥义，对茶有了一个新的审视。原来，茶叶，这么普通而平凡的叶片，居然承载着这么深厚的意蕴！原来，不只是绿茶才有着醉人的清韵！

于是，我静下心来，闻着普洱的醇和芬芳，尝着红茶的细腻甘甜，品味大红袍的清香余韵，体悟黎山茶的无穷韵味，我发现传统的茶叶真的积淀成了一种文化。

在博大精深的中国茶文化中，茶道是核心。我所理解的茶道，大约一是备茶品饮之道，用于指导备茶的技艺、规范和品饮方法；二是思想内涵，即通过饮茶陶冶情操、修身养性，把思想升华到富有哲理的、关于世界人生本体的、道的境界。也可以说是在一定的社会条件下把当时的道德和行为规范寓于饮茶的活动之中。在茶事活动中融入哲理、伦理、道德，"茶道"以茶为媒，通过沏茶、赏茶、饮茶来修身养性、陶冶情操、增进友谊、学习礼法、品味人生、参禅悟道，达到精神上的享受和人格上的完善，达到天人合一的最高境界。可以说，茶道追求超越性与和谐性的有机统一，追求在虚静玄妙中，通过直觉体悟达到对人生的、对功利的精神上的超越。因此，也可以说，中国茶道精神是融合儒、道、佛诸家精华而形成。

当代著名翻译家、作家叶君健说："中国美好的东西太多，茶是其中突出的一种。它既高雅，又大众化。中国人的生活，除柴、米、油、盐、酱、醋以外，还必须有茶。"我国各民族几乎都有饮茶的习俗。汉族饮茶，虽然方式有别，但大多推崇清饮，认为清饮最能保持茶的"纯粹"，体现茶的"本色"，领略到茶的真趣。茶者，"草木之中的人也"。"天人合一"原本就是茶的本性。中国人饮茶，倡导的就是这种氛围。我觉得最能体现汉民族清饮雅赏、香真味实的就是品龙井、啜乌龙、喝凉茶了。

龙井茶主产于浙江杭州的西湖山区。"龙井"一词，既是茶名，又是茶树种名，还是村名、井名和寺名。西湖龙井茶，向以"色绿、香郁、味甘、形美"著称，"淡而远""香而清"。历代诗人以"黄金芽""无双品"赞之，而酷爱龙井茶的乾隆皇帝可算是其最佳代言人了。江南的杏花春雨中，一定是少不了一杯龙井茶的馥郁芬芳的。

广东、福建、台湾等地，习惯用小杯啜饮乌龙茶，美其名曰"工夫茶"，因其冲泡时颇费工夫而得名，是汉族的饮茶风俗之一。"工夫"主要取决于三个基本前提，即上乘的茶叶，精巧的工夫茶具，以及富含文化的瀹饮法。在氤氲茶烟中，多少前尘往事，尽付笑谈中。

喝凉茶的习俗，则多见于南方。在中国南方很多地区，凡过往行人较多的地方，从公园、车站码头、街头巷尾，到半路凉亭、田间工地，都有凉茶出售或供应。南方人喝凉茶时，会在茶中放一些具有清热解毒作用的中草药，如野菊花、金银花、薄荷、生姜、陈皮等，以使茶的清热解毒功能，得到充分的互补和发挥。小时候，在外婆家，常喝一种林檎茶，茶叶很普通，叶片很大，谓之"三匹罐"，有取三片叶子就可以冲泡一瓦罐茶水之意。夏天喝起来，凉沁沁的，特别解渴解暑。然而现在知道那个叶子其实并不算是茶，而是一种野生海棠。

少数民族饮茶也有很多讲究。比如藏族的酥油茶、白族的三道茶、傣族的竹筒香茶、侗家的打油茶、蒙古族的咸奶茶、土家族的擂茶，都风味十足。

中国的茶历来与文人结缘。文人骚客或以茶交友，或以茶明性，著有很多关于茶的妙句佳言。宋代大文豪苏轼与茶、酒结缘终生，他的咏茶诗词写得空灵别致，"戏作小诗君勿笑，从来佳茗似佳人"，把"佳茗"与"佳人"相提并论，留下了千古绝妙名句。

文人品茶有"三乐"：一为"独品得神"。一个人或面对青山绿水或置身于高雅的茶室，通过品茗，心驰宏宇，神交自然，物我两忘，此一乐也。二为"对品得趣"。两个知心的朋友相对品茗，既可无需多言、心有灵犀一点通，也可推心置腹、倾诉衷肠，此亦一乐也。三为"众品得惠"。孔子说："三人行必有我师焉"，众人相聚品茶，相互沟通，相互启迪，可以学到很多书本上学不到的知识，这同样是一大乐事。

茶叶大致分绿茶、黄茶、黑茶、白茶、青茶、红茶等几类。每个人喝茶，要根据自己的身体状况来选择茶叶。比如说我，朋友言语之间，对我长期喝绿茶颇不以为然。原来，像我这样身体比较虚弱、胃寒重者，其实不宜多喝绿茶，而应该改喝红茶，或者黑茶如普洱茶，要不然喝点青茶如铁观音。红茶与黑茶，色酽汤浓，都属于"温补"；而绿茶"叶绿汤绿"，色泽清亮，看起来赏心悦目，但因为生性寒凉，肠胃不好的人，常常不耐受。

　　于是，知道原来我爱了几十年的绿茶，居然并不是适合我的那一类。难怪，这么多年，肠胃总是不好，谁又能说不是长期饮用绿茶的缘故呢？突然就明白了一个道理：在我们生命中，有多少人与物是我们自己的坚定选择，以为千追万求的，肯定是属于自己、适合自己的。却不料，我们只是凭着自己的一种偏爱，一种先入为主，就认定了他（她或者它）应该是自己最爱的，因而是能够给自己带来福祉的。殊不料，我们却在天长日久的相信中，慢慢被浸染，慢慢中了蛊，欲罢不能。如同我之于绿茶……

　　我们因为爱而迷惑，因为爱而虔诚，因为爱而一错再错……

　　然而，茶还是要喝的。

　　"为名忙，为利忙，忙里偷闲，且喝一杯茶去；劳心苦，劳力苦，苦中作乐，再倒一杯茶来。"

　　爱还是要继续的。只是，在今后的日子里，我还会那么钟情于绿茶么？但是，我还是愿意如赵朴初老先生诗所言"七碗受至味，一壶得真趣。空持百千偈，不如吃茶去"。且不管爱的什么茶，今生必是爱上了茶。

　　因为有时候，为了爱，我们宁愿一错再错……

（2006.12）

# 茶斟七分心自宽

饮茶之人，必知"茶斟七分满"的礼节与讲究。一壶香茶，分给众位茶客，茶杯以满七分为好，尚余三分，是为人情，一为诚挚敬客之心，二为茶的虚心容纳之德，三为告诫万事不可求全求满。俗语也讲"满酒浅茶""茶满欺客"，说的也是这个理。因此，分茶时切忌满杯。

然而，很多时候，去茶楼喝茶，茶事服务人员不懂行规，殷勤地给我们把茶杯斟得满满的。常常，就有口快的朋友忙着阻止："茶满了！"可不是？茶水从杯沿上漫溢出来，淌得到处都是。这些续茶的服务人员也许是不太懂茶斟七分满的道理的，她们一定觉得满心满意、满满当当，才是待客之道。

年前，工作忙，任务压头。可是偏偏电脑又开始消极怠工，反应迟缓，动辄死机，让我干着急。电脑刚买了不到一年，又是货真价实的名牌，怎么不断地出现这种情况？心里就很暗恨电脑添乱。请了个行家朋友来"问诊、把脉"，说是程序要重装，空间要清理。忙活了大半天，终于重新装载了程序，将硬盘空间进行了有效整理。再来使用，果然就快多了。

朋友笑我是一个电脑盲：电脑使用时间长了就得经常清理垃圾，留给硬盘足够的空间，否则，满载甚至超负荷，怎么工作？听了朋友的话，我深感惭愧。由于我的不懂，让电脑承担了莫须有的罪名，还惹得自己一肚子的不高兴。电脑无言，自由我责怪，孰料本来就是自己的失误！

忽然就想起喝茶时候服务人员一片热忱，往往让小小的茶杯"水满则溢"，殊不知却犯了敬茶的大忌。

看着那漫溢横流的茶水，偶尔，会有一种伤怀的感觉掠过。一个杯子，只能容下一定的水，再继续装，定然会漫溢出来。茶杯承受不来多余的分量，人心何尝不是如此啊！所幸，茶杯有口，它敞开怀抱接纳，也敞开怀抱拒绝，任多出来的茶水满溢横流。而心呢？如果没有出口，装得越多，必会封得越死，严严实实，密不透风，随时间的流逝，这个包裹越来越沉，心也被堵得越来越死，甚至影响了呼吸。一直以来，面对生活的重压、人事的繁杂，喜欢承载，习惯隐忍，功名利禄、爱恨情仇、生老病死，一切入心。当初春的细雨与阳光踏着欢快的脚步迎面而来的时候，才发现不知在什么时候，心已经没有了一丝缝隙！居然容纳不下这么美丽的春天了！心已被封死，失去了活力，再也无法感受鲜活的生活，再也没有迎接春天的激情，甚至再也不能流泪与悲伤，这时候，镜中的你已经面容苍白、身心憔悴。

即便是电脑，也懂得用消极怠工来表示它的不堪重负；就像是茶杯，也知道该来的要接受，该走的就让它远走。为什么，还不能打开一扇窗，让一线阳光挤进去，晒一晒陈旧的伤痕，清理清理记忆的磁盘，让你的心重新充满活力，重新去感受生活的喜怒哀乐？

满，则堵；满，则溢。我们的心，只有那么大的空间，我们注定只能容纳某些东西、部分东西。世间美好的事物数不胜数，可我们只能选择最适合我们的、我们最需要的。值得悲伤的事情也很多，但是我们不能让心永远沉湎于伤痛，看不见欢乐和阳光。毕竟，我们的心灵空间有限，我们的心灵承载的重量有限。

古话有说"满招损"，自我满足，会招来损伤。这个自我满足的过程，也就是一个漫溢的过程，会让自己的心承受不了重量而受伤。因而，我们要学会"虚心"，也就是使心空灵起来，这样才能从容面对人生的种种不如意。人生一世，俯仰之间，万物已为陈迹，何不淡然一点、轻松一点、洒脱一点，走在荆棘丛中，还要能看见星星点点的鲜花；流着悲伤的泪，也不用觉得凄凉。

禅者曰：心中有欢喜的人，处处是赏心悦目的景色；心中有禅味的人，耳闻是八千四万的诗偈；心中有佛的人，见人见事都是善人共聚。我们来到这个世界，不是仅仅为了承受痛苦、伤心，也不是为了烦恼、生气而来。黑暗阴晦的情绪，影响你开启那个盛满欢喜、无忧、安乐、和平的七彩宝盒。

世界本不圆满，万事不能苛求完美。要舍得撕开一条缝隙，给你的心一点自由的空间，让自己更加空灵一些，才可能去聆听来自暗夜深处的天籁。

(2010.5)

# 春风二三月，清心且吃茶

　　"春路雨添花，花动一山春色。"转眼间，满山鲜嫩的茶芽，已在春风中展现出莹洁嫩绿的身姿。"待到春风二三月，石炉敲火试新茶"，正是呼朋引伴，敲火发泉，烹茶林樾下的绝佳时机啊。

　　古朴厚重的柴烧茶具当然应景，莹洁如玉的青白瓷也不错，即便是一只晶莹剔透的玻璃杯，迎了鲜嫩碧绿的茶芽入宫，酌以煮好的清澈山泉，也能观轻柔曼妙之舞姿，品鲜爽清新之滋味，得山间美景之野趣。

　　早在汉唐时期，青年男女就喜欢在春日里冶游，踏春濯足，祛晦、避邪、祈福，当然也饮茶，甚至发展演变成春日茶宴。古人品茶，尤其是文人雅士品茗，特别讲究茶品、水品、茶侣、茶候的统一。欧阳修《尝新茶呈圣喻》诗说："泉甘器洁天色好，坐中拣择客亦嘉。"新茶、甘泉、清器、好天气，再有二三佳客，这便构成了饮茶环境的最佳组合。明清时，人们对品茶环境的要求更严格、更细致，品茗意趣更趋高雅。骚人羽客、文人雅士，或会于泉石之间，或处于松竹之下，或对皓月清风，或坐明窗静牖，与客清谈款话，探虚玄而参造化，以期达到清心神而出尘表的意境。徐渭言：茶，宜精舍、云林、磁瓶、竹灶，幽人雅士，衲子仙朋，永昼清淡，寒宵兀坐，松月下，花鸟间，清流白石，绿萍苍苔，素手汲泉，红妆扫雪，船头吹火，竹里飘烟。陆树声亦曰"茶侣"应该是"翰卿墨客，缁流羽士，逸老散人，或轩冕之徒，超轶世味者"。

在古代文人们看来，对品茗环境的讲究，是构成品茗艺术的重要环节，体现了中国古代哲学中"天人合一"的观念。所谓物我两忘，栖神物外，心心相印，其实都是说的一种人与自然、人与人和谐统一的最高境界。品茶作为一门艺术修养，也以主客体的相合统一作为最高境界。

实际上，常人品茶，没有那么多精细的讲究。有清泉白石、名花琪树、鸾俦鹤侣相伴，当然锦上添花；闹市一隅、一张几凳、一把泛着流年时光印记的紫砂壶，又何尝不可寻得独饮的乐趣？更有田间地头的那一罐凉茶，谁又替代得了它解渴消暑的酣畅淋漓？因而，说到喝茶品茗，不必在意那些烦琐的仪式，不必苛求优雅的环境，重要的是一份心境、一份体悟而已。

无论你是身居锦绣华室，还是寄寓破宇陋巷；不管你用金碾银则，还是瓠瓢陶杯；是蕉窗夜雨、石松听泉也罢，是小院闲坐、寒夜客来也罢；随你选择清香宜人的碧螺春、明艳动人的祁门红，抑或高香鲜爽的黄栀香、厚实饱满的普洱茶，端起一杯茶，就端起一份心境，握住了一段人生。一饮而尽的兴许是豪迈，也可能是郁伤；慢啜细品的既可以是悠然，也可能是惆怅。只有等那一杯茶尽，放下空杯，刚才一刹那的色香味，重回眼前、鼻端、舌尖、心头。不断地拿起、放下，不断地续杯满上，不断地空杯相对。小小茶汤仿佛幻化万千心意，让你该拿起的时候，适时拿起；该放下的时候，自然随缘地放下。此时，你才会明白，简单一杯茶，道尽了人生百味。懂得拿起与放下，是为品茗之一得。

一片茶叶，一个茶杯，一个有心人，是什么缘分使他们在这一刻相遇？相隔千里迢迢，走过漫漫风沙，经过揉捻顿挫，经过烈火煅烧，最终因为一个爱它们的人，在一份透明无味里相遇、相知，彼此不顾一切，奉献出最为本真的滋味。水用热烈的温度激发茶的芬芳，器用无华的胸怀包容茶与水的交融，在品茶人心手一致的虔诚中，彼此成就一个传奇。这一刻，是绝无仅有的唯一。懂不懂茶没关系，爱不爱茶也没关系，且坐喝茶，让身边的人懂你，或许更重要。所谓一期一会，便是要怀着感恩与结缘的心，珍视每一片茶，珍惜每一滴水，感谢每一个人。我们的生命里，有多少人匆匆而来，只为伴你一段行程。悲也好，喜也罢，爱也好，恨也罢，一期一会，再不复见，何不宽容以待，福喜满怀。懂得一期一会，便是品茗之二得。

茶，堪称精深，渊源传承五千年；茶，堪称博大，业已征服七大洲；茶，最平凡，与柴米油盐酱醋一起，为百姓生活所需；茶，又高雅，与琴棋书画诗词花为伍，为有心人增添风情雅趣；茶，特伟大，修身齐家治国平天下。茶是有根的，喝一杯茶，可以喝出一片山川风貌，一种风俗民情；茶是有情的，喝一杯茶，可以喝出一份美妙爱恋，一个生命的历程；茶是有魂的，喝一杯茶，能够喝出一段沉淀的时光，一缕深邃的哲思。懂得茶为无尽藏，知茶、习茶、爱茶、敬茶，便懂得自身也有无穷之能量，在生命的每一个季节、每一个时段、每一秒辰光，都应保持精进，做更好的自己，过丰富的人生。此为品茶之三得也。

面对一杯茶，倘若能够悟得此种三昧，便不至于辜负了这一杯春光，一杯秋色，一杯夏荫，一杯冬雪了。还是刘树勇（老树）道得直白："开门但看雨，闭户且吃茶。想想世间事，不知该说啥。有闲忆旧梦，无风扫残花。俗身在单位，云心赴天涯。"你若身处红尘，心为形役，纠结不堪，何物可使人远？唯有一茶清心。

想想吧，"黄昏独坐，林下看诗。清茶一盏，新竹几枝。烟林漠漠，暮色迟迟。欲适何处，浑然忘机"。这是不是你要的生活，是不是你要的境界？那么，且吃茶去罢！

（2013.3）

# 茶·菩提

在所有的植物中，茶与菩提和佛禅深结善缘。

茶，生于乡野，历经千锤百炼，以枯槁之形态将生命凝固。经过沸水的浸泡，逐渐回复生命的原初，将那一怀甘醇、甜美倾力绽放，只需一杯清水，她的生命就重新散发出迷人的魅力。

茶自从被发现，就与宗教有着密切联系。"茶，香叶，嫩芽。慕诗客，爱僧家。"元稹的诗句最能说明茶与文人、僧侣的紧密关系，表明了茶佛之缘。"一饮涤昏寐，情思朗爽满天地。再饮清我神，忽如飞雨洒轻尘。三饮便得道，何须苦心破烦恼。"皎然的茶歌高度概括了茶饮对僧侣潜心清修的意义。

汉唐时期，禅宗盛行，茶与佛门之间的关系更加密切。禅宗重视

"坐禅修行"，要求僧人排除所有的杂念，专注于一境，以达到身心"轻安"、观照"明净"的状态，诸多佛门茶人"跏趺而坐""学禅，务于不寐，又不夕食，皆许其饮茶"，以茶为禅具，饮茶修禅。"最是堪珍重，能令睡思清"，饮茶使人进入平静、和谐、专心、虔敬、清明的心灵境界，可以作为学禅的助力，因此禅寺普遍设茶堂，当时，大凡名山寺丛均植茶树，僧人亲自栽种、施肥、管理、采摘、制作，以供清饮。因此素有"名山出名寺，名寺出好茶"的说法。如蒙顶茶、武夷岩茶、黄山毛峰、雁荡毛峰等名茶，无不出自名山寺院。茶与僧家因此相辅相成，声名与共。

"山僧活计茶三亩，渔夫生涯竹一竿。"是山僧生活真实的写照。茶既是禅僧的饮料，也用来供佛。吃茶在丛林里被仪礼化，成为茶礼。《百丈清规》卷七记载："丛林以茶汤为盛礼。"寺庙里有专门的茶头，专司佛祖灵前献茶及众生供茶、来客飨茶。

茶与禅结缘，除了这些客观因素之外，更重要的一个原因却与茶的起源相关。有一种传说是：达摩祖师由印度远渡重洋来到中国，在少林寺面壁九年的时候，因为一心追求无上觉悟，不饮不食不眠。少林寺的僧人们虽然不认识他，但出于慈悲，怕他饿死，所以送饭食给他，但是送来的饭菜都原封未动，后来渐渐去看他的人就少了。入定第三年，由于睡魔侵扰，达摩祖师打了一会儿盹。惊醒之后，他非常羞愧，毅然撕下眼皮，丢在地上。就在达摩丢弃眼皮的地方，转瞬间长出一株矮树丛，叶片翠绿，形状就像眼睛，两边的锯齿像睫毛。后来打坐中逢有昏沉，达摩就摘这叶子来嚼食提神。后来，那些在达摩座下寻求开悟却又常困顿不堪的徒弟，也摘下一片又绿又亮的叶子咀嚼，顿时精神百倍。于是，大家就把"达摩的眼皮"采下来咀嚼或泡水，以此作为奇妙的灵药，使他们可以更容易保持觉醒状态。因而，佛界一般认为茶是由达摩的眼皮幻化而来，菩提达摩可谓"禅茶一味"的禅宗祖师。

其实，茶树自然天生，承天降之甘露，吸大地之精华，终年青碧，生机勃勃，"茶不移本，植必子生"，常被用来比喻坚定不移之性情；"洁性不可污，为饮涤尘烦；此物信灵味，本自出山原"，茶独具洁性和灵味，饮之可以涤除尘烦；生性高洁，超凡脱俗，只生活在幽静的山谷里。"在美学上，它有更高的境界；在文化气质上，也显得更为清高；在品位上，则更讲究人品与茶品的相得。"说到底，茶有天然的灵性，但饮者有多深的心性涵养，茶才具有多少生命。茶是饮中君子，是草木中人。相信这才是茶与佛结下不解之缘的内在根由吧！

说完了茶，再说菩提。菩提与佛教同样渊源颇深。菩提树的梵语原名为"毕钵罗树"，因佛教的创始人释迦牟尼在菩提树下悟道，才得名为菩提树。"菩提"意为觉悟、智慧，用以指人忽如睡醒，豁然开悟，突入彻悟途径，顿悟真理，达到超凡脱俗的境界。

两千五百多年前，古印度北部的迦毗罗卫王国（今尼泊尔境内）的王子乔达摩·悉达多，为摆脱生老病死轮回之苦，解救受苦受难众生，毅然放弃继承王位和舒适的王族生活，出家修行，寻求人生的真谛。在菩提树下禅定四十九日，战胜了各种邪恶诱惑，终于得道成为佛祖释迦牟尼。

此后，佛教一直都视菩提树为圣树，在印度、斯里兰卡、缅甸各地的丛林寺庙中，普遍栽植菩提树，印度则定之为国树。菩提是神圣、吉祥和高尚的象征。

　　唐朝初年，僧人神秀与其后来成为六祖的师兄惠能对话，写下诗句："身是菩提树，心如明镜台，时时勤拂拭，勿使惹尘埃。"惠能知道后回写了一首："菩提本无树，明镜亦非台，本来无一物，何处惹尘埃。"这对师兄弟以物表意，借物论道，告诫天下人天下事，了犹未了，何妨以不了了之。对于世间的万事万物，需要一颗宁静的心去面对。这段对话流传甚广，也使菩提树名声大振。

　　有幸见过菩提树，树形高大完美，枝叶扶疏，浓荫覆地；树干粗壮雄伟，灰白色，光滑异常。尤其值得一提的是菩提树的叶片：完美的心形，前端骤然变得细长似尾，被称作"滴水叶尖"，表面非常光滑，脉络清晰，绿色纯净，任何时候不沾一点灰尘，十分俊俏。片片树叶，在微风中，在阳光下，宛如一颗颗透明的心脏在跳跃。据说，将此叶片做成标本，那清晰透明、薄如轻纱的网状叶脉名曰"菩提纱"，有人在上面画上佛像，成为佛教徒珍爱的信物。

　　菩提树的生命力很强，我看到它们从别的树干窝窝里长出来，从砖石缝隙里长出来，同样生气勃勃、翠绿挺拔、亭亭如盖。偎依着高大的菩提树，倍感温暖。印度教徒相信菩提树凝聚着各种美德，它有能力使人实现愿望和解脱罪责。仰望这样一棵树，尘心尽滤，神思空灵。

　　记得看过这样一则小故事：有一个修行者独往罗马朝圣，经过长时间的跋涉，他越靠近罗马，就越感觉到自己的卑微和肮脏，于是向指引者求教，他说："开始出发朝圣的时候，我以为离上帝会越来越近，但是，二十多天过去，我觉得我离上帝越来越远了。"指引者说："事实上，当我们点亮心灯时，我们首先看到的是蜘蛛网和灰尘，也就是我们的弱点。它们原来就在那里，只是我们在黑暗中无法看见它们而已。现在，你可以清扫自己的灵魂了。"

在瞻望菩提树的时候，就会觉得越接近真诚、空灵、智慧，就会越觉得心灵上的灰尘如此之多，需要自己及时去打扫、整理，完成一次灵魂的修行之旅。

在喝茶的时候，就越发觉得应该学习茶的坚韧、谦虚、高洁、平等、包容，摒弃世俗纷争，让自己心灵得到升华。

茶与菩提，与佛禅结缘，归根结底，还是缘于茶与菩提的洁性、灵性，缘于一份相同的朴实与圣洁，缘于凡人对高洁素雅情怀的追求。

来生，不敢做一棵菩提；那么，来生，若能做一棵茶，足矣。

（2011.6）

# 茶烟蕴藉木樨花

茶室里的光，显得有些暗。窗外是隐隐约约的细雨。滇红金针明亮的茶汤，静卧在透明的茶盅里，像极了一颗硕大的血色琥珀。一丝丝茶烟氤氲，却雾了我的眼。

远处桂花树的叶片被雨丝洗得明亮。丝丝缕缕的暗香，随清润的空气散发，就连这幽静的茶室里，都能感受得到。

　　手捧温盏，眼润薄雾，眼前这种缠绵的意境，太容易让我想起八百多年前的那个午后，你独卧病榻，面对雨中的桂花树发出叹息——"病起萧萧两鬓华，卧看残月上窗纱。豆蔻连梢煎熟水，莫分茶。枕上诗书闲处好，门前风景雨来佳。终日向人多蕴藉，木樨花。"从蹴罢秋千、独倚门楣、回首嗅青梅的天真少女，到如今两鬓斑白、憔悴衰老、孤独寂寞的沧桑妇人，命运跟你开了一个大大的玩笑。身卧病榻，残月相伴，此时身边再也没有那个人，用厚实温暖的手握着你的小手，与你一起看窗外的海棠，看高飞的鸿雁了。失去了爱人的你，只是孤独寂寞的木樨花，在细雨中隐隐地散发出温柔、浓郁的馨香，曾经澎湃的心，曾经涌动的爱，对你来说，就像那一杯可忆而不可饮的茶，只能带着你柔软的忧伤静静地驻在心间了。

　　滇红金针的茶汤，一经入口，温暖直达肺腑。明亮艳丽却收敛的红，正合我此时的心意。在接受纯净的开水浸润之前，满披金色茸毫的条条金针，香气馥郁甘甜，闻之欲醉。待到泡成了这一盏茶汤，滋味更是醇厚绵长。从鲜嫩的叶芽到条索纤细、香味馥郁的成茶，经历了自由的生长、采摘的疼痛、揉捻的锤炼、发酵的质变、沉淀出绝世好茶，这滇红金针与你的一生，怎么就如此相似？

　　记不清究竟是从几岁开始读你的作品。在断断续续的阅读中，你却心无挂碍、天真烂漫地走来：时而，酒醺的你撑着小舟迷失在斜阳西下藕花深处，与惊起的鸥鹭共舞；时而，调皮的你脱掉袜子，荡着秋千，任风吹拂你的裙裾，想必你看见的是庭院外更加高远的晴空吧。生活在当时还很安逸的北宋的你，只是南京家府里的那个活泼、天真、自由、率性的清纯少女。宽裕的家境，对你宠爱有加的双亲，让你的生活，除了吟诗作画，就是与侍女们在小园里扑捉蛐蛐，或横握彤管，吹些不知所以的小曲，总而言之，你的童年与少女时代无疑是幸福的。二八年华的你，良辰、美景、赏心、乐事，四者兼备，这是不是就像嫩绿的茶叶，下承丰壤之滋润，上受甘霖之霄降，迎风绽露，自由生长呼吸，孕育着纯美的精华，只等有缘人来亲自采撷？

能够与才貌双全的赵明诚结成良缘，不知道是该跟当时或后代很多人一样羡慕你短暂的美满姻缘，还是该遗憾你从此用一生的时间来还这个情债。初婚时的你，是感谢上苍赐予你如此美满的爱情的吧？你们那么情投意合，那么恩爱缠绵。一份你爱吃的干鲜果品，一首情意浓浓的小诗，承载着你们的幸福时光。你们是神仙眷属，活在艺术一般的优雅生活里。从卖花担上，买得一枝春欲放。斜插鬓角，偏要他说说哪个更好看；轻解罗裳，独上兰舟，心中念想的却是云中谁寄锦书来，与丈夫两情相悦的你呵，沉浸在自以为天长地久的爱情梦境里，殊不知上苍不会总是眷顾于你，命运注定要你这个女人经受更多的磨难，成长为一个不平凡的人。

改变了北宋历史的元祐风波，不仅扫倒苏门四学士这样一大批文人，也改变一个弱女子的一生。被迫沿着父亲的足迹离京而去，连夫家都不能也没有伸出援助之手！你开始领略到"甚霎儿晴，霎儿雨，霎儿风"的人间冷暖，你悲的还是恩爱夫妻难聚首，"正人间天上愁浓"！你伤的是，那么深爱着的丈夫也没有走出一般男人用情不专的胡同，给你带来了永远无法弥补的伤害。

兴许是上苍不忍，你终于能够等回离职赋闲的那个人，躲在归来堂里，翻阅整理那些典籍。窗外是飘飘洒洒的雪花，身边是红泥小炉煨着的那一壶热茶，虽身处忧患穷困，而能和知心爱人做着共同喜爱的事业，并以超强的记忆力赢取那一杯香茶，嬉笑之余，扑进他的怀抱，偶尔也会有一刹那的凝眸与红颜吧？在你心里，曾经的党争株连、流离失所，曾经的疏远、背叛，都已经烟消云散。他归来了，足矣！失而复得的爱情，令你更加珍惜、更加深情！

但是，"今看花月浑相似，安得情怀似昔时"！如果说爱人的背叛是伤了你小女人的情怀，那作为京城建康知府的丈夫面对金人的肆虐践踏，居然夜缒而逃，简直让心性孤傲、爱国如家的你羞愧万分、伤心失望。于公，你的爱人变成了一个失职胆小的逃兵；于私，他成了朝三暮四的心猿意马者，"谁怜憔悴更凋零？试灯无意思，踏雪没心情。"你面临的苦楚，谁人能懂！

随后，痛失爱人、国破家亡、走投无路的你，带着丈夫的嘱托，带着那些"与身俱存亡"的珍贵文物，带着他留给你的最后一点纪念，一路追随着逃跑的国君，颠沛流离，期冀能有复国的一天。然则，处于风雨飘摇之中的宋王朝是无暇顾及它的子民的，"伤心枕上三更雨，点滴霖霪。点滴霖霪，愁损北人，不惯起来听。""闻说双溪春尚好，也拟泛轻舟。只恐双溪舴艋舟，载不动许多愁。"你满腔的爱国之情也只能淤积成满腔的愁怨。作为一个忧国伤乱、蒿目时艰的文学家、思想家，你只能"帘儿底下，听人笑语"了，"过眼西湖无一句，易安心事岳王知"。即便是如出淤泥而不染的荷花，你又怎敌得过动荡时世的摧残蹂躏！

闻听朝臣韩肖胄自告奋勇独往金国探视被软禁的徽、钦二帝时，贫病交加、身心憔悴、独身寡居的你欣喜不已，恨自己不能身为男子直捣黄龙，只能做诗文以寄之，"欲将血泪寄山河，去洒东山一抔土"。此时，我知道，你的悲、愁、怨，早已从狭隘的自我情怀走向了关乎国家命运的大我情怀，你由一个只关注小日子、享受甜蜜爱情的家庭妇女，成长为一个忧人民之患难、急国家之危难的真正的巾帼英雄。

你是那么一个信奉爱情的人。流离途中的你，曾经以为爱情再度光临，以为还有一个人也那么重视你与赵明诚的精神财富，以致错误地再嫁，一旦发现遇人不淑，又果断地不惜以入狱为代价换回了人身自由，你的宁为玉碎不为瓦全，即便是在今天，仍然光辉灿烂。

时世虽没有给你成为驰骋沙场的机会，却让你在另一个战场上成就了一番伟业。遭遇国难的你，用自己的心泪写下的诗词，成为你精神飘扬的旗帜，也奠定你在中国文坛的地位。你是诗人李清照，你是开创了婉约词派的易安，你是"但愿相将过淮水"的英雄。而我，更多的是关心你作为一个女人的遭遇。

无忧青春，灿烂笑容；一生所爱，中途永逝；饱受国难，命运多舛。行将老去，身无子嗣，本是你一生伤痛。想将自己毕生所学传授与朋友的女儿，孰料女孩子满脸不屑言道"才藻非女子事也"。让你心惊心凉。可叹你满腹才华，名动京城，家里文物汗牛充栋，却落得个报国无门，情无所托，学无所传，"寻寻觅觅"，仍是"冷冷清清，凄凄惨惨戚戚"，到头来只见"满地黄花堆积，憔悴损，如今有谁堪摘""这次第，怎一个愁字了得！"是啊，这愁，是失家之愁，是丧国之愁，是情殇之愁，是学业无继之愁。我相信，在八百年前的那个午后，看不到国家民族前途，经历爱情的完美与破灭，自身价值又得不到认同的你，面对潇潇秋雨中的木槿花，心中的伤感、失落、惆怅，又岂是一杯茶能填平的！

你的悲哀，就在于你本生活在一个动荡的年代、苟且的年代，却又偏偏站在思想的最高处，以平民之身，思公卿之责，念国家大事；以女人之身，求人格平等，爱情之尊。无论对待政事、学业，还是爱情、婚姻，你决不苟且、决不凑合，这就难免有了超越时空的孤独和无法解脱的悲哀。

莫分茶，莫分茶，身处病中，不能饮那一杯香茶啊；其实即便是能够饮茶，如此孤寂，你又能喝出归来堂的那份知心与甜蜜么？明知你思念的不仅仅是一杯茶啊！你淡淡的言语里，我能看见深深的痛苦。你平静的文字江河之下，奔涌着痛苦的湍湍激流。好在，那一树桂花，还如此懂你，淡淡清香随雨雾散发……

我多么希望，那一杯茶的茶烟，能穿越八百年，一直氤氲在历史的辰光里，晕染那些昏暗的隧道、浑浊的眼睛、蒙尘的心灵！

我多么希望，眼前这盅明艳的滇红金针，永远如你，高贵、纯洁、浓郁、温暖、飘香……

（2011.10）

# 让我陪你去远安

最近，似乎特别流行一句话——生活不止眼前的苟且，还有诗和远方。

因为很多人，被眼前的生活、眼前的苟且捆绑，内心纠结挣扎，彷徨无措，疲惫不堪，人人都在寻找一个足以安心的地方，而且，似乎只有远离了身边周遭一切的那个遥远的地方，才是安顿一颗心的角落。其实，心若不安，走得再远，又有何用？

远安并不远，却诗意悠然，足以安心。如果，要我陪你去一个不远的"远方"，那便是远安了。

因为地处神奇的北纬30°地带，远安拥有得天独厚的地理环境和丰富的自然资源。大自然的鬼斧神工给了远安神奇的丹霞地貌，造就了她的群峰叠嶂，崇山峻岭，河谷纵横，丘岗绵亘；整体不对外开放的特殊背景使其拥有相对宁静秀美的田园风光和深邃幽绝、千姿百态的自然景观；香火鼎盛的千年道教圣地鸣凤山历来有"小武当"之美誉，也使众多求神祈福的虔诚信徒趋之若鹜；原始古朴的嫘祖信俗又凝聚了多少载华夏子孙的信仰；拙野古朴的民间文化，更传承着几千年的民族魂魄。

"秀岭重重裹，淙流曲曲环。扑天沙翠色，拔地鼎彝山。石上桃花丽，坛边鹤使闲。鸠头乘兴往，且往莫愁还。"明人袁中道的赞美，隔着遥远的时空，都还能引起我们的共鸣，激发着我们一次次登上险峻、秀美的鸣凤山，领略神秘的宗教文化和优美的临沮风光。

嫘祖镇偌大的文化广场上，汉白玉雕刻的嫘祖端坐于斯，神态安详，就像刚刚从劳作的桑园里走过来。周遭那些比脸盘还大的桑叶，在阳光下闪烁着亮光，随风翻飞中，点点光泽如同刚缫出来的垭丝。博物馆里，木板雕刻讲述着她的故事，然而，在远安，她一直都是活着的。作为中国古代文明创始者中的人文女祖，她世世代代受到华夏子孙的尊崇。

还有最美丽的金桥村、金家湾、翟家岭、灵龙峡、西河，晴空如碧，白水如练，植被繁茂，怪石嶙峋，银杏参天，民居错落，乡风淳朴，随处都是天然美景和清甜的空气，会让你流连忘返。

哦，不，不，不，我的朋友，仅仅这些，是不够的。

我的远安，是另一番模样。

她从《诗经》里走来，携带着呦呦鹿鸣；她从《楚辞》里走来，哼唱着楚风遗韵；她从《茶经》里走来，氤氲着优雅兰香。她是露水一般的远安，她是晨雾一般的远安，她是茶香一般的远安。

顺着蜿蜒清澈的鹿溪河，一直深入，"玉带萦回绕碧流（玉带七曲），天开一幅锦屏幽（锦屏一峰）。溪边竹叶云垂幕（苦竹幽溪），亭畔松萝月挂钩（松亭呼风）。石柱果然千气象（石柱冲霄），华台哪复记春秋（法华古台）。峰前坐拥阿罗汉（罗汉点头），笑向招仙日点头（危岩招仙）。"昔日的鹿苑八景虽不能全显，入眼却仍旧是丹山碧水，扑面而来的仍旧是苍翠欲滴。

溪流几经转折，便进入了鹿苑寺云门山脚下的丹霞岩丛。在这赭红色的岩石群落里，生长着片片精灵一般的茶树。几十年、几百年，甚至上千年，这些茶树，依傍着赤峰烂石，风中、雨中、阳光里、月色里，尽情呼吸、舒展，因为她们知道背后依靠的是一份多么温馨的拥抱，脚下踩着的是一份多么踏实的牵挂。天赋其以异禀，地予之以丰润，山赠她以深情。鹿苑茶，把自己修炼得如同尘外仙子，枝条通达，芽叶莹润，片片茶叶闪烁着日月的光华，缕缕经脉流淌着山川的神韵。

与茶树相生相伴的乡亲们，将她们精心采撷，温柔呵护，用古老的传统技法制作出滋味醇厚、回甘无穷的优质黄茶。一千多年来，鹿苑茶经过无数代茶人手手相传，传承到今天，这种独特的制作工艺已经作为非物质文化遗产列入省级目录。而这每一个制作环节，就像是鹿苑黄茶一生的写照，只有经过生死的轮回，才能成就属于鹿苑黄茶的传奇。

采摘，意味着一次分离，意味着一次死亡。清明前后露水微晞的晴日，茶娘们在烂石砾壤里艰难行进，就着散生的一棵棵茶树，挑选采摘初绽的新鲜、匀齐、纯净的嫩芽嫩叶，她们一定是用满满的爱心温柔对待那些茶叶的，因为，这些吮吸着山精地液长大的茶叶，从此脱离茶树的母体，失去了自己作为一片叶子的自由、快乐和生命。摊放在竹匾里的时候，她们是否会仰望那不变的蓝天白云，心里曾有过不舍和酸楚？

杀青，意味着鼎镬高温的无情虐杀和茶叶的第一次蝶变。被投入160℃高温的炒锅，炒茶师傅快抖散气、抖焖结合的手法，能不能让她们的灼痛感稍稍减轻一点？6分钟的时间，却像是半生的煎熬，她们损了颜色，折了腰肢，明媚不再，风情不再。待到六分干，出锅趁热焖堆15分钟，似乎又是命运给予她们一次喘气休整的机会，再散开摊放，此时的茶叶，已然是柔软如棉，手握成团，青气全无，颜色暗绿了。她们，还记得风光旖旎的丹山碧水吧，依稀还记得前世里曾经有一阵清风拂过身体的颤抖吧？

炒二青，意味着再受温柔的酷刑，成熟意味着接受伤痛。二次入锅，想必她们是已经适应了100℃的考验，不再那么张扬，不再试图逃离，任凭炒茶师傅一双妙手抖炒散气，将她们整形搓条，七八成干再次出锅，摊于簸箕，她们已经如水沉静、颜色深绿、香气四溢了。命运，正让她们开始成为崭新的自己。

闷黄，意味着情感的聚合，意味着本质的变化。将茶胚堆积在簸箕内，拍紧压实，盖上湿布，5～6小时的时间，茶叶在静静地发生变化，颜色变黄，香气更甚。如果说，前面的杀青、炒二青是被动承受外力的话，闷堆却意味着自主的变化，她们是真正意识到自己的使命了吗？谷黄色的茶胚，散发出悠悠的兰花清香，她们，已经脱胎换骨。

拣剔，意味着良莠区分。剔出那些扁平、团块茶和花杂叶，是为了保证最后的净度和匀度，唯有经过前面的杀、炒、闷还能保持匀整、干净的面目和身段的，才配得上真正的鹿苑茶的名号。这一次遴选，是甄别，是扬弃，随之，得道者飞升，不入流者跌入凡尘。

炒干，最后的打磨，成就最后的荣耀。经过拣剔之后的茶叶再次入锅，炒到茶条受热回松后，继续搓条整形，此时，炒茶师傅一改前面的生疏、勇武，运用螺旋手势，以焖炒为主，充分保持茶条"环子脚"的形成和色泽的油润，约莫30分钟，达到足干后起锅摊凉。

再看，此时躺在竹匾里的茶叶，"环子脚、鱼籽泡、兰花香"，曾经青翠不谙世事的茶叶，已经成为名贯千古的鹿苑黄茶！仔细回味、慢慢揣摩，她们忍不住击掌相庆、无声欢呼、互相拥抱，经过生死轮回的锤炼，原来就是为了这一刻！

憨厚的茶农们不理解茶叶们的心思，他们用黄草纸将茶叶包好，小心放进搁置了木炭的陶罐储存，或者放进风干的葫芦里，吊到火笼屋的墙壁上，如悬珍宝。

贵客临门，老茶农从陶罐或葫芦里取出一二钱，撮而泡之，但见黄芽如金凤翻舞，汤色黄亮诱人，又有丝缕兰香绵绵不绝，虽已陈一两年，不改其色、其香、其味。

喝到极淡处，晶莹透亮的茶叶安静地攒聚在杯底，不争不吵、不喧不哗。她把记忆里最美丽的春色、最难熬的挫折、最漫长的等待，凝聚成一生的激情，付之于水，酿造出最醇厚甘甜的滋味。从山原中的葱茏生命，到杯中的香消玉殒，尘归尘，土归土。此时的她们，才真正懂得了天地造万物的宗旨——源于爱，得于爱，等待爱，成就爱。一切，都是为了还原本来的样子。

一杯鹿苑黄茶，才是我的远安。

来吧，朋友，让我陪你去远安。走进鹿溪河，走近鹿苑茶。在清清水畔、绿杨荫里，对满坡茶园，共饮一杯远安黄茶。看那远处山脚啊，更有清雅百合，与你我做伴……

（2017.5）

# 唐宋文人的三峡茶缘

天下之美，山水为最。长江三峡，集高山、巨川、长峡、深谷于一处，融雄、奇、险、幽于一体，深藏奥秘，独具特色，是我国从西南向东南，甚至向东北演进的重要地带，由此产生的茗文化与技术相对较早，并在一定的历史时期起到了承前启后的作用。因此，这里自古以来就是骚人墨客向往、歌咏之所，更是茶叶发展的"最适宜区"。

三峡茶区是中国茶树发源地之一，也是最早盛行制茶、饮茶的区域。茶圣陆羽在《茶经·八之出》中记载："山南，以峡州上，襄州、荆州次，衡州下，金州、梁州又下。"这使峡州地区成为"春秋楚国西偏境，陆羽茶经第一州"。欧阳修的这两句诗词后来成为茶界的名言，一般认为这是从产茶、茶的知名度角度，对峡州地位的高度认可或评价。早在三国时，三峡地区制茶技术已经广为传播，如《广雅》所记"荆巴间采叶作饼，叶老者饼成，以米膏出之"。到唐代以前，三峡便有"滂时浸俗，盛于国朝，两都并荆渝间，以为比屋之饮"的记载。

自唐以后，三峡地区一直是重点产茶区，"当阳青溪山仙人掌茶""远安鹿苑茶""小江园明月簝""碧涧簝""茱萸簝""峡州碧涧""明月""芳蕊"等历史名茶，与丰神秀丽的山水齐名，吸引历代骚人茶客前来探胜寻芳。唐宋文人如李白、欧阳修、王安石、黄庭坚、苏轼、苏辙、陆游等，都因为茶与三峡结下不解之缘，不仅使三峡茶闻名遐迩、流芳百世，也留下不少茶事佳话。

"酒入豪肠，七分酿成了月光，余下的三分啸成剑气，绣口一吐就半个盛唐。"伟大的浪漫主义诗人李白为我国茶文化历史留下了名茶入诗的最早诗篇。唐玄宗天宝十一年，李白的族侄中孚禅师在湖北当阳玉泉寺为僧，他云游金陵栖霞寺遇李白，赠给他亲手制作的仙人掌茶，李白饮后诗兴勃发，作了《答族侄僧中孚赠玉泉仙人掌茶并序》答谢："常闻玉泉山，山洞多乳窟。仙鼠如白鸦，倒悬清溪月。茗生此中石，玉泉流不歇。根柯洒芳津，采服润肌骨。丛老卷绿叶，枝枝相接连。曝成仙人掌，似拍洪崖肩。举世未见之，其名定谁传。宗英乃禅伯，投赠有佳篇。清镜烛无盐，顾惭西子妍。朝坐有余兴，长吟播诸天。"

李白用雄奇豪放的诗句，对产于三峡区域当阳境内仙人掌茶的出处、外形、品质、功效等，做了详细的描述。这首茶诗面世后，各代都有传唱，为此甚至有人称"一杯唯李白兴"，因此这首诗成为重要的茶叶历史资料和咏茶名篇，也成为一代诗仙与三峡结下茶缘的见证。

三峡风光秀丽，景色奇绝，民风淳朴。峡江人惯常制茶、饮茶，这里的名茶得到历代文人的高度评价。唐末著名诗人郑谷游览三峡风光时，曾品尝峡州好茶，即兴写下《峡中尝茶》："簇簇新英摘露光，小江园里火煎尝。吴僧漫说鸦山好，蜀叟休夸鸟嘴香。入座半瓯轻泛绿，开缄数片浅含黄。鹿门病客不归去，酒渴更知春味长。"诗人不仅叙述了自己在峡江茶园里的火塘边品尝春茶的情景，更通过将小江园茶同当时的中国名茶——安徽宣城的鸦山茶、四川的鸟嘴茶进行比较，赞美三峡小江园茶的品质特点以及功能。

爱国主义诗人陆游一生嗜茶如命，他的足迹踏遍了三峡，也与三峡结下了美好茶缘。他专门写有《入蜀记》，对峡中山水胜迹、民俗风情、草木物产等都作了生动真实的描述，是继《水经注》后又一反映三峡的名著。"晚次黄牛庙，山复高峻，村人来卖茶菜者甚众。""峡人住多楚人少，土铛争饷茱萸茶。"在《三峡歌》里他又写道："锦绣楼前看卖花，麝香山下摘新茶。长安卿相多忧畏，老向夔州不用嗟。"充分寄托了他对峡山、峡水、峡茶的深情眷恋，又借三峡秭归新茶抒发了自己报国无门的郁郁情怀。

长江三峡之西陵峡畔，有被《水品》列为"天下第四泉"的"蝦蟆碚"。唐代著名诗人白居易、白行简、元稹三人同游此地，饮酒赋诗题壁，并由白居易作《三游洞序》书于洞壁，"三游洞"由此得名，史称"前三游"。宋嘉祐元年冬，著名文学家苏洵、苏轼、苏辙父子自眉州赴汴京，途经夷陵同游此洞，并赋诗唱和，笑称"后三游"。苏辙还专门写了一首《虾蟆培》："蟆背似覆盂，蟆颐如偃月，谓是月中蟆，开口吐月液。根源来甚远，百尺苍崖裂。当时龙破山，此水随龙出。入江江水浊，犹作深碧色。禀受苦洁清，独与凡水隔。岂唯煮茶好，酿酒更无敌。"

后陆游也慕名至此，考证北宋欧阳修、黄庭坚等人的石刻和"巴东峡里最初峡，天下泉中第四泉"的"蛤蟆泉"。看峰峦倒影，听泉水叮咚，品甘洌潭水煎茶，陆游不禁诗兴大发，挥笔题诗《三游洞前岩下小潭水甚奇取以煎茶》于岩壁之上。诗曰："苔径芒鞋滑不妨，潭边聊得据胡床。岩空倒看峰峦影，涧远中含药草香。汲取满瓶牛乳白，分流触石佩声长。囊中日铸传天下，不是名泉不合尝。"后人随即摹刻，更有好事者将其命名为"陆游泉"。

宋景祐三年，文学大家欧阳修受范仲淹的牵连，被贬作夷陵（今宜昌）县令。当时任知州的朱庆基为欧阳修旧友，他在州府东边为欧阳修建了一所新房。欧阳修驰哀思入烟云，融愁情于山水，"始来而不乐，既至而后喜"，被峡口名城夷陵和西陵峡的风光所吸引，遂将新居取名为"至喜堂"。

欧阳修对三峡山水情有独钟，任夷陵县令期间，常与同道好友浪迹山水、探幽揽胜，写下至今全存的《夷陵九咏》。他的整个身心情趣，已和夷陵山水化为一体，笔底流出的尽是敦厚淳美的风土人情、明艳动人的山水风物。"西陵山水天下佳""唯有山川为胜绝，寄人堪作画图夸"，欧阳修的生花妙笔使三峡成为风光胜地而名扬天下。

欧阳修更爱峡州甘泉和峡州绿茶，对夷陵茶事也有很深入的了解。

在《夷陵县至喜堂记》一文中，他写道："夷陵风俗朴野，少盗争，而令之日食有稻与鱼，又有橘、柚、茶、笋四时之味，江山美秀，而邑居缮完，无不可爱。""雪消深林自劚笋，人响空山随摘茶。"(《夷陵书事寄谢三舍人》)这些都是欧阳修以亲身体验对三峡地区的产茶历史、风俗的精辟概括。他曾经写过《蝦蟆碚》："石溜吐阴崖，泉声满空谷。能邀弄泉客，系艇留岩腹。阴精分月窟，水味标茶录。共约试春芽，枪旗几时绿。""蝦蟆喷水帘，甘液胜饮酎。"足见他对峡州茶和蛤蟆泉的喜爱。

在与三峡茶有关的唐宋文人中，王安石与苏轼均属"茶痴"级的文人茶客，两人终身嗜茶，以茶为侣。这一师一生更因饮茶为三峡留下一段茶事趣话。

《警世通言》中载：宋神宗时，宰相王安石患痰疾，服药难以除根，太医嘱须用长江瞿塘中峡之水煎烹阳羡茶。因此王安石嘱东坡"倘尊眷往来之便，将瞿塘中峡水，携一瓮寄予老夫，则老夫衰老之年，皆子瞻所延也"。

不久，苏东坡亲自带水来见王安石。王安石即命人将水瓮抬进书房，亲以衣袖拂拭，打开纸封。又命僮儿茶灶中煨火，用银铫汲水烹之。先取白定碗一只，投阳羡茶一撮于内。候汤如蟹眼，急取起倾入，其茶色半晌方见。王安石问："此水何处取来？"东坡答："中峡。"王安石笑道："又来欺老夫了！此乃下峡之水，如何假名中峡？"东坡大惊，只得据实以告。原来东坡因鉴赏秀丽的三峡风光，船至下峡时，才记起所托之事。东坡急忙吩咐水手拨转船头，想要回去取中峡之水。水手禀道："三峡相连，水如瀑布，船如箭发。若回船便是逆水，日行数里，用力甚难。"无奈之下，只得汲一瓮下峡水充之。东坡说："三峡相连，水一般样，老太师何以辨之？"王安石道："读书人不可轻举妄动，须是细心察理。这瞿塘水性，出于《水经补注》。上峡水性太急，下峡太缓，唯中峡缓急相半。太医官知老夫中脘变症，故用中峡水引经。此水烹阳羡茶，上峡味浓，下峡味淡，中峡浓淡之间。今茶色半晌方见，故知是下峡。"东坡离席谢罪。这一段公案遂流传开来。

三峡名茶与美景一起，因有这些文人茶客的浓墨重彩的极力推崇而闻名遐迩。唐宋文人对三峡茶的钟爱，也给中华传统茶文化留下了千古风流佳话。

(2012.9)

# 雷思霈《白洋山茶》解读

中国古代文人在中国茶文化的发展历程中扮演了重要角色。两晋以降，及至明清，一批有名的文人、艺术家，写作了大量精美的茶诗词，成为众多学者研究古代经济、政治、文学及茶事的重要史料。

其实，一些地方文人，在茶饮生活之余，也颇多借茶言志、以茶怡情之作。探究这些作品，对研究本地方茶经济、茶文化、茶历史，以及更深入地了解作者本人，同样有着极其重要的意义。

## 一、雷思霈其人

雷思霈（1564-1611），字何思，明代文学家，湖北夷陵（今湖北宜昌）人。祖籍湖北宜都白洋善溪（今属枝江）。明朝万历年间，湖北境内两大文学流派——以公安人袁宏道及其兄袁宗道、弟袁中道三人为代表的文学流派"公安派"，以竟陵人钟惺、谭元春而得名的文学流派"竟陵派"，引领晚明文坛风骚，令人为之侧目。其中就有以诗文著称的夷陵人雷思霈。雷思霈博闻好学，通禅理，善行草，既为"公安派"骨干之一，又是"竟陵派"首领钟惺之师，兼跨两大流派，声名显赫，他是文学影响力仅次于屈原的宜昌本土作家。同时，雷思霈精舆地之学，史家评议其"撰荆州、施州方舆二书。参考折中，尤为明核"之论，具极高的文史价值。

遗憾的是，雷思霈身后名声不彰，文学史上几乎找不到过多印迹，对雷思霈文学成就的研究也少有史料。2014 年，湖北人民出版社出版了枝江市民俗文化学者周德富先生等人编著的《雷思霈诗辑注》一书，收集雷思霈诗歌 388 首，这是国内外最齐全的雷思霈诗集，为当代学者了解、研读雷思霈打开了一扇窗。其中有一首《白洋山茶》，笔者首见。作为宜昌茶文化的研究者与实践者，个人认为研读这首茶诗，有着极为重要的意义，现试为解读，请方家指正。

## 二、选自《雷思霈诗辑注》的《白洋山茶》全诗

楚人焙茶腻黑膏，楚人煮茶老红乳。

猿臂姜牙狮面椒，和盐点末沸波起。

仙掌蝙蝠哪得仙，紫涧虾蟆空有紫。

巴人赝草市西夷，羌种贱值欺南贾。

从此茗神走吴越，竟陵井枯渐儿死。

吴越妙手推僧寮，绿沉枪尖小如米。

阳羡虎丘不易得，天池龙井谁堪比。

初春我到白洋山，白洋老衲采山圃。

翻成玉屑剖黄文，蒸勲霞峰流石髓。

色同明月吠玻璃，香胜湘洲采兰芷。

割取善溪一溪云，吸尽清江半江水。

拨闷肯将酪作奴，洒心真与禅同旨。

天公昨夜解酲时，添尔茶星斗□里。

　　全诗共 26 句，前半部分写巴楚地区古老的混煮羹饮之茶习俗，分析陆羽正是因为对此地茗饮习俗不以为然，故而出走到名茶制作工艺精良的吴越之地。后半部分写明代名茶与自己祖籍地——白洋山上的禅茶，夸赞其工艺、品质、功效堪比阳羡茶、龙井茶。

　　整首茶诗内涵丰富，观点新颖，多处用典，可见雷思霈本人也深谙茶理茶道。

## 三、《白洋山茶》详解

　　"楚人焙茶腻黑膏，楚人煮茶老红乳。猿臂姜牙狮面椒，和盐点末沸波起。"

　　茶文化起源于古巴蜀地带。陆羽《茶经》"七之事"载：《广雅》云："荆巴间采叶作饼，叶老者饼成，以米膏出之。欲煮茗饮，先炙，令赤色，捣末，置瓷器中，以汤浇覆之，用葱、姜、橘子芼之。其饮醒酒，令人不眠。"唐代以前，峡江地带流行羹饮之法，茶叶经过蒸青处理后，直接与生姜、花椒等混煮，连同茶叶等一并饮用，谓之吃茶。这种茗饮习俗一直沿袭流传到现在，武陵山脉区域内的湖北巴东、恩施、宣恩、五峰、长阳，湖南湘西等地，依然留存的土家罐罐茶，就是汉唐茗饮遗风。煮茶时，先在罐子中盛上半罐子水，然后将罐子放在点燃的小火炉上，罐内水一旦沸腾，放入茶叶，加以搅拌，熬煮良久，使茶与水相融，茶汁充分浸出。由于罐罐茶的用茶量大，又是经熬煮而成的，所以茶汁甚浓，色红褐，味苦涩。饮用罐罐茶有利于祛风除湿，解乏提神，强身健体。云南、湖南、广西、四川等地，很多少数民族也保留了混煮羹饮的茶饮习俗。

唐代，茶叶生产制作工艺快速发展，茶叶经过采、蒸、捣、拍、焙、穿、封等工序，做成团饼状，为便于保存，焙干以后的茶饼，表面还要以米膏涂抹，再度搁置干燥，所以说"焙茶腻黑膏"。饮用时，以茶饼近火烤热使其松散，再用茶碾碾成粉末，用罗筛筛分以后，将细细的茶末投入煮水的釜中，同时以少许盐佐之。煎茶煮水非常讲究，陆羽有专门的"三沸之说"——如鱼目、微有声为一沸，舀出一勺作育华之用；候边沿涌泉连珠为二沸，当中投下茶末，并以茶筅搅拌；等釜中之水腾波鼓浪时为三沸，以茶杓分出茶汤，即可饮用。至唐末，开始出现点茶法，宋时大兴，煎茶、点茶并行。点茶法后传播到日本，形成日本抹茶道。

而当时峡州地带的饮茶方式"或用葱、姜、枣、橘皮、茱萸、薄荷之等，煮之百沸，或扬令滑，或煮去沫，斯沟渠间弃水耳，而习俗不已。"所以作者说"煮茶老红乳"。这里不难看出，雷思霈对这种流行于民间的茗饮习俗，抱着跟陆羽一样的不以为然的态度。这当然与明代文人崇尚清饮也有莫大关系。

"仙掌蝙蝠哪得仙，紫涧虾蟆空有紫。""仙掌"是指当阳玉泉寺仙人掌茶，因一代诗仙李白《答族侄僧中孚赠玉泉仙人掌茶并序》而得名并成为有名的禅茶。五代蜀毛文锡《茶谱》亦有言："当阳县有溪山仙人掌茶，李白有诗。"李白在序言和诗句里盛赞此茶生长环境优良，有千年白雪蝙蝠居于此地，仙人掌茶能振人枯、扶人寿，常饮能返老还童、得道成仙。雷思霈在这里借用李白仙人掌茶的典故，是说即便是李白作了序，即便是常饮玉泉水、常饮仙人掌茶，怎么可能真的就能够如千岁蝙蝠，成仙成精呢？不过是空有虚名罢了。

"紫涧虾蟆空有紫"之句，是说夷陵区域自古有好茶名泉，但是时过境迁，如今也只剩下空名。《茶谱》载"峡州碧涧、明月，""有小江园、明月簝、碧涧簝、茱萸簝之名"。"紫涧"，当为峡州碧涧，唐代茶以紫者上。陆羽《茶经》言"阳崖阴林，紫者上，绿者次"。"虾蟆"应为蛤蟆，夷陵地区"虾"读"蛤"。西陵灯影峡有蛤蟆泉，历来为品茶好水。唐张又新《煎茶水记》有"峡州扇子山下有石突然，泄水独清冷，状如龟形，俗云虾蟆口水，第四"。南宋陆游也曾有诗专门吟诵，"巴东峡里最初峡，天下泉中第四泉"。这两句表达了作者内心的遗憾，巴蜀地区是利用茶、饮用茶、生产茶的技术中心和文化中心，至中晚唐时期，茶叶生产技术中心慢慢往长江中下游转移，峡州地带的茶文化开始慢慢落寞。这里虽有好茶好水，但是由于茶叶加工工艺落后，品饮方式原始，以至于陆羽认为"斯沟渠间弃水耳"，对峡江地带的混煮羹饮的茶饮方式，态度极其不屑。

"巴人赠草市西夷，羌种贱值欺南贾。从此茗神走吴越，竟陵井枯渐儿死。"是指当时夷陵地区市面上卖的多是巴山（即今巴东恩施）出产的茶。这些外地的茶冒充峡州茶，甚至靠低贱的价钱来欺骗南方的茶商。这些描述，说明当时巴蜀茶业的现状，政局动荡、经济困乏、人心不古、习俗粗鄙，各种原因混杂在一起，让从家乡竟陵出发、一路考察到峡江地带的陆羽大失所望，继而去往吴越之地，自此竟陵城空、文学井枯、渐儿不再。

竟陵，即现今湖北天门，是陆羽家乡，有专门为纪念陆羽而建的文学井，因为陆羽曾被圣封陆文学，但他辞而不就。渐儿，即陆羽。陆羽，字鸿渐，收养他的天盖寺主持智积禅师昵称其渐儿。公元 754 年左右，陆羽先后在家乡荆楚大地，沿着汉水、长江淮河流域，开始了他的茶学研究、鉴泉品茶活动。足迹到达河南、巴山、峡川，品尝了当地名茶和名泉，考察了峡江地带的茶叶种植加工。756 年，为避战乱，陆羽渡过长江，沿长江南岸顺江东下，对九江、常州、湖州、越州等产茶区进行了实地调研，其间，结识皎然、颜真卿等，在皎然的帮助下，进一步深入探究茗理，举办茶会，开始形成稳定的陆氏煎茶法，定型"陆氏茶""文士茶"茶艺茶礼。760 年，他隐于天目山苕溪，著述《茶经》。765 年，《茶经》初稿成；775 年，补录修改，定稿乃成；780 年，《茶经》写本传播。楚地茗神，终成一代宗师。终其一生，陆羽再也没回过故乡。作者认为陆羽对峡州茶饮感到失望以后远赴江浙，对峡州来讲，陆鸿渐的出走，是一个最大的损失。

"吴越妙手推僧寮，绿沉枪尖小如米。阳羡虎丘不易得，天池龙井谁堪比。"

这四句诗是称赞从晚唐到明代，吴越的茶叶制作工艺精良，名品众多，也许这也是当时陆羽最终选择留在这里著书立说的原因。吴越之地，唐宋两朝就已经是文风鼎盛、人文荟萃。元、明、清时期，吴越文化已比北方文化更为兴盛繁荣。明代，江浙吴越一带茶叶加工技艺的进步发展，也得益于寺庙的参与与促进。茶与禅门寺院历来结缘，名山出名寺，名寺出名茶，当时的江南，名寺众多，名茶采制，当推僧院妙手。"绿沉枪尖"应指江苏碧螺春，条索紧结，卷曲如螺，白毫毕露，银绿隐翠。"枪尖""小如米"，谓采摘细嫩，单芽如谷粒。相传"碧螺春"的发现最早也是与佛门有关，后为明朝宰相王鏊题名，亦有说为清康熙题名。

"阳羡虎丘"，指宜兴阳羡茶、苏州虎丘茶。宜兴阳羡茶唐时即为贡茶，因卢仝的《走笔谢孟谏议寄新茶》（《七碗茶歌》）和陆羽的推介名震天下。到了明代，阳羡茶依旧是贡品。苏州虎丘茶，"色味香韵，无可比拟，茶中王也"。明末文震孟言："吴山之虎丘，名艳天下。其所产茗柯，亦为天下最，色香与味在常品外。如阳羡、天池、北源、松萝俱堪作奴也。"清朝的《虎丘山志》记载："虎丘茶，出金粟房。叶微带黑，不甚苍翠，点之色如白玉，而作豌豆香。"虎丘茶就是虎丘山上十八房寺院之一金粟房的僧人们所种，但是所产极少，极为珍贵，"明时有司以此申馈大吏，诣山采制，胥皂骚扰，守僧不堪，剃除殆尽。"从此，虎丘茶逐渐退出历史舞台。

天池茶，当为苏州天池山茶，山上有寂鉴寺。明张谦德《茶经》中曾有"茶之产于天下多矣，若姑胥之虎丘、天池，常州之阳羡、湖州之顾渚紫笋……其名皆着，品第之则虎丘最上，阳羡、真岕、蒙顶石花次之，又其次则姑胥天池、顾渚紫笋、碧涧、明月之类是也"。在这里，碧涧、明月位列虎丘、阳羡、天池之后。龙井茶是中国高端绿茶的经典代表，名扬于明，盛名于清，工艺精良、品质超群，无与伦比。

经过宋元的积累，到了明代，江南成为茶文化中心。文人和禅门中人沉浸茶事者众多，各种茶著、茶文、茶诗不胜枚举。饮茶法发生了重大变革，散茶取代团饼茶，流行起来。明洪武二十四年，明太祖朱元璋昭告天下"罢造龙团，唯采茶芽以进"，改变了贡茶的茶型，从而使散茶得以发展而团饼茶逐渐淡出历史舞台。与此相适应，散茶瀹饮法和清饮之乐也逐渐取代了宋代的点茶技艺和斗茶游戏，成为新的饮茶方式。这种冲泡法，对于茶叶加工技术的进步，如改进蒸青技术、普及炒青技术等，以及花茶、乌龙茶、红茶等茶类的兴起和发展，起了巨大的推动作用。

"初春我到白洋山，白洋老衲采山圃。翻成玉屑剖黄文，蒸勋霞峰流石髓。"初春时节，作者到了白洋山（雷思霈祖籍所在地。明朝时，归州、宜都、枝江、江陵隶属荆州府，1963 年，宜都、枝江分县，白洋全区划归枝江县）拜访了白洋山上寺庙里的老和尚。老和尚从寺庙的茶圃里采摘茶叶，用独特的翻炒手法，制成绿中带黄的茶叶，开汤以后，茶烟氤氲，就像云雾缭绕的涧水流淌之处，云蒸霞蔚，乳泉翻涌。"蒸勋"，即"蒸薰"，当言茶汤之美，有人理解为蒸青茶工艺，个人不敢苟同。

翻，翻炒、抖动，白洋山茶应该是以炒青的手法制成。唐宋时期，茶叶加工以蒸青为主，但在一些寺庙里已有旋摘旋炒的炒青方式出现。唐刘禹锡《西山兰若试茶歌》里"斯须炒成满室香""自摘至煎俄顷余"之句即是明证。明代罢团兴散以后，随着炒青技术成熟，茶叶制作主要以炒青为主。

"玉屑剖黄文"，翻炒抖动的茶叶，就像片片碎玉散落。白洋山的茶，应是颜色浅绿带黄的，就像碧玉上隐现着黄色的纹路。似乎古时峡江地带的茶都有此特点。唐郑谷《峡中尝茶》就有写"小江园"茶之句"合座半瓯轻泛绿，开缄数片浅含黄。"

"色同明月吷玻璃，香胜湘洲采兰芷。"是描述茶汤颜色嫩绿明亮，晶莹透彻，如同珍贵琉璃碗中的明月，香气堪比湘洲的芷兰。吷玻璃，即吷琉璃，佛教七宝之一，亦为青金石的别称。品质优良的茶，都有天然花香，形容茶香"香于九畹芳兰气"，一点也不为过。

"割取善溪一溪云，吸尽清江半江水。拨闷肯将酪作奴，洒心真与禅同旨。"

品着这样好的茶，似乎能够想像它承丰壤之滋润，受甘霖之宵降的高洁与美好，似乎一饮而尽的还有善溪的云霞、清江的碧水，使人心旷神怡。

"酪奴"，见北魏王肃之典故。南北朝时，北魏人不习惯饮茶，而好奶酪。北魏杨衒之《洛阳伽蓝记》："(王)肃与高祖殿会，食羊肉酪粥甚多，高祖怪之，谓肃曰：卿中国之味也，羊肉何如鱼羹，茗饮何如酪浆？肃对曰：羊者是陆产之最，鱼者乃水族之长，所好不同，并各称珍。以味言之，甚是优劣，羊比齐鲁大邦，鱼比邾莒小国。惟茗不中，与酪作奴。……彭城王勰谓曰：卿明日顾我，为卿设邾莒之食，亦有酪奴。"本意是说王肃北渡之后，从一开始嗜茗饮鱼羹到后面喜奶酪羊肉，称茶不如酪，故称酪奴。后来也就有把茶称作酪奴的。这里反过来说，白洋山寺庙的茶非常好，可以醒神除闷，酪只能给茶做奴婢了。它能清心神出尘表，滤除内心的杂念烦闷，真的与禅机同理。这也就是常说的茶禅一味。洒心，亦即荡涤心灵。

"天公昨夜解醒时，添尔茶星斗□里。"作者说因为茶功巨大，老天爷因喝了这个茶而解了宿醉，因此，欣然把茶神也就是陆羽纳入满天星斗之中，位列仙班，给他崇高的地位。"茶星"之句典用宋代范仲淹《和章岷从事斗茶歌》"森然万象中，焉知无茶星"。茶星，是指专司茶叶之神，特指陆羽。"添尔茶星斗□里"，有一字不清楚，"斗□"，笔者疑为"斗宿"，本指天文学中的二十八宿之一、高产才子墨客的星宿。

整首诗，既蕴含作者对以往峡州茶的骄傲与遗憾，也饱含作者对家乡白洋山寺庙茶的极力称赞。

## 四、《白洋山茶》的思想意义

在《雷思霈诗辑注》中，似《白洋山茶》一般专门写一款茶的茶诗并不多，大多也只是涉茶而已。因此，这首诗更显得珍贵。《白洋山茶》不仅介绍了流行于宜昌民间的古代传统茶饮，再现了明代宜昌茶叶制作的方法与特点，指出了宜昌茶叶走向衰微的原因，而且给我们留下了关于宜昌"白洋山茶"的珍贵记载，从一个侧面丰富了宜昌茶的历史文献，为研究宜昌茶文化提供了珍贵的资料。

更重要的是，《白洋山茶》蕴涵着丰富的道德思想，表达了雷思霈的精神诉求，对研究同时代文人精神风貌有借鉴意义。

明代文人崇尚茶的淡泊清雅之神韵，对于茗饮，着实讲究。饮之时要合适，饮之地要雅致幽静，饮之茶要品质精良，饮之客要素心同调。对于他们来说，与文友茶友相聚饮茶，是一种艺术的生活、生活的艺术，那种流行于民间的简单粗暴的混煮羹饮不能与之相提并论。他们以茶会友，或以茶言志抒情，或以茶明性见己。一杯茶，容纳了对自由的渴望，展现了精神世界的高度。

　　徘徊在崇尚"性灵自由"的公安派与标榜"孤行、孤情、孤诣"的竟陵派之间，注重精神的自由与内省的雷思霈，一定有着难以言说的尴尬与矛盾。两大流派在文学艺术理论与实践上的争执与纠葛，可能也直接影响到雷思霈的人生，使他意图回避这纷扰的俗世名利。学生钟惺的刻意贬抑，好友袁宏道等人的仗义执言，他都无法多加自辩，唯有淡出、远遁，这也许是他身后声名不彰的重要原因。纵观《雷思霈诗辑注》，可以发现雷思霈经常出游，他去茶山、去禅寺，访友，挹泉烹茶，借茶以抒怀，借茶以见性。"汲泉深涧入，烹茗觉僧闲"（《雷思霈诗辑注》之《宿黄牛寺》），"道人鼎灶，衲子蒲团。楸枰黑白，木杓圣贤"（《雷思霈诗辑注》之《题疏响亭墙壁》），在他那里，茶已成禅，是他最佳的精神伴侣。"不愿金满籝，不愿田连陌。但愿醉墨洒，皆成桃花迹。"（《雷思霈诗辑注》之《题石》），一切功名利禄，不如翰墨茶香，不如那永存心里的桃花源啊！这与他所仰慕的茶圣陆羽"不羡朝入省，不羡暮入台，千羡万羡西江水，曾向竟陵城下来"的思想情趣何其相似乃尔！

　　作者借家乡的白洋山茶表达了不愿明说的心声：自己所在的故乡，已经不再是曾经的故乡了，茶圣远走，名茶不再。如同他自己，面临学术流派的挤压，所处的环境已发生了极大的变化，曾经的师生朋友越来越疏远，有的甚至成了敌人。自己就做一个像白洋山茶一样的人吧，保持品格的高贵，保持精神的独立，上追陆羽，下交僧友，共品一杯白洋山茶，也能追古思今，怀近念远。此时此境，也许只有远在江浙的那些真正懂得茗饮之风的雅士文友们，才能与其遥相呼应，心灵相通，彼此推崇吧。

（2019.12）

# 三峡地区土家族茶歌的文化魅力

三峡拥有丰厚的茶文化历史资源，是我国茶文化的发祥地之一，这里的历史名茶、名山、名水、饮茶习俗、制茶方法等汇成独具峡江特色的茶文化。是在湖北省委省政府将宜昌建设成为"省域副中心城市""鄂西生态文化旅游圈核心城市""世界水电旅游名城"的战略部署中，茶文化产业必将承担起重要作用。

五峰土家族自治县、长阳土家族自治县，地处武陵山脉，山河纵横，峰峦叠嶂，植被丰厚，雨量充沛，自然条件优越，产茶历史悠久。在这两个区域，聚居着三峡地区近90%的土家族人。土家族人对茶的功效有着清楚的认识。"姜茶表寒，糖茶和味，早茶提神，午茶易醉，清茶好解渴，晚茶难入睡，浓茶解油腻，隔夜剩茶伤脾胃。"茶成为土家族人生活中必不可少的用品。久远的种茶、采茶、制茶、吃茶、卖茶的历史，使该地区积淀了丰厚的茶文化内涵，其中，茶歌是非常重要的一个内容。

土家族茶歌的来源，一是由诗为歌，即由文人的作品而变成民间歌词的。比如清代土家诗人田泰斗《回门》"茶礼安排笑语温，三朝梳洗共回门。新郎影落新娘后，阿母遥看拭泪痕"。

另一种来源，是由谣而歌，民谣经文人的整理配曲再返回民间。如

走进土家茶
茶文化漫谈

咸丰年间长乐县县长李焕春《竹枝词》"深山春暖吐萌芽，姊妹雨前试采茶。细叶莫争多与少，筐携落日共还家"。《竹枝词》这种诗歌体裁是古代巴人留给中国文化史的重要遗产。

第三个也是最主要的来源，即完全是茶农和茶工自己创作的民歌或山歌。这种口头文艺形式在民间流传，所以茶歌具有广泛的群众基础，如大量的《采茶调》。我国江西、福建、浙江、湖南、湖北、四川等省区的方志中，都有不少茶歌的记载。这些茶歌，开始并未形成统一的曲调，后来，孕育产生出了专门的"采茶调"，如《采茶歌》《请茶歌》《茶山小调》等。以致使采茶调和山歌、盘歌、五更调、川江号子等并列，发展成为中国南方的一种传统民歌形式。当然，采茶调变成民歌的一种格调后，其歌唱的内容，就不一定限于茶事或与茶事有关的范围了。

正因为土家茶歌产生于土家族人的劳动、生产、生活，地方特色鲜明，才具有旺盛的生命力和强烈的艺术感染力。

## 一、土家茶歌植根于土家族人的生产、劳动、生活，生命力旺盛

尽管我们尚不能确切知道土家茶歌兴起于何时，但是有一点是明确的，那就是土家茶歌一定是伴随着土家族人的劳动、生产的现实生活的。"采茶去，去入云山最深处。年年常作采茶人，飞蓬双鬓衣褴褛，采茶归去不自尝，妇姑烘焙终朝忙，须臾盛得青满筐，谁其贩者湖南商。好茶得入朱门里，瀹以清泉味香美。此时谁念采茶人，曾向深山憔悴死。采茶复采茶，不如去采花。采花虽得青钱少，插向鬓边使人好。"这是清康熙年间就开始在五峰等土家族人聚居地流传的《采茶歌》。这首成熟的土

048

家茶歌充分说明了茶歌这种艺术形式的产生植根于土家族人劳动生产的生活土壤，因此生命力旺盛。土家茶歌的产生与土家族人的劳动生活密切相关。种茶、采茶、喝茶等行为，在土家族人眼里，不仅是一种劳作或者休闲，更是感情交流的媒介。

土家族人有着悠久的饮茶历史，茶饮在日常生活中占据着重要地位。"干打皱，湿打开，吃哒喝哒原物在""生在青山叶儿尖，死在凡间遭熬煎，世上人人爱吃它，吃它不用筷子拈""黄泥筑墙，清水满荡，井水开花，叶落池塘"。这些茶谜都是土家族人用自己的聪明智慧给茶画的像。

在土家族人眼里，茶是敬神待客的尊崇之物，客来敬茶是基本礼节，"土家人礼性大，进门就把椅子拿。毛把烟沙罐茶，开口说话哦嗬啦"，直白的方言民谣唱出了土家人客来敬茶的基本礼节。

土家谜语"言在青山不见青，二人土上说原因，三人骑牛少只角，草木中间有一人"（谜底：请坐奉茶）与土家谚语"来客不筛茶，家里无'达沙'（方言，指无礼节）"，就充分说明了茶已经成为土家族人必不可少的待客之物。土家族人爱喝茶，也敬茶，常将茶作为祭祀贡品。这时候就连盛放茶食的瓷碗也是很精致的，"高山出细茶，河下出棉花，窑里出大碗，碗上画莲花。"茶歌让我们知道土家族人的鸡蛋茶、葛粉茶、面食茶、米子茶，还有绿豆皮子茶、爪籽果碟茶等丰富的茶食，均以莲花碗侍奉上供。

土家族人还有设路边茶的习俗，大路边、店门前、凉桥头、树荫下，一张方桌，一个大陶钵装着熬好的茶水，一面竹筛扣上，一把竹制浇筒，配上两三个瓷碗，就这样让过往的行人自由取用。设路边茶，正是土家族人质朴为怀的信念使然，也是茶成为礼仪用物、施惠之物的明证。

茶还是土家族人的爱情、婚姻信物。"高山岭上一树茶，年年摘哒年年发，头道摘了斤四两，二道摘了八两八，斤四两，八两八，把给幺妹儿做打发。"

在开发茶园、背粪上坡、播种茶籽、培植茶苗、采摘炒焙、揉制做形这些劳动过程中，土家族人即兴创造了千百首"茶歌"，这些茶歌涵盖种茶、制茶、饮茶、礼茶甚至与茶无直接关系的一些情感、生活内容，在辛勤劳作之余，乡亲们聚在一起，大碗茶喝起，响亮的山歌儿唱起，热烈的摆手舞跳起，其间交融的是淳朴的情谊。能歌善舞的土家茶农与茶工们在天长日久、朴实无华的生产生活中创作了这些生命力旺盛的艺术精品，又经口耳相传，逐渐流传下来。

如果不是茶饮深入到乡民们的日常生活中，日浸月染，哪里会有如此鲜活易懂的茶歌、茶谜和茶谚呢？正是与土家族人的生老病死等日常生活息息相关、密不可分，土家茶歌才得到茶农、乡民的厚爱，一代又一代，继承、创新、发展，进而成为土家茶文化中一颗璀璨的明珠。

"我打茶山过，茶山姐儿多，心想讨一个，只怕不跟我。门口一窝茶，知了往上爬，哇的哇的喊，喊叫要喝茶。"（土家采茶调）这种直白如话的火辣辣的表达，正是田间地头农民的爱情流露，他们不要掩饰，无须扭捏，面对心仪的女子，曲折却又坦诚地喊出自己的心声。而土家女儿面对心仪男子，也是"茶坡山上喊山歌，歌儿落到对面坡；哥哥你怎不开口，歌儿是你媒婆婆。"大胆询问对方不来喝茶或不开口对歌的原因，同时给他指点迷津——示意对方以唱歌的形式来传情说爱，结亲成婚。质朴的生活、质朴的歌声，展露出土家族人热辣的情怀。

正如长阳清代民歌所唱："灯火元宵三五家，村里迓鼓也喧哗。他家纵有荷花曲，不及农家唱采茶。"土家茶歌从诞生开始，就饱含着劳动人民的血泪、爱恨、情仇，因而更加坦荡、更加率性、更加鲜活。

任何一种文化艺术形式，只有根植于生活，才能拥有永久的生命力。土家茶歌，这种传统的文化艺术，正因为扎根于土家族的劳动生活，才能方兴未艾，表现出强盛的生命力。

## 二、土家茶歌丰富多彩的内容，再现了土家族人的生活场景，生动表达了他们的道德情操和忠实信仰

土家茶歌可谓包罗万象：种茶、采茶的劳动场景；客来敬茶、结婚送茶礼的礼仪礼俗；劝请喝茶的盛情；借茶言情的郎情妾意……茶歌从不同侧面反映了土家茶农的生活、情操和当时的社会生活情况。"农人随口唱山歌，北陌南阡应鼓锣。"茶农们在辛勤的劳作中获得了乐，获得了趣，获得了爱，也获得了美。他们质朴的吟唱就是他们难以言说的感悟。他们借茶歌歌颂自己的爱情，借茶歌咏叹生活的艰辛，借茶歌表达对人生的认知，借茶歌展示豪爽、淳朴、诚实、坚韧的品格。可以说，土家茶歌就是一幅灿烂的土家文化长卷，它们既是土家族人现实生活场景的再现，更是土家族人对待生活的激情、对待理想的期冀。

### （一）茶歌唱出了土家族人的人生百态

茶在土家族的生活中随处可见。女婿上门、稀客来访、走亲访友，相互赠送的礼品，称之为"茶礼"或"带茶"；客人来后，主人给客人端的茶，称之为"塞茶"；长辈给新娘的礼钱，称之为"茶钱"；有个头疼脑热的，熬一碗姜茶喝了，神清气也爽了。而内容丰富的茶歌，也充分反映出茶与土家人生活的密切关系。

"正月采茶是新年，手拿金枝点状元。二月采茶茶发芽，手扳茶枝过细捊。三月采茶茶发青，茶姑腰系花围裙。四月采茶茶叶长，采茶姑娘两头忙。五月采茶是端阳，茶树脚下歇阴凉。六月采茶热难当，不采茶叶去采桑。七月采茶茶叶稀，茶姐坐上织布机。八月采茶秋风凉，风吹茶花满园香。九月采茶是重阳，姐卖茶叶把街上。十月采茶叶正红，十担茶篓九担空。冬月采茶下大霜，姐运茶叶过大江。腊月采茶一年完，茶叶卖了好纺线。"歌谣道出了茶叶的种植、采摘、加工、贩卖等过程，揭示了种茶是一年到头都在进行的工作，贯穿了土家族生活的全部，充分反映出土家人民对茶的重视程度及茶在土家生活中的重要性。

茶歌唱出朴素的世界观、人生观：如《十杯茶》，"一杯茶劝郎，切莫离书房，多读诗书习文章，必上龙凤榜。……二杯茶劝郎，劝郎早起床，鸡鸣早起兴田庄，做个好儿郎……"通过茶歌劝诫情郎要多读书、勤劳动、不贪色、不动武、莫借钱、不打官司、不嫌妻丑、莫多言、莫痴笑、出门早回还，表达了土家族人对人生的基本态度，强调的是正直善良、朴实勤劳的思想品质。

茶歌唱出对美好人性的追求：《茶籽开花花不败》，"茶籽开花花不败，竹子开花祝英台，梨子开花林小姐，木子开花穆桂英，桐子开花黑了心"。茶花被视为纯洁、永恒、坚定的象征。

茶歌唱出土家儿女的勤劳善良孝顺："晓星起，东方亮，幺姑娘起来烧茶汤。茶汤烧得泡泡开，双手端起爹妈吃，孝心感动天和地。"

茶歌唱出对茶的尊崇，"茶叶本是两头尖，知人待客茶上前；烧茶娘子本辛苦，儿孙后来做高官"，这首土家民谣生动地表达了当地人以茶为礼的深层心理。

茶歌唱出茶女采茶和姐妹情意，如《姐妹采茶》："三月采茶茶发芽，姐妹双双去采茶。姐采多来妹采少，无论多少早还家。"

茶歌唱出茶叶运输的艰难，如"新打的船儿高又高，里头装有是茶包，粗茶包，细茶包，不该撞到丁子垴。船儿打破了，茶香满河漂，好细茶，碰头花儿香"。

茶歌唱出了种茶人的辛苦："劝你不挑茶，屋里种庄稼，大风吹不倒犁尾巴。肩挑一大担，压得汗上汗，拿起本钱无利赚。"

茶歌唱出采茶女对自己心上人的思念之情，如"三月采茶是清明，奴在房中绣手巾，四边绣的茶花朵，中间绣的采茶人"。

茶歌也唱出了人间世情："韭菜开花也细茸茸噢，有心恋郎啊不怕穷噢；只要二人呐情意好啊，冷水泡茶哟慢慢浓噢。""三月幺姑要看娘，公婆说是摘茶忙，眼睛水滴在茶莞上。"唱出了出嫁女儿的苦楚。

茶歌唱出商贸情况："江陵市上卖珠花，妾爱珠花插鬓斜。郎若去时千万买，捹与三斤麦颗茶。"歌词反映当时土家妇女对美好生活的追求，也反映出土家山乡以茶与外界进行商业贸易的情况。

一般来说，土家茶歌并不是只与茶有关。有很多茶歌本身就与茶无关，只是借茶歌的形式予以表达，有唱盘古开天地的，有唱古人功绩的，均以"××采茶"为名。如《采茶》"采茶采到日头红，三国英雄赵子龙，长坂坡前救阿斗，万马军中逞英雄。采茶采到日当中，诸葛孔明借东风，三气周瑜丧柴桑，舌战群儒在江东。采茶采到月亮升，杨家有个杨总兵，全家都是英雄汉，一门几代当忠臣。"

土家茶歌中最为有名的《倒采茶歌》等，均是借茶歌或歌咏、或批判历史和戏剧里的人物。表达土家人的爱憎与是非观念。

在这些茶歌中，朴实的歌手无非是借古唱今，既是表达自己对先祖的景仰，又是对自己丰富知识和歌唱技巧的一种炫耀。还有一些"午采茶"歌，多数是唱花名，言情事，言辞颇艳，给中午做农活的人提气提神。

土家族人历来有着"客来敬茶"的习俗。一首《筛茶歌》，将土家族人热情好客的性格表露无遗。

小幺妹儿吣，你就忙筛茶的喂/外面就客来哟哒咧。

来的什么客呀？

家家（土家方言，指外婆）、家公（指外公）、舅舅、舅妈。

打豆腐、烘嘎嘎儿（土家方言，指煮肉），莫把客们怠慢哒。

（唱）一只喜鹊花又花，

身上穿着绿背褂，

屋前屋后叫喳喳。

客儿们来哒忙筛茶。

小幺妹儿，你就忙筛茶哟。

鸦鹊子尾巴撒，

身穿绿背褂。

一翅飞到前院里，

嘎地嘎地喊；

一翅飞到后院里，

喊地喊地嘎。

小幺妹儿，快烧茶，

外头客来哒咧！

娘家的亲戚们来了，这是土家族人最亲的亲人了，于是主人忙前忙后地热情张罗，连门前的喜鹊都帮着叫嚷：快筛茶啊快筛茶！外头客来哒！高亢的唱词中，浓烈的生活气息扑面而来。

长篇叙事茶歌《卖茶歌》最是土家茶农生活的真实写照。

家中又差吃，想起好着急，一心出外卖茶去。

家中又缺烧，想起好心焦，我把茶客急慢了。

二月下谷种，三月要栽秧，你出去了我受忙。

三月下谷种，四月正插秧，我去回来赶得上。

劝你不挑茶，屋里种庄稼，大风吹不倒犁尾巴。

肩挑一大担，压得汗上汗，拿起本钱无利赚。

灶上一个碗，拿起就一板，男人不服女人管。

你要去卖茶，我就回娘家，打伙做个破船划。

灶上一个钵，提起就一脚，不去卖茶谁养活。

要去你就去，我也不留你，闹得好言成恶语。

隔壁的王老八，年年去卖茶，也没见他把财发。

不想去卖茶，伙计约残（方言，形容约定无法更改）哒，赚不到钱再也不搞哒。

你就去约伴，我来弄茶饭，葱花蒜苗煎鸡蛋。

弄了十碗菜，伙计都拢来，粗茶淡饭细交代。

一杯茶来酌，大伙听我说，快点卖了打回火。

二杯茶来敬，大伙听分明，出门落店要小心。

三杯茶来筛，拿出行李来，包袱里面有新鞋。

扁担软溜溜，双手搭两头，消费二姐外面走。

茶歌以男女主人公是否去卖茶的对答为主线，从一开始的女主人不愿意男人去卖茶，找各种理由阻止，男人为了赚钱养家，非要去不可，双方发生了争执。到后来女人满心满意为即将出门的男人做好饭菜、带好行装，仔细叮嘱万般商量，其间，男女主人公的性格通过自己的叙述展现无遗——女人温柔、善良、贤惠，男人顾家、性子急躁。这首茶歌道尽了卖茶人的艰难，道尽了茶农们的辛酸，更道尽了土家儿女们与土地一样朴实、与大山一样厚重的恩爱之情。

**(二) 茶歌唱出了土家族人朴素、热烈的爱情、婚姻观**

情哥打扮一枝花，一摇三摆到姐家，手提两封茶。

不觉走来不觉行，不觉来到姐家门，把姐叫一声。

姐儿听了心里喜，哥哥来得真稀奇，这是哪一起？

走进门来打一恭，手提粗茶茶两封，送到姐手中。

红漆交椅拖两拖，叫声哥哥你请坐，待奴烧茶喝。

……

在土家人生活中，茶扮演着一个重要角色——爱情信物，一个男人对心仪的女子的表白，往往是从一斤茶开始的。而一个女子，如果接受了男子的茶礼，就算是默认了这桩情事。陆游《老学庵笔记》曾记载了土家男女吃茶订婚的习俗，也记录了"小娘子，叶底花，无事出来吃盏茶"的民歌。明代许次纾《茶疏》言："古人结婚，必以茶为礼，取其不移植子之意也。"可见，土家人也是很早就将茶视为坚贞不移、纯洁忠诚的象征的，茶礼也自然成为确定男女爱情婚姻关系的重要形式。

在众多茶歌中，爱情绝对是永恒的主题。如《四道茶》这首情歌，从"苞谷林里耍，青冈树下坐""院坝里面耍，堂屋里面坐""锅台旁边耍，灶门前面坐"到最后"洞房里面耍，鸳鸯床上坐"，层层递进，叙述的就是青年男女在采茶过程中相认、相识、相知、相伴，由恋爱到结婚的过程。土家儿女的恋爱就像那里绝美的自然山水，不仅朴实，更是蕴含着诗意与浪漫。

土家长篇叙事茶歌《采茶歌》在众多茶歌中可谓是集中彰显了土家族人热情、主动、浓烈、朴实的爱情观，是土家茶歌叙事爱情诗的代表作。

正月采茶去采茶／挑起担担到姐家／一采姻缘二采茶。

担担挑到姐门口／口喊姐姐来赶狗／害怕狗儿咬一口。

担担挑到姐屋里／喊声姐姐送恭喜／恭喜姐儿在屋里。

你送什么恭喜拜什么年／二人相交这多年／人又好来水又甜。

人又好来水又甜／岩头当得锅巴盐／青菜当得叶子烟。

红漆椅子拖两拖／口叫哥哥你请坐／我在厨房烧茶喝。

我不喝茶来不吃烟／口问姐姐借银钱／借了银钱上茶山。

你上什么茶山采什么茶／生意买卖人情寡／不如在家种庄稼。

对门有个王老七／每日朝朝茶山去／死在茶山上倒埋起。

对门有个王老八／每日朝朝去采茶／衣服裤子打疙瘩。

对门有个王老九／每日朝朝茶山走／死在茶山上灶门口。

姑娘家来姑娘家／开口说什么破口话／说得人心上又下。

对门有个王老七／每日朝朝茶山去／不愁穿来不愁吃。

对门有个王老八／每日朝朝去采茶／年年采来年年发。

对门有个王老九／每日朝朝茶山走／挣的银钱无哈数。

你生要去来死要去／生死要去我不留你／留你好意成恶意。

一更里来月当头/手杆弯弯做枕头/知心话儿如水流。

二更里来把郎说/出门男儿要斟酌/茶山上的幺姑娘就不比我。

三更里来把郎骂/出门男儿少探花/莫把银钱抛洒哒。

四更里来月偏西/情妹妹翻身就哭起/十根指根（儿）擦眼泪。

五更里来金鸡啼/情妹妹翻身就起去/双手扯被给郎盖起。

情妹妹起来去做饭/甑子里蒸的是大米饭/锅里煎的是腌鸭蛋。

口叫哥哥你起来/反披衣服倒靸鞋/洗脸水儿端拢来。

口叫哥哥你吃饭/我来给你收拾担/对门的伙计在邀伴。

炕上的腊肉取两肘/楼上的大米撮两斗/鸡蛋蘸在米里头。

盐四两来油半斤/干鱼辣椒两三斤/情哥挑起上茶林。

桑木扁担两头翘/两头挽起狗牙套/情哥哥挑起好逍遥。

这一首长篇叙事性《采茶歌》，用细腻的手法描绘了土家儿女之间缠绵悱恻的爱情。情哥哥与同伴相约前去卖茶，情妹妹因为担心情哥哥在外吃苦受累，卖茶路上既艰辛，卖茶又赚不了几个钱，心里非常不舍得他去，于是用身边的实例奉劝他别去冒这个险；但是情哥哥打定主意要出山卖茶，争取改变生活现状，就用身边的故事来说服情妹妹，一是表明自己的决心，二是减轻她的心理负担。在明知无法改变情郎的决心之后，情妹妹只能用缠绵的爱意表达自己复杂的心情，结果却是辗转反侧，几乎一夜不能成眠。既担心情郎出门在外经受风霜，又担心情郎在外有了新欢，从一更到五更，知心话儿说不完。早早起来给情郎做好丰盛的早餐，白米饭、腌鸭蛋，平常舍不得吃的东西，拿出来让情郎好好享受；又给他带上自己亲手做的腊肉、大米、鸡蛋、干鱼、辣椒、油盐等，作为路上的伙食。心细如发的情妹妹，把自己的满腔爱意都打进了这个包裹，对情郎的叮咛、不舍、盼望，虽没有明言，却是无声胜有声，在平铺直叙中，隐含着情感的涓涓溪流，使这份朴实的茶山爱情更显得真实、生动、感人。茶山男女之间的爱情，不需要什么热烈的誓言，有的是像那一棵棵茶树一样坚贞不移的忠诚。土家茶歌就是用最为朴实、最为生活的语言，唱出了土家儿女们心中的爱情。

**（三）土家茶歌反映出土家族特有的饮茶习俗**

宜昌地区至今保存着很多传统茶艺、茶歌、茶舞、茶戏曲，茶农中流传着许多活生生的茶谚语，民族特色鲜明，如"客来敬茶""好茶敬上宾、次茶待常客""三杯酒三杯茶，初一十五敬菩萨""三皮叶子泡一碗，一喝就醉""春茶苦，夏茶涩，秋茶好喝不好摘"等。也保留着春节拜访亲友送"茶食"、迎接远道而来的客人要奉上"定心茶"、婚丧嫁祭都要贡茶的"以茶为礼"的习俗。还有一种"采茶锣鼓"，即在采茶时由两鼓夹一锣或一鼓一锣在田头地角即兴催工喝唱，大都是一些表现调笑嬉戏内容的民间故事，格式为四言八句。

土家族茶饮，有凉水甜酒茶、凉水蜂蜜茶、糊米茶、姜汤茶、锅巴茶、绿茶、灯笼果茶、老叶茶、茶果茶，还有炒米茶、蛋茶、油茶，等等。凡来人、来客，主妇必视其对象筛茶，层次级别颇有讲究。

很多土家茶歌，直接反映出土家族人日常煮茶、吃茶的独特方式。这些飘散着浓郁茶香的委婉茶歌，作为土家茶民俗的重要表现形式，在土家茶文化研究中占据着重要地位。

例如《请您喝杯茶》，就唱出了土家族人爱喝烤制罐罐茶的习俗特点。

采一篓云雾的茶哟，挑一担山泉水，烤一壶清香的浓茶，色泽似翡翠。

姑娘亲自打的水，姑娘亲手采的茶，土家姑娘烤浓茶哟喂——味道最鲜美。

远来的朋友们啦，请您儿喝一杯，姑娘的茶叶赛龙井，喝上一杯解劳累。

请你喝一杯，喝一杯，姑娘的心意，您儿莫推。

"土家姑娘烤浓茶"，指的正是土家族人最爱的烤制罐罐茶。罐罐茶，是在土家族人生活区域内流传最久的一种茶饮遗风。

罐罐茶的饮用有两种方法，一是熬罐罐茶，一是烤罐罐茶。罐罐茶的用茶量大，又经熬煮而成，所以茶汁甚浓，极苦涩，饮用罐罐茶有利于祛风除湿、强身健体。

熬罐罐茶的茶具有铜铸的铜罐，也有烧制的陶罐。方法也比较简单，与煎中药大致相仿。煮茶时，先在罐子中盛上半罐子水，然后将罐子放在点燃的小火炉上，罐内水一旦沸腾，放入茶叶，加以搅拌，使茶与水相融，茶汁充分浸出。

烤罐罐茶，则是将茶叶放入陶罐中，然后置于火炉上烤热。烤制过程中，不断颠簸，以使茶叶充分受热。待到茶香散发，往罐中冲入一半开水，待沸腾以后再加一半水烧开。煮好后，将煮好的茶汤分别斟入备有炒米、熟黄豆、芝麻、姜粒等的茶碗里，立时香气扑鼻，引人馋涎。

《请您喝杯茶》唱出了土家女儿亲自采茶、亲自打水、亲自熬制罐罐茶，热情招待客人的盛情，唱出了土家特有的罐罐茶解乏提神的功效。

土家族的独特饮茶习俗，还反应在请贵客喝"四道茶"的礼节上。一是盖碗茶（又称清热茶、白茶），意为亲亲热热，以表热情，尤其是清明前后采的茶，冲泡出来清香四溢、营养丰富，有歌唱道"头道云雾茶，长在岩洞坡／提神又养颜，脸色像花朵"；二是米子茶（又叫"泡儿茶"），意为甜甜蜜蜜，碗上只放一只竹筷，供客人搅拌糖和泡米，既解渴又充饥，据说这只竹筷象征土家人哑酒用的竹管或麦管；三是油茶汤，筛工更为复杂，土家有民谣"不来贵客，不筛油茶"以示尊贵；四是"鸡蛋茶"，以待亲家和远客。土家茶歌《四道茶歌》就是根据四道茶的茶饮民俗传承下来的一首经典民歌。

土家四道茶，既以事象来筛，也以时令而定。夏天多筛"白茶""梨儿茶"（梨树叶子泡的），清热解渴；冬天多选热腾腾的油茶汤，"油茶汤，喷喷香；外面冷，里面烫；趁热喝，精神爽""油茶汤，喷喷香，支人待客好家当；一日三餐三大碗，清心养颜精神爽"。

而在同样是土家族的湘西地区，"四道茶"有所不同，一是芝麻茶，二是擂茶，三是糯米甜酒茶，四是鸡蛋水粉茶。其中擂茶也是非常有名的一道土家特有的茶艺，是当地土家人款待客人的最高礼仪，只款待尊贵客人，一般是喝不到的。土家族的擂茶一般有十种原料，如芝麻、核桃、绿豆、猪油、红糖、红枣、黑胡椒、花生、黄豆、生姜。当贵客来临后，主妇会将这十种原料放在擂钵里研磨，然后倒入沙罐中注入沸水，煮泡一会后，再用小碗盛出端给客人食用。

还有"客来不办苞谷饭，请到家中喝油茶""三天不喝油茶汤，头昏眼花心发慌"等土家民谣，都反映出土家族人的吃茶习俗——喝油茶汤。长阳、五峰等许多地方有"一日不喝油茶汤，满桌酒菜都不香"之说。油茶汤是最古老的一种茶汤，做法十分讲究，陆羽在《茶经》中记载《广雅》云："荆巴间采叶作饼，叶老者饼成，以米膏出之，欲煮茗饮，先炙，令赤色，捣末，置瓷器中，以汤浇覆之，用葱、姜、橘子芼之。其饮醒酒，令人不眠。"清同治《来凤县志》记载："土人以油炸黄豆、苞谷、米花、豆腐、芝麻、绿蕉诸物，取水和油，煮茶叶作汤泡之，向客致敬，名曰油茶。"可见土家油茶汤的制作十分讲究，喝油茶汤的历史也十分悠久。

现在的土家油茶汤要选用上好的茶叶、茶油和炸炒熟透的阴干嫩玉米、阴干糯米、熏豆腐干、粉条、黄豆、花生米、核桃仁、芝麻等原料，配以姜、花椒、蒜、葱、食盐等作料，加水烹制。常喝油茶汤，能够提神解乏、驱寒祛热、强身健体。

特殊的饮茶习俗蕴含着独具特色的土家茶文化。茶历来就有"以茶利礼让、以茶表敬意、以茶可雅致、以茶可行道"的功德，有调节人际关系、表达情意、修身养性的重要社会作用。土家人独特的饮茶习俗正彰显了勤劳勇敢、正直率真的土家人以茶待客、以茶睦邻、以茶联谊、以茶敬友、以茶敦亲的传统民族风俗，以及其中蕴含的廉俭育德、和诚处世、敬爱为人的高尚情操。

### （四）土家茶歌地方色彩浓厚，艺术感染力强

"山里姐儿山歌多，山歌硬比牛毛多。高山打鼓唱三年，还只唱了个牛耳朵，唱不完的五句歌。""你歌哪有我歌多，我的歌儿用船拖。前船到了沙市街，后船还在清江河，船船装的都是歌。"走进采茶季节的长阳、五峰县茶山，时时处处可闻悠扬动听的茶歌。从长篇叙事的《采茶歌》，到短小精致的五句子；从男女对唱的《采茶十二月》，到以男声或者女声领唱为主的《筛茶歌》《四道茶歌》；从悠扬婉转的山歌，到柔和绵长的纤夫船调，无不让人或情思飞扬，或热血沸腾，深深沉醉。土家

族爱唱山歌，山歌有情歌、哭嫁歌、摆手歌、劳动歌、盘歌等。在调式上，徵、羽调式较多，宫调式较少，部分民歌有调式交替现象；曲式结构上以二乐句、四乐句、五乐句的乐段结构较多；在一些偏僻山寨，有一个乐句不断反复的乐句式结构。在各种民歌中，多段（联曲）体结构比较普遍；旋律多为级进，与语言紧密结合，富于吟诵性。

原汁原味的土家茶歌形式多样，有着明显的土家民歌的特点。

**1．通俗易懂，明白如话** 土家茶歌由朴实的土家族人创造出来，大多数是浅显的方言对白，沁透着原汁原味的土家风情，语言通俗，形象生动。如由《筛茶歌》演变而成的《茶号子》：

小幺妹忙筛茶，外里客来哒！

手托茶呀哦嗬咿，忙得我笑哈哈。

阳雀在树上怪呀怪地喊，喜鹊在后园是喳呀喳呀地叫。

小幺妹忙筛茶，外里客来哒！

这首茶歌将日常对话用清江纤夫船调唱出来，方言色彩浓厚，音韵柔和、绵长，节奏明快，感染力极强。

**2．以茶叙事，以茶言情** 诸如《采茶歌》《六口茶》《蜜蜂采茶》《荷包采茶》等，所言非关茶事，只是以茶编词，以茶叙事，借茶谈情。

古人认为，茶树只能以种子萌芽成株，而不能移植，故历代都将茶视为至性不移的象征，用来表示爱情坚贞不移；茶树多籽，又象征子孙绵延繁盛；又因"茶性最洁"，可示爱情冰清玉洁；茶树四季常青，又寓意爱情永世常青。因而土家世代流传民间男女提亲、订婚、结婚，均要以茶为礼，男子向女子求婚的聘礼，称"下茶""定茶"，而女方受聘茶礼，则称"受茶""吃茶"，茶礼成了男女之间确立婚姻关系的重要形式。

由此延伸而来，很多土家民歌以茶言事，表达男女之间的爱情。

（男）喝你一口茶，问你一句话，你的那个爹妈（舍）在家不在家？

（女）喝茶就喝茶，你哪来咧多话！我的那个爹妈（舍）今天不在家！

这首广为流传的《六口茶歌》，曲调悠扬、旋律欢快、歌词幽默、浅显如话。年轻的男子以喝茶为名，向他爱慕的女孩子询问打探一些无关紧要的事情来表达自己的爱情，女子则俏皮嗔怪地应答，六问六答，鲜活地再现了土家青年男女恋爱中"茶为媒"的事实。

土家族人生性勤劳、粗犷、纯朴、诚挚、乐观、豁达，这些借茶言事的茶歌朴实、清新，渗透着土家族人的历史、社会风情习俗，形式上又多是自由对答和往来，男女感情直接交流，充满着男欢女悦之情，具有浓郁的生活气息和地方色彩。

**3. 触景生情，善用起兴**　土家民歌传承了中国古代民歌的"起兴"艺术手法，"借物言情，以此引彼"，咏唱自由，旋律轻快、活泼。所谓"兴者，先言他物以引起所咏之词也"。简而言之，亦即托物言志。

土家民歌最擅长借物言志，如传统的五句子民歌"姐在房里做花鞋，屋上掉下蜘蛛来。情哥派它来牵丝，根根情丝出肚怀，魂魄来了人没来。""一把扇子二面黄，上面画的姐和郎，郎在那边望着姐，姐在这边望着郎，姻缘只隔纸一张。"这些经典的五句子民歌，大抵由七言五句构成，多用生活中实事、实物、实话、实情来比兴，内容多反映男女之间的恋情，用词朴实无华，通俗晓畅，且委婉含蓄，缠绵悱恻，让人从实写中去体味无穷的虚意。

土家族茶歌也具备这些民歌的特点，常用起兴。"高高上上一蔸茶，年年摘了年年发。头茶摘了斤四两，二茶摘了八两八，把给幺姑儿做打发。"

土家先民最早认识到劳动知识和劳动技能之于民族生存繁衍的重要性，所以许多古老的歌谣都是以一年四季的农时节气起兴，从正月的元宵唱到腊月。最典型的如利川《龙船调》。众多茶歌中，也不乏这种以一年十二个月起兴，表现土家茶农种茶、采茶和卖茶的真实生活的写照，最为典型的是《采茶十二月》。

正月采茶是新年，奴找东家佃茶园。一佃茶园十二亩，当官许下两串钱。

二月采茶茶发芽，奴在家中摘细茶。左手摘茶茶四两，右手摘茶茶半斤。三把四把摘满篓，收起茶筐转回程。

三月采茶茶叶青，奴在家中绣手巾。两边绣起茶花儿朵，中间绣起采茶人。

四月采茶茶叶儿长，奴在家中两头忙。忙哒外头蚕儿老，忙哒屋的麦凋子（麦穗）黄。人家的麦子上场打，奴家的麦子烂如麻。

五月采茶茶叶儿团，茶树低下小龙盘。左盘三圈生贵子，右盘三圈状元郎。

六月采茶热忙忙，多栽杨柳少栽桑。多栽黄桑无人采，多栽杨柳歇荫凉。

七月采茶七月七，奴在家中坐高机。绘制绫罗梭子满，与郎织件采茶衣。

八月采茶茶叶儿黄，风吹茶园满园香。大姐回来问二姐，粗茶没得细茶香。

九月采茶是重阳，杜康造酒满缸香。大姐提壶劝二姐，姊妹双双过重阳。

十月采茶过凌冬，十担茶筐九担空。摘茶要等二三月，茶树底下再相逢。

冬月采茶过大江，脚踏船儿手扳舱。脚踏船儿忙忙走，卖了茶叶儿早还乡。

腊月采茶是一年，奴在宜昌要茶钱。你把茶钱把给我，我无事不到姐面前。

茶歌中，从一月到九月，是以采茶女的口吻唱出来的：一月唱茶人的辛苦，辛勤种植茶园十二亩，官家却只给两串钱的费用；二月唱采茶，表现出采茶女的能干，也唱出回家心情的急迫（也许心里想念的那个人已经在家里等着呢）；三月唱思郎，绣起荷包和手巾，上面都是自己的情郎；四月唱自己一个人在家里忙里忙外，应付不来，以至于蚕结茧了来不及缫丝，麦子熟了来不及收割；五月唱自己求爱的心声，大蛇已经生了小蛇，你还不回来；六月唱自己因为忙不过来，连桑树也不能栽种了，只能栽些杨柳；七月农忙时节，满怀情意给情郎织一件衣裳；八月唱夏茶不宜采；九月唱情郎还未归，只能与姐姐一起过重阳。无限的思念之情交织在绵长的岁月里。

十月、冬月是以卖茶郎的口吻唱出来的：十月唱凌冬时节，茶已几乎卖尽，可是只有等到来年春天才有可能借采茶见面了；十一月（冬月）唱情郎卖完了茶叶，归心似箭。对爱人的思念也是浓烈的。

十二月（腊月）男女合唱：两人在宜昌城相会，男主人公给女主人公送茶钱，女主人公嗔怪情郎薄情寡义，这么久都不能见一面；男主人公却极力讨好自己的爱人，解释自己要赚了钱才能来见她。

这首茶歌沿袭了我国古代民歌惯用的"先言他物以引起所咏之词"的起兴表现手法，长长的叙事中，岁月虽匆匆，情意却浓浓。似乎每一天，每一时，每一刻，采茶女和卖茶郎都在互相感应着彼此的爱意。他们的爱情建立在葱郁的茶山上，盛开在洁白的茶花中，成熟在醇厚的茶香中，自然、朴实、缠绵、浓郁却恒定，一年四季，三百六十五天，日复如斯，感人肺腑。

还有《倒采茶》，主要内容是唱古二十四孝故事人物，如王祥卧冰、董永卖身葬父、目莲寻母、木兰替父从军、刘秀打虎救父，等等。还有《十杯茶》是劝诫歌，劝郎不要好吃懒做、贪色贪财，应不赌不偷、不好烟酒，不吹毛求疵、扯皮拉筋，等等。这些歌教人修行尽孝，具有教化功能。

**4. 沿袭土家山歌韵律，依曲成词** 土家族人"能歌善舞，极其乐观""会说话的人就会唱歌，会走路的人就会跳舞"。土家民间歌手集创作者、歌唱者、演奏者、表演者、欣赏者、批评者于一体，在他们独特的地理环境、生产方式与民风民俗中，土家音乐艺术风格得以形成和传承。他们能够根据现有的曲牌，看什么唱什么，即兴而作，张口就唱。

土家民歌的歌词多为韵文体，常用句式为七言四句（一、二、四句押韵）、七言五句（一、二、四、五句押韵）、七言六句（一、二、四、六句押韵）、连八句（二、四、六、八句押韵）及三七七十杂言体。在各种组合格式中，七言句占绝大多数，这一特征与古代巴乡竹枝歌十分相近，因此节奏舒缓明快，旋律婉转悠扬。如擅作竹枝词的清代著名土家文人彭秋潭就有诗歌"轻阴微雨好重阳，缸面家家有酒尝。爱他采茶歌句好，重阳作酒菊花香"，展现了一幅反映当时土家族地区风土人情的生动画面。

竹枝词往往一段曲子反复吟唱，曲调变化不大却又回环往复、韵味悠长。因此土家茶歌旋律起伏较大，音域较宽，节奏较自由舒缓，腔调高亢婉转，有很强的抒情性，感染力强。很多茶歌就是依据民歌的押韵规律即兴编词而成，如"清早起来到姐家，姐儿筛杯白水茶，别人碗里有茶叶，我今碗里透底清，你把真心对别人。"一杯白水茶，唱出了郎有情妾无意的爱情尴尬。

土家族民间歌曲从体裁形式上，大致可分为劳动号子、山歌、小调、薅草锣鼓等四种。劳动号子内容上主要有澧水船工号子、酉水船工号子、放木号子、拖木号子、采茶号子等。山歌从演唱形式、内容及音调上可以分为古歌、仪式歌、风俗歌、生活歌、劳动歌等。小调主要流行于土家族与汉族的杂居区，是土家族最喜爱的民歌种类之一。薅草锣鼓又叫"挖土歌"，是土家族民间歌曲的一个特殊种类，演唱形式规范完善，有"引子""请神""扬歌""送神"四个部分。土家族的风俗歌包括梯玛歌、摆手歌、哭嫁歌等，是土家族中历史较为悠久的歌种。

现在流传的土家民歌的曲牌分为号子、声子、五句子、采茶、腔类和杂歌子几大类。其中五句子是长阳山歌中的主要文学形式，它包括排五句、赶五句、穿五句、花五句等。五句子可以用各种不同山歌曲牌演唱。它的整体性根本在于结构意境的一致，即抒情寓理的一体性。特别是第五句不是画龙点睛，就是主题深化，常给人以意想不到和俗中见雅的效果。

我们搜集整理的茶歌，体制纷繁复杂，涉及击鼓溜子、牛贩子调、揉茶调、牛声调、"地花鼓"调、南腔、古怪号子、单穿号子、满穿号子、传茶号子、喜鹊号子、幺断号子、梳头号子、露水号子、洗脸号子、长声号子、独脚、穿号子、五句子、赶号子、杂号子、游号子、散号子、对声子、衣四声、倒退莲、花名号子、催工号子、东方亮、洗脸腔、回声子、散五句子、抬四声、筒歌子、三声子、阳雀调等多种曲牌形式。

穿号子是一种穿插体的歌，有叶子和梗子。它的一组词是五言四句，称为"叶子"，另一组词是七言五句，称为"梗子"，它们分别是两首完整的歌，当两首词穿插合起来之后，仍然是一组完整的歌。如"茶壶四根系，提茶到坡里，不吃幺姑茶，难为多谢你。新打茶壶四根系，幺姑提茶到田里，太阳大了晒红脸，垡子大了挺破鞋，不为情哥我不来。"类似的还有还有杂号子、喜鹊号子，等等。

赶声子、反声子属于楚地"秧田歌"的"声腔牌子"之一，继承、沿袭了"楚辞""楚声"的传统。"太阳升，唱得茶山一片青，姐妹双双进茶林，山歌唱不停，采茶为革命。"类似的还有两声子、三声子、四声子、五声子、九声子、回声子、倒尾子等。

唢呐调："红旗迎风飘，山歌响四方，茶乡春来早，满坡披绿装。"

抬四声：如《口干要喝茶》，"屋后一园麻，知了往上爬，一时爬上，一时爬下，知了一声喊，口干要喝茶"。

击鼓溜子：如《泡茶煮饭莫心焦》，"日头一出万丈高，泡茶煮饭莫心焦。半天云里鹦哥叫，叫声姑姑快些薅。乱草起了节，一锄挖断腰，姑姑又要扯，嫂嫂又要薅，姑姑莫心焦，带扯又带薅，锅里要米煮，灶里要柴烧，叫声情姐姐，泡茶煮饭莫心焦"。

午时中：如《二姐送茶到田中》，"时间过了午时中，二姐送茶到田中，打破莲花碗，打坏细茶盅。/纺你线来做你鞋，哪个要你送茶来？/我一不来，二不来，是婆婆要我送饭来"。

土家民歌七言句式的特征，在"五句子"歌词中表现得尤为明显。"五句子"是土家族地区一种独具特色的民歌，其基本格式是七言五句。"石榴没得橘子圆，郎口没得姐口甜，去年六月亲个嘴，今年六月还在甜，好似蜂糖调炒面。""姐儿门前一树槐，手把槐树望郎来。娘问姐儿望什么，我望槐树几时开，不是奴家巧口辨，险乎说出望郎来。"这种特殊的结构形式，使土家山歌独具魅力。"高山岭上一树茶，年年摘哒年年发，头道摘了斤四两，二道摘了八两八，（斤四两，八两八，）把给幺妹儿做打发。"就是一首五句子茶歌，中间用和声进行穿插，趣味横生。

**5. 注重修辞手法的运用**  宜昌土家茶歌善于巧用各种修辞手法，如押韵、白描（直陈）、摹状、双关、谐音、拈连、比喻（明喻、隐喻、借喻、排比）、对偶、比拟（拟人、拟物）、夸张、重叠、引用、顶针、问答、反衬等。

如"送什么恭喜拜什么年，二人相交这多年，人也好来水也甜；人也好来水也甜，岩头当得锅巴盐，青菜当得叶子烟"的顶针格运用；又如"你在家中欠到我，我在茶山不乐意，二人的心肝倒吊起"中的夸张；"书生本姓张，行坐在书房，想起翠女与小郎，鹦哥对凤凰"中的比喻；"新打船儿乘江划，岸上幺姑喊吃茶，船儿不弯回头水，小郎不吃二姐茶，蜜蜂不采半阳花"中的比喻与隐晦的运用；"茶山一座连一座，茶林一坡接一坡，茶园一层叠一层，茶树一棵挨一棵"中的排比与描摹；"一只飞到前丫上，嘎的嘎的喊；一只飞到后丫上，喊的喊的嘎"运用了摹声；"六月采茶热茫茫，少栽桑树多栽杨。多栽桑树无人理，多栽杨树歇阴凉"的拈连，等等，这些修辞手法的运用，既体现出了土家茶歌朴实、直白的特点，又显示出独特的民歌特点，使歌谣具有特别的音韵美、内涵美、诗意美，别具风味，异彩纷呈。

土家山歌常常"引用"一些谚语、惯用语、地方掌故，以及在本地通行的一些格言、警句、成语、古诗文、民间戏文唱词等，种类繁杂。因而使得土家山歌风趣诙谐、抒情优美。

土家山歌多用衬词（和声）。如"哎呀佐""嗬也嗬""哎哟也""喂衣哟""吵也儿嗬""啰""哪""嘛""哦""啊""哇""唉""罗姐儿""呀""吱""噻""舍"，等等。这些衬词作为语言成分的表义是有限的，但与特定的曲调结合后却有很强的表情作用，它也是土家族民歌除歌词外能影响风格的重要因素之一。在许多曲牌的茶歌中，大多会有固定的腔调，每一段唱完，会重复这种唱腔，如"揉茶调"，最后就会有"哟衣衣哟也，哟衣哟也，哟衣哟也，哟衣衣哟哟嗬也"的反复咏叹。"牛贩子调"，有"呀的哦嗬也，哦衣哦罗也"的腔尾。

衬词与腔尾几乎都是土家方言中常用的口语音节或惯用语，这些修辞手法的运用表现出土家民歌鲜明的民族风格。

总之，善于以茶入饮、以茶入礼、以茶入歌的土家人创造的土家茶歌，古朴而纯洁，形式丰富多彩，内容生动活泼，充满浓郁的乡土气息，好似香高味醇的"宜红"茶，滋润着一代又一代的土家儿女，是历代茶农留给人们的精神财富，也是研究土家地区经济文化史的重要资料。

（2012.10）

# 郑燮茶联的审美韵味

郑燮，中国清代画家、书法家、文学家。字克柔，号板桥，江苏兴化人，生于 1693 年，卒于 1765 年，康熙秀才、雍正举人、乾隆进士。为"扬州八怪"之一，诗、书、画均工。

郑燮生平狂放不羁，多愤世嫉俗的言论与行动。他一生命运多舛，居官十年，洞察了官场的种种黑暗，"立功天地，字养生民"的抱负难以实现，归田之意与日俱增。1753 年，郑板桥 61 岁，以为民请赈忤大吏而去官。去官以后，往来于扬州、兴化之间，以卖画为生，与同道书画往来，诗酒唱和，有"三绝诗书画，一官归去来"之誉。

他的诗歌，不傍古人，多用白描，明白流畅，通俗易懂；词多为写景状物以及酬赠之作，感情真挚；散文真率自然，富有风趣；画擅兰竹，书法自称为"六分半书"，以兰草画法入笔，极其潇洒劲拔、奇秀雅逸。

郑燮生性豁达，不追求功名利禄，一生怀才不遇，因着艺术家秉性使然，既嗜酒，又嗜茶，唯愿"闭柴扉，扫竹径，对芳兰，啜苦茗"，"茅屋一间，新篁数竿，雪白纸窗，微浸绿色，此时独坐其中，一盏雨前茶，一方端砚石，一张宣州纸，几笔折枝花。朋友来至，风声竹响，愈喧愈静。"他重茶器、评泉水、品香茗、写茶诗，充满文人自得之乐。卖画扬州，足迹所及，留下了大量书画翰墨，其中不乏独具风格的短句楹联，而茶联，更为联中佳制。他的茶联多题于茶亭楼阁，具有浓郁的诗情画意，为佳茗添香增色不少。郑燮的咏茶美联，与他独特的文化性格和艺术风格相得益彰，鲜明地昭示出独特的审美韵味。

意境优美，情趣浑然。他的茶联大多状写自然风物，反映出他朴素、清雅的生活情趣。镇江焦山位于长江之中，山水天成，满山苍翠，在焦山别峰庵读书、品茗、作画的郑燮，为焦山海若庵撰有一联，上联为"楚尾吴头一片青山入座"；下联为"淮南江北半潭秋水烹茶"。面对葱郁青峦，坐享潭水烹茶。佳地、佳水，品茗赏景，不亦乐乎！

他为扬州青莲斋撰写了茶事佳联："从来名士能评水，自古高僧爱斗茶。"将评水、斗茶这些文人、高僧所好的雅事、快事写入联中，突出了茶与名士、高僧的渊源，对仗工整，恰到好处，读来脍炙人口。

五言茶事短联"洗砚鱼吞墨，烹茶鹤避烟"，文趣与自然结合，诗情画意，闲适高雅，是骚人墨客独有的生活写照，十分精辟。

焦山自然庵也是郑板桥常常驻足之处，因而也有联赠之："汲来江水烹新茗，买尽青山当画屏。"汲江水、煮新茶、看青山，意兴遄飞，气魄宏大，挥笔成联，意境绝佳，雅趣天成。

抒写胸臆，感情率真。郑燮平生与墨有缘，但又与茶有交，因此，他将茶与墨融进茶联："墨兰数枝宣德纸，苦茗一杯成化窑。"联中将"文房四宝"与茶和茶具联在一起，活脱脱表现了作者爱墨喜茶的心情。

还有一副不多见的行书七言遗联，精思传神，富有新意："秋江欲画毫先冷，梅水才烹腹便清。"深秋临江作画，伴以佳茗，狼毫冷瑟，茶香四溢，景情相通，画与茶都是作者生活中不可或缺的重要载体，诗人以茶寄兴，一种浪漫想象与美好的感受尽在寥寥十余字之中。

纵观板桥的茶联，皆即景即兴之作，特别讲究写真。这正跟他的诗、书、画之创作风格一样，奉行"三真"精神。所谓三真者，"曰真气，曰真意，曰真趣"（清代张维屏《松轩随笔》）是也。所以他创作的茶联，一律重在表现自然，并在表现自然中表现质朴、率真的自我情愫。

语言生动，哲理昭彰。他的联语爱用方言俚语，通俗晓畅，使"小儿顺口好读"，生动活泼，饶有情趣。他在家乡写过不少这样的对联，其中一副是："扫来竹叶烹茶叶，劈碎松根煮菜根。"字句朴素自然，抒写的是吃着粗茶、菜根，清贫而自尊的生活，反映的是普通百姓的日常生活。读来既使人感到亲切，又富含情趣、哲理。

传世七言联"白菜青盐粯子饭，瓦壶天水菊花茶"用近似白描的手法，写出了农家俭朴的生活乐趣，在粗茶淡饭的清贫生活中与翠竹、香茗、书画和挚友相伴，可谓"诗意的栖居"。在平淡简朴的日常生活中，追求高雅的生活情趣，这正是他人生观的真实写照。

他的茶楹联与一般对联无异，也有着上下两联字数相等、对偶工整、虚实相间、平仄交替、声韵妙合的特点。只不过内容与茶相关，或直接咏茶，或以茶寄事，或以茶托兴，或两联涉茶，或一联涉茶。悬挂张贴于茶馆、茶亭、茶店等大众场合，通俗、生动。他用最真挚的心、最坦荡的情、最浅白的文，抒写了他一贯的人生主张和精神境界。

茶话成联，是我国民族茶文化的瑰宝，品茗读联，乃赏心乐事。握一杯茶烟氤氲的香茗，再品读板桥的茶联，容易让人坠入明媚的阳春三月、小桥流水人家的梦境里。

（2009.7）

# 茶人名号百千种，但说爱茶万般情

茶人者，一言精于茶道之人；二曰采茶之人；三指种茶、制茶之人矣。名号者，姓名与字号也。古人除姓之外，大多有字有号，甚至另有别号。比如苏轼自称东坡，欧阳修自号六一，李清照号易安，唐寅号六如，陆游号放翁，皮日休号醉吟先生，陆龟蒙号江湖散人等，不一而足。

纵观中国茶文化的灿烂源流，无数茶人与其名号一起闪烁其中。这些名号，有茶人自称，有友人相赠，有世人尊奉。带着浓情盛意，写着奇闻轶事，流传千古佳话。

此类茶人，由茶而至水、器、火，由茶而至人、事、艺，无不通晓，皆嗜茶成癖。每每浏览及此，心下慨然，这些人与茶的缘分，何其深矣！茶于他们，断不是一杯止渴的清水，而是那根牵系着灵魂的丝线，带他们浩浩乎如冯虚御风，而不知其所止；飘飘乎如遗世独立，羽化而登仙。

撷其一二，揣摩玩味，以飨茶友一瓯之余。

## 茶道始祖号啜子　皎然

中国古代第一茶痴，当属中国茶道创始人，唐代著名诗僧、茶僧皎然无疑。

皎然本是谢灵运十世孙，只因笃信佛教，受戒出家，定居浙江西道湖州乌程县杼山妙喜寺，自号号哑子。"性放逸，不束常律。佛学典籍，子史经书，兼攻并进。""只将陶与谢，终日可忘情；不欲多相识，逢人懒道名。"他是推动茶与佛教结合的关键人物，热心各种茶会，对于禅宗茶道和唐代茶风的形成起了很大的推动作用。

皎然谙茶理，善烹茶，有茶诗多篇，涉及茶叶生产环境、采摘、品质、煎饮，是研究当时湖州茶事的珍贵史料。皎然与陆羽"缁素忘年之交"四十多年，亦师亦友，生相知、死相随，也正是在皎然的指导、帮助、鼓励、安排、资助、筹划下，陆羽才完成了中国茶业、茶学的千秋伟业——《茶经》。

"一饮涤昏寐，情来朗爽满天地；再饮清我神，忽如飞雨洒轻尘；三饮便得道，何须苦心破烦恼。""孰知茶道全尔真，唯有丹丘得如此。"皎然的代表作品之一《饮茶歌诮崔石使君》旨在倡导以茶代酒，探讨茗饮艺术境界。皎然诗中提出"全真茶道"说，包涵了对茶宴模式和文人雅士相聚品茗、清谈、赏花、玩月、赋琴、吟诗等艺术境界的探索，鲜明地反映出这一时期茶文化活动的特点和咏茶文学创作的趋向，对唐代中晚期的咏茶诗歌的创作，产生了潜移默化的积极影响。他倡导的崇尚节俭的品茗习俗对唐代后期茶文化及后代茶艺、茶文学及茶文化的发展产生了莫大的推动作用。

## 茶仙、茶圣、茶神、桑苎翁  陆羽

公元735年，当竟陵（今湖北天门）龙盖寺主持智积禅师在寒风大雪中将三岁的陆羽抱回寺中时，他绝没有想到这个小子会因其对中国茶文化的伟大贡献而被誉为"茶仙"，奉为"茶圣"，祀为"茶神"吧？

陆羽一生嗜茶，精于茶道，隐居苕溪，自称桑苎翁，又号竟陵子，耗尽毕生心血著《茶经》，对中国和世界茶业的发展做出了卓越贡献，对中国饮茶生活习俗影响非常之大。因而，他头上与茶相关的称号是最多也是最丰富的。

茶仙，本谓嗜茶超脱之人。历来文人多有将此称号奉送给陆羽的。唐人耿湋描写陆羽"一生为墨客，几世作茶仙。"元代辛文房《唐才子传·陆羽》："羽嗜茶，造妙理，著《茶经》二卷……时号'茶仙'。"宋代王禹偁《谷帘泉》诗："迢递康王谷，尘埃陆羽篇。"皆言陆羽醉心于茶理研讨、不与世同的仙逸之风。

在世人眼里，陆羽成了茶仙还不够，进而为"神"，方能说明他的茶学地位。《新唐书·陆羽传》："羽嗜茶，著经三篇，言茶之原、之法、之具尤备，天下益知饮茶矣。时鬻茶者，至陶羽形置炀突间，祀为茶神。"与门神、灶神等同列，祈祷他带给天下茶人们丰收、平安、宁静。茶室、茶台供奉陆羽之像的习俗也沿袭至今。

陆羽鄙视权贵，性格狂放，曾写《六羡歌》以明志，时有"唐之接舆""茶癫"之称。清同治《庐山志》引《六帖》：陆羽隐苕溪，"阖门著书，或独行野中，诵诗击木，徘徊不得意，或恸哭而归，故时谓今接舆也。"宋代苏轼《次韵江晦叔兼呈器之》诗："归来又见茶癫陆。"程用宾《茶录》也称："陆羽嗜茶，人称之为茶颠。"

宋人陶穀在《舜茗录》中记有这样一件事：宣城何子华在剖金堂宴客，席间，他取出一幅严峻所绘的陆羽像说："世人常把过于迷恋骏马的人叫作'马癖'，把迷醉在钱里的人称作'钱癖'，把溺爱子息的人称为'誉儿癖'，把耽于典籍的人叫作'《左传》癖'，那么像这位老者（指陆羽）沉湎于茶事，该叫什么癖呢？"杨粹仲曰："茶至珍，未离草也。草中之甘，无出茶上者。宜追目陆氏为甘草癖。"此言一出，满座称好。可见精于茶道的陆羽，也有不少心心相印的知己啊！

## 玉川子　卢仝

　　唐代诗人，最著名的嗜茶者非卢仝莫属了，他曾给自己取个绰号叫"癖王"，揶揄自己爱茶之深。他的《走笔谢孟谏议寄新茶》（又称《七碗茶歌》）至今都代表着中国茶文化的杰出成就，常被悬挂于茶馆、茶室最重要的位置。诗歌以神逸之笔墨，写出唐代茶事诸多内容，如茶叶包装、采摘、制作、煎煮、吃茶、茶政等。尤其是把茶饮之功从"喉吻润""破孤闷"到助思、散郁，达到心境空灵、渐入佳境，最后进入禅定最高境界的深切感受描摹得惟妙惟肖，非他人可拟。诗云："……一碗喉吻润，两碗破孤闷。三碗搜枯肠，唯有文字五千卷。四碗发轻汗，平生不平事，尽向毛孔散。五碗肌骨清，六碗通仙灵。七碗吃不得也，唯觉两腋习习清风生。蓬莱山，在何处？玉川子乘此清风欲归去……"卢仝这首诗拓展了后世饮茶文化的精神世界，对后世茶诗词创作产生了深远影响，"玉川子"也成了茶人的自称，"七碗茶""两腋清风"也成了饮茶的代称。也正因为此，卢仝又被誉为茶之"亚圣"。

　　一生嗜茶如命的卢仝，本想"买得一片田，济源花洞前"，过着汲泉煎茗的自在生活的。可惜居然被牵扯进政治事件，丧生于"甘露之变"。"甘露"，原本是茶的美名，最终却成为劫杀众多生命的悲剧字眼，这是卢仝最大的悲哀吧？

## 别茶人　白居易

唐代著名诗人白居易，一生与诗、酒、茶、琴相伴，"琴里知闻唯渌水，茶中故旧是蒙山。""闲吟工部新来句，渴饮毗陵远到茶。"晚年嗜茶更甚，"老去齿衰嫌橘醋，病来肺渴觉茶香"，自称"竟日何所为，或饮一瓯茗，或吟两句诗"（《首夏病间》）。他在《谢李六郎中寄新蜀茶》诗中云："不寄他人先寄我，应缘我是别茶人。"《山泉煎茶有怀》诗中云："无由持一碗，寄与爱茶人。"他是"别茶人""爱茶人"，精于茶艺，鉴茗、品水、看火、择器无一不能，是地道的"茶痴"。他亲自开辟茶园种茶，听飞泉，赏白莲，饮酒弹琴，颇为傲然知足。北宋王谠《唐语林》载："（卢尚书）每见居人以叶舟浮泛，就食菰米鲈鱼，思之不忘。逡巡，忽有二人，衣蓑笠，循岸而来，牵引篷艇。船头覆青幕，中有白衣人与衲僧偶坐，船后有小灶，安铜甑而饮，卯角仆烹鱼煮茗，溯流过于槛前，闻舟中吟笑方甚。卢叹其高逸，不知何人。从而问之，乃告居易与僧佛光，自建春门往香山精舍。"记载了白居易泛舟烹茶的故事。香山居士的代表作《琵琶行》中"商人重利轻别离，前月浮梁买茶去"，成为研究唐代茶业贸易、唐代茶市的珍贵史料，被茶书反复引用。白居易作茶诗50余首，于唐代茶文化之贡献，堪与卢仝比肩。

## 茶痴　蔡襄

蔡襄是北宋著名书法家，与苏轼、黄庭坚、米芾共称"宋四家"。同时，蔡襄因其创制"小龙凤团茶"、撰写《茶录》，在茶史上留下浓墨重彩。宋仁宗庆历年间，蔡襄任福建转运使，开始创制团茶，其制样精美、品质优良，一斤二十八饼，价值金二两，名曰"上品龙茶"，被视为朝廷珍品。

他结合自己的实际经验撰写《茶录》，虽只千余字，却非常系统地论及茶的色、香、味和藏茶、炙茶、碾茶、罗茶、候汤、点茶，介绍了茶焙、茶笼、砧椎、茶铃、茶碾、茶罗、茶盏、茶匙、汤瓶等器具。《茶录》既是一部茶叶技术专著，又是一部茶艺专著。

蔡襄精于茶事，识茶功夫了得。福建建安能仁寺的和尚制了八片茶饼，还起了个雅号叫"石岩白"，送了四片给蔡襄，另外四片送给京城的翰林学士王禹玉。一年后蔡襄从福建返京城访王禹玉，王以最好的茶待客，蔡襄尝了一口说："此绝似能仁石岩白，公何以得之？"蔡襄真不愧此道行家。

蔡襄一生爱茶，实可谓如痴如醉，好友均知。有一天，欧阳修要把自己的书《集古录目序》弄成石刻，去请蔡襄帮忙书写，蔡襄故意向欧阳修索要润笔费。欧阳修知道他是个茶痴，就说要钱没有，只能用小龙凤团茶和惠山泉水替代润笔费，蔡襄一听，欣喜不已，说道："太清而不俗。"两人相视而笑。蔡襄老年得病，郎中嘱咐他必须戒茶，蔡襄无可奈何，只得不再饮茶，但他每日仍烹茶赏玩，甚至是茶不离手。"衰病万缘皆绝虑，甘香一味未忘情。"这种痴迷程度，堪称千古一绝！


## 分宁茶客　黄庭坚

黄庭坚嗜茶是出了名的，有"分宁一茶客"之称。《宋稗类钞》中记有这样一件事：富郑公初甚欲见黄山谷，及一见，便不喜。语人曰："将谓黄某如何？原来只是分宁一茶客。"

痴于吟茶颂茶的黄庭坚，和大诗人苏轼、陆游一样，不仅善品茶，而且爱写茶，关于摘茶、碾茶、煎水、烹茶、品茶以及咏赞茶功的诗词比比皆是，或引茶入诗，或抒发情怀，字里行间渗透着一位品茶高手所追求的茶艺和茶道。

他出生于江西修水，此地盛产双井茶，属宋时绝顶好茶。南宋叶梦得在《避暑录话》中记载："草茶极品惟双井、顾渚，亦不过各有数亩。双井在分宁县，其地属黄氏，鲁直家也。元祐间，鲁直力推赏于京师，族人交致之。"指的就是黄庭坚写《双井茶》一诗，极力夸赞家乡茶，致使它名动天下。

早年的黄庭坚，极嗜酒，中年疾病缠身，仅能饮茶。黄庭坚对茶的功效十分推崇。他说："鹅溪水练落春雪，粟面一杯增目力。"还说："筠焙熟茶香，能医病眼花。"因而更加痴迷和倾心于茶。他在《品令·茶词》里，十分细腻地描绘出了对茶的感悟："味浓香永，醉乡路，成佳境。恰如灯下，故人万里，归来对影。口不能言，心下快活自省。"在黄庭坚眼里心中，煎成的茶，清香袭人，不待品饮，早已清神醒酒，如饮醇醪，则如故人远道而来，知己相对，无语胜千言。煎茶的惬意，品饮的陶醉，跃然纸上。

## 茶癖　许次纾

明代文人许次纾，字然明，以《茶疏》闻名于世。许次纾嗜茶懂茶，在《茶疏》中，他写道："余斋居无事，颇有鸿渐之癖"。清人高鹗评价他的《茶疏》"深得茗柯至理，与陆羽《茶经》相表里"。他对茶文化的贡献在于推崇天趣悉备的自然美，确立了饮茶的物境（时间、地点、人物）和超然物外的心境，奠定了中国式茶境的基础，流布深远，彰显出强大的生命力。

其导师兼茶友吴兴姚绍宪在《茶疏序》中说道："武林许然明，余石交也，亦有嗜茶之癖。每茶期，必命驾造余斋头，汲金沙玉窦二泉，细啜而探讨品骘之。余罄生平习试自秘之诀，悉以相授。故然明得茶理最精，归而著《茶疏》一帙。"吴绍宪在长兴顾渚明月峡开辟有小茶园，每到茶期，许次纾都要前去"探讨品骘"。杭州与吴兴相隔数百里，许次纾对茶的痴迷爱好之深，也可见一斑。

许次纾极言自己爱茶成癖，友人许世奇在《茶疏小引》中写道："然明曰，聊以志吾嗜痂之癖，宁欲为鸿渐功匠也。"许次纾认为自己耗费心血完成《茶疏》，是为了了结自己爱茶成癖、想要为延续陆羽《茶经》略作贡献的夙愿。传说死后多年，他还托梦给许世奇，"欲以《茶疏》灾木，业以累子"。许然明著述颇丰，独以此见梦，嘱其刻印这本书，可见其"生平所癖，精爽成厉"，九泉之下不瞑目矣。

## 茶淫　张岱

张岱，明末清初文学家。自称"少为纨绔子弟，极爱繁华。好精舍，好美婢，好娈童，好鲜衣，好美食，好骏马，好华灯，好烟火，好梨园，好鼓吹，好古董，好花鸟。"（《自为墓志铭》）坦荡磊落、我行我素、耽于玩乐，能对自己如此客观评判的，史上无几人。然"故宫离黍，荆棘铜驼，感慨悲伤，几效桑苎翁之游苕溪，夜必恸哭而返"（《柳州亭》），他的亡国之痛、黍离之悲也是最强烈、最鲜明的。纨绔子弟，伤国之士，哪一个才是真正的张岱？

这么一个人，精于鉴茶，善于辨水，深知茶理，能摹写茶人茶事、创制名茶、玩赏茶具、推介茶馆。张岱的作品，过半以上交织着茶情，他对茶的"痴"，延伸到自己的《自为墓志铭》，铭文中有："兼以茶淫橘虐，书蠹诗魔。"

张岱善于创造。他招安徽人按照松萝茶扚、掐、挪、撒、扇、炒、焙、藏诸法来制作日铸茶，又多试泉水、水温、茶具，最终找到了这种茶的最佳泡法，"戏呼之兰雪"。随后，兰雪茶大行于市，以致安徽的正牌松萝也改头换面，以"兰雪"来重新命名。

张岱爱与同道茶友品茗论道。好友周墨农，嗜好"米颠石、子奠竹、桑茶、东坡肉"的季弟张山民，与他茗战"并驱中原，未知鹿死谁手"的胞兄，都是"非大风雨，非至不得已事，必日至其家，啜茗焚香，剧谈谑笑"，他们"小船轻幌，净几暖炉，茶铛旋煮，素瓷静递，好友佳人，邀月同坐"，到最后，"月色苍凉，东方将白，客方散去。吾辈纵舟，酣睡于十里荷花之中，香气拍人，清梦甚惬"。湖光、月色、荷风、茶香，这种浪迹于天地之间，将物我两忘的境界，只能让现在的我们徒然艳羡、心生惆怅了。

张岱对于品茶鉴水非常虔诚、老到，《陶庵梦忆·闵老子茶》记述了他与善于制茶瀹茶的名士闵汶水之间的一桩瀹茶故事。他精于茶水的功力让闵汶水叹服："予年七十，精赏鉴者，无客比。"

当时绍兴有一家与众不同的茶馆，用水选茶特别讲究："泉实玉带，茶实兰雪，汤以旋煮，无老汤，器以时涤，无秽器。"张岱特别喜欢这家茶馆，为它取名"露兄"，专门为它创作了《斗茶檄》："水淫茶癖，爰有古风；瑞草雪芽，素称越绝。特以烹煮非法，向来葛灶生尘；更兼赏鉴无人，致使羽《经》积蠹。迩者择有胜地，复举汤盟；水符递自玉泉，茗战争来兰雪。瓜子炒豆，何须瑞草桥边；橘柚查梨，出自仲山圃内。八功德水，无过甘滑香洁清凉；七家常事，不管柴米油盐酱醋。一日何可少此，子猷竹庶可齐名；七碗吃不得了，卢仝茶不算知味。一壶挥尘，用畅清谈；半榻焚香，共期白醉。"盛赞当时绍兴茶肆风尚。

张岱真称得上是明末清初的一位茶道专家。

## 汤神、乳妖　文了

宋代茶文化大兴，点茶、斗茶花样百出。上到王公贵族，下至黎民百姓，无不以斗茶为乐，更有会做"茶丹青""茶百戏"者。如苏轼笔下南屏谦师者，被誉为点茶"三昧手"。

北宋陶谷《茗荈录》记载："吴僧文了善烹茶。游荆南，高保勉白于季兴，延置紫云庵，日试其艺。保勉父子呼为汤神，奏授华定水大师上人，目曰'乳妖'。"神、妖居然一身兼，不知五代时期茶艺卓绝已到何等地步？清史梦兰著《全史宫词》有诗："西天瑞象现香台，惨淡宫花五寺开。净果更参华定水，汤神逐日献茶来。"仍在回味文了的精湛茶艺。倘若穿越了时间隧道，将文了与南屏谦师相约，一较高低，那场盛事岂是我们一双眼看得过来的？

## 结语

茶事自唐代兴起之后，嗜茶者日众，而其绰号、名号也随之而来，上述仅仅采撷一二，至于嗜茶如欧阳修、苏轼、梅尧臣、陆游、郑板桥等，更是有茶人千万，名号千百，无法一一赘记。譬如沉湎于茶事的唐代诗人陆龟蒙为自己取绰号"怪魁"，在顾渚山下辟一茶园，每年收取新茶为租税，自判品第，日积月累，编成《品第书》；譬如宋人曾几为自己取了个别号，叫"茶山居士"；明人许应元给自己取别号叫"茗山"；清诗人杜浚号"茶村"，清代西泠八家之一丁敬身号"玩茶叟"，等等。甚至南宋理学家朱熹临终亦有"茶仙"之署名。另有以茶为斋轩、园居之名，不胜枚举。

至于因茶而落下话柄的人，也不在少数，譬如善饮茶而被称为"漏厄"的王濛；"未见甘心氏，先迎苦口师"的皮光业；被讥讽为"撤茶太守"的宁波知府王玼；隐居山间汲泉饮茶、竭精殚思著《茶录》而被称为"瘾君子"的张源等。其实，不管是因为真心爱茶而获美誉，还是被茶所累讽以讥名，茶，总是与这些人纠缠不清、割舍不开的。

茶人名号千百种，但言爱茶万千情。一瓯谁与共？明月与清风。来呀，备精器，烧好水，择佳茗，待良友，玉树已开花，永日伴清茶。

（2016 年 4 月）

# 中国古代文人茶礼述略

在中国传统的茶文化里，茶与礼是密不可分的。以茶入礼，以茶为礼，至少在唐代就有了比较明显的表现，到了宋代几乎就成为约定俗成的社会现象。中国文人则更讲究饮茶中的礼仪、程式，并以此来养心怡神，淡泊明志，表明自己不伍于世流、不污于时俗、超然物外、与世无争的精神境界。这种规范、复杂的程式，经过几代传承，逐渐形成特色鲜明的文人茶礼。

## 一、文人茶礼的兴起

茶者，人生草木间也。一个茶字，反映了天人合一、人与自然共生共荣和谐统一的关系。

中国历代茶人名家都强调人与自然的统一，传统的茶文化正是自然主义与人文主义精神高度结合的文化形态。茶"承丰壤之滋润，受甘霖之霄降""洁性不可污"，性清纯、雅淡、质朴，与人性中的静、清、虚、淡的品性，和谐统一，这种自然与人文的高度融合，彰显了人类对真善美的精神追求，开启了自然与心灵交融的路径。人们通过品茗来完善自身人格，茶道与人道，茶品与人品，对应统一，达到天人合一。

礼者，体也。言得事之体也。礼是一个人为人处事的根本，也是人之所以为人的一个标准。礼，是制度，是规范，它所追求的是和谐，而茶道精神最核心的哲学思想就是"和"。和是中，是度，是宜，是当，是一切恰到好处，是增之一分则嫌多、减之一分则嫌少。儒家对和的诠释，在茶事活动中表现得淋漓尽致：如"客来敬茶"；如白族"三道茶"；如"凤凰三点"头的"寓意礼"；如饮茶时的谦和之礼；如泡茶时对水温、薪火、投茶量、动作要适度的要求等。因而，茶与礼的融合，是再自然不过的事情了。

中国人开门七件事，"柴米油盐酱醋茶"；古代文人也有七件宝，"琴棋书画诗酒茶"。文人相聚，烹茶煮茗，清谈款话，这是司空见惯、人尽皆知的风习。从唐代开始，茶已成为最受欢迎的待客、敬客、留客之物。"坐，上坐，请上坐；茶，敬茶，敬香茶。"茶在平常待客中甚至显现出等级和尊卑。

中唐以后更是出现了一种文人社交聚会的专门活动——茶宴，又称茶会、茗社、汤社。"泛花邀坐客，代饮引情言"，唐代文人认为茶性清味淡，涤烦致和，和而不同，品格独高。饮茶能使人养生、怡情、修性、得道，甚至能"羽化登仙"。他们高扬茶道精神，借茶宴倡导崇尚节俭，把饮茶从日常物质生活提升到精神文化层次，极大地推动了茶文化的发展。其中以皎然、灵一、韦应物、元稹、卢仝、刘禹锡、白居易、杜牧、温庭筠、陆龟蒙、皮日休等人最为典型。由此也形成了独具特色的雅士茶礼，即文人士大夫举行雅集或茶会的礼节。此类茶礼注重营造优雅宜人的品饮氛围。文人们认为品茗是高人雅事，宜伴以琴韵、书画、花香和诗章，在幽幽竹篁丛中、清清山泉之旁，尽享幽静的自然环境和难得的身心沉醉。

如中唐诗人吕温《三月三日茶宴序》记载："三月三日，上巳禊饮之日也。诸子议以茶酌而代焉。乃拨花砌，爱庭阴，清风逐人，日色留兴。卧指青霭，坐攀香枝。闲莺近席而未飞，红蕊拂衣而不散。乃命酌香沫，浮素杯，殷凝琥珀之色，不令人醉。微觉清思，虽五云仙浆，无复加也。座右才子南阳邹子、高阳许侯，与二三子顷为尘外之赏，而曷不言诗矣。"

钱起《与赵莒茶宴》："竹下忘言对紫茶，全胜羽客醉流霞。尘心洗尽兴难尽，一树蝉声片影斜。"全诗用白描手法，描绘了一幅雅境啜茗图：

竹林之中，清泉之畔，一杯紫笋名茶，足以胜过仙界琼浆，让人俗念全消，虽夕阳西下，却兴致更浓、流连忘返。

元稹《一字至七字诗·茶》："茶。香叶，嫩芽。慕诗客，爱僧家。碾雕白玉，罗织红纱。铫煎黄蕊色，碗转麹尘花。夜后邀陪明月，晨前命对朝霞。洗尽古今人不倦，将知醉后岂堪夸。"在文人眼里，茶是伴随诗人或浪漫或寂寥人生岁月的最佳知己，茶饮是丰富人生情怀的最佳途径。

宋代茶业已有很大发展，推动了茶文化的发展，在文人中出现了专业品茶社团，如官员组成的"汤社"、佛教徒的"千人社"等。宋太祖赵匡胤是位嗜茶之士，在宫廷中设立茶事机关，宫廷用茶分出等级。茶仪已成礼制，赐茶已成皇帝笼络大臣、眷怀亲族的重要手段，还赐给国外使节。至于下层社会，茶文化更是生机活泼：有人迁徙，邻里要"献茶"；有客来，要敬"元宝茶"；订婚时要"下茶"，结婚时要"定茶"，同房时要"合茶"。民间斗茶风起，带来了采制烹点上的一系列变化。梅尧臣、苏轼、陆游、欧阳修、蔡襄、苏辙、黄庭坚、秦观、杨万里、范成大等一批文人以茶入诗入文入画，兴起了品茶文学、品水文学，茶文、茶学、茶画、茶歌、茶戏等艺术形式丰富多彩。

黄庭坚《满庭芳·茶》《品令·茶词》，米芾《满庭芳·咏茶》均为咏茶名词，体现了宋代文人雅集时饮茶的意境与乐趣。以米芾的《咏茶》为例："雅燕飞觞，清谈挥麈，使君高会群贤。密云双凤，初破缕金团。窗外炉烟自动，开瓶试、一品香泉。轻涛起，香生玉乳，雪溅紫瓯圆。娇鬟，宜美盼，双擎翠袖，稳步红莲。座中客翻愁，酒醒歌阑。点上纱笼画烛，花骢弄、月影当轩。频相顾，余欢未尽，欲去且留连。"极写主人风姿之高雅，又点明宴集之盛大、群贤之脱俗，为写品茗助兴作好了铺垫。烹的茶是珍贵的"密云龙""双凤团",选用的泉水是品质绝佳的"一品香泉",烹煮出"玉乳"一般的好茶汤,又有红巾翠袖来研茶沏水,纤纤玉手稳捧精美茶盏,轻移红莲,侍奉身前,面对好茶、好器、好水、好人,在座的客人怎能不尽情酣饮,比斗才学?宋代文人茶会情景跃然纸上。

明清文人把品茶看成风雅而高尚的事情,认为良好的自然环境、茶人素质是品饮的基本条件。朱权《茶谱》、许次纾《茶疏》谈及品茶心态、最佳时机、最好地点、助兴伴侣、天气选择等众多方面,将普通的饮茶提升到品饮艺术和审美情趣,使人们获得最大的愉悦。

"芳梅喜淡雅,永日伴清茶。"(清张奕光),一瓯清茶,几枝梅花,明月清辉,花香袭人,描画出文人品饮的典型情境。

总之,从唐代开始,中国文人饮茶风气日盛,他们不仅刻意追求、积极鉴赏,还加以创新和改造,提高了饮茶的地位,将这源于民间的饮料提升为至清至雅之物,饮茶由此走向艺术化。中国古代文士的品饮艺术,核心是从品茗中获得品性之修养、情操之陶冶、心境之清静、精神之滋养。

## 二、中国文人茶礼"六境"具体要求

古代文人饮茶注重"六境":择茶、选水、配器、佳人、环境、饮者修养,其核心都在一个"品"字,十分强调饮茶者的意境,意境够了方能得趣、得神、得味。

茶品精良:善品茶的文人,都比较关注茶品质地。李白喜品仙人掌茶,欧阳修最爱双井茶,陆游随身携带日铸茶,苏轼访遍茶山、遍尝名茶；不管是顾渚紫笋，还是蒙山茶、北苑建茶、龙井谷雨等，历代名茶在文人的笔墨里留下芳名，而且还使他们穷尽文思，为名茶赋以雀舌、蝉翼、冬芽、麦颗、团月等优美名称，甚至干脆以美人相喻，"从来佳茗似佳人"，喝到一款好茶，内心喜悦珍爱之情无法言表。

水质清轻甘洁："精茗蕴香，借水而发，无水不可与论茶。""山水上，江水中，井水下。"文人煮茶，非常注重水品。灵水、异泉、江水、井水，"不问江井，要之贵活"。更为讲究的，还要亲自选水、澄水、蓄水、养水，以求水之清轻甘洁。很多文人，如杨万里"以六一泉煮双井茶"，陆游"囊中日铸传天下，不是名泉不合尝"，都是品水的行家里手，非常懂得茶品与水品的和谐关系。

器皿精致：文人雅集茶饮，置茶、煎煮、品饮的器具非常齐全而且讲究，从唐代开始，越窑、邢窑等众多窑口的精致茶具，成为文人们的首选。从唐代白瓷、青瓷，宋代建窑兔毫盏，到明代紫砂器具，品茗器具的流行，大大得力于文人们的选择与推崇。无论是杜育的"器择陶拣，出自东瓯"，还是陆羽笔下的越瓷邢瓷之较，以及宋人崇尚痴迷建窑黑盏，都可见文人茶饮对器皿的追求。甚至风炉、茶筅、茶碾、茶罗、茶罐等辅助茶器，也无不讲求精良。宋代文人有斗茶风尚，其中比较茶器的精良与否、宜茶与否就是品第的内容之一。

茶客相宜："煮茶得宜，而饮非其人，犹汲乳泉以灌蒿荻。"（明田艺蘅《煮泉小品》）"寒夜客来茶当酒，竹炉汤沸火初红。"（宋杜耒）有知己相伴，雪夜也有诗意的温暖。

陆羽的《茶经》指出"（茶之）为饮，最宜精行俭德之人"，对饮茶者的德行操守提出了很高要求。历代文人饮茶也特别注重气氛的和谐，要求志同道合："为云海餐霞服日之士，共乐斯事也。""凡鸾俦鹤侣，骚人羽客，皆能志绝尘境，栖神物外，不伍于世流，不污于时俗。"（明朱权《茶谱》）"翰卿墨客，缁流羽士，逸老散人，或轩冕之徒，超轶世味者。"（陆树声《茶寮记》）"惟素心同调，彼此畅适，清言雄辩，脱略形骸，始可呼童篝之火，酌水点汤。"（明许次纾《茶疏》）简单地说，就是饮茶者必须是同道中人，是知己挚友，才可以合拍，才可以尽兴。

"一人得神，二人得趣，三人得味，七八人是名施茶。"（明陈继儒《茶话》）"饮茶以客少为贵，客众则喧，喧则雅趣乏矣。独啜曰神，二客曰胜，三四曰趣，五六曰泛，七八曰施。"（明张源《茶灵》）文人相聚并不在意于嗜茶与不嗜茶，而在意于是否合乎"茶理"，在意于品茶之人相宜不相宜，也就是追求和谐。天与人、人与人、人与境、茶与水、茶与具、水与火，以及情与理，这相互之间的协调融和，是饮的精义所在。

仪式完整，烹茶方法讲究："茶滋于水，水藉乎器，汤成于火，四者相须，缺一则废。"（明许次纾《茶疏》）大部分的文人在品茶时，对投茶量、水温、火候，都是特别关注和讲究的。"候汤最难""三沸之说""活水还须活火烹"等，文人们基本都能做到"目视茶色，口尝茶味，鼻闻茶香，耳听茶涛，手摩茶器"，极尽五境之美。

文人茶礼整套操作仪式完整。洗茶、煮水、投茶、煎煮、分酌、品饮，都有严格的流程和规范。"未曾汲水，先备茶具。必洁必燥，开口以待。盖或仰放，或置瓷盂，勿竟覆之。案上漆气、食气，皆能败茶。先握茶手中，俟汤既入壶，随手投茶汤，以盖覆定。三呼吸时，次满倾盂内；重投壶内，用以动汤香韵，兼色不沉滞。更三呼吸，顷以定其浮薄，然后泻以供客。则乳嫩清滑，馥郁鼻端。病可令起，疲可令爽。吟坛发

其逸思，谈席涤其玄衿。"（明许次纾《茶疏》）

"诸第一与第二、第三碗，次之第四、第五碗，外非渴甚莫之饮。凡煮水一升，酌分五碗。乘热连饮之，以重浊凝其下，精英浮其上。如冷则精英随气而竭，饮啜不消亦然矣。""夫珍鲜馥烈者，其碗数三；次之者，碗数五。若坐客数至五，行三碗。至七，行五碗；若六人已下，不约碗数，但阙一人而已，其隽永补所阙人。"（陆羽《茶经》）"饮之者一吸而尽，不暇辨味，俗莫甚焉。"（明田艺蘅《煮泉小品》）

在文人聚会中，茶、琴、棋、书、画、香缺一不可。茶人在饮茶、制茶、烹茶、点茶时的身体语言和规范动作中，在特定的环境气氛中，享受着人与大自然的和谐之美："命一童子设香案，携茶炉于前，一童子出茶具，以瓢汲清泉注于瓶而炊之。然后碾茶为末，置于磨令细，以罗罗之。候汤将如蟹眼，量客众寡，投数匕入于巨瓯。置之竹架，童子捧献于前。主起，举瓯奉客曰：'为君以泻清臆。'客起接，举瓯曰：'非此不足以破孤闷。'乃复坐。饮毕，童子接瓯而退。话久情长，礼陈再三，遂出琴棋，陈笔砚。"（朱权《茶谱》）

可见，古代文人品饮仪式端庄肃穆，甚至可称繁文缛节。然而，正是这种高度重视、慎重的态度，才形成了文人茶礼的特有文化内涵。可以说，没有古代文士便不可能形成以品为主的饮茶艺术，不可能实现从物质享受到精神愉悦的飞跃，也就不可能有中国茶文化的博大精深。文士们饮茶，饮的不光是茶，更是蕴涵在茶中的哲理诗意。

环境幽雅：文人茶宴对环境、时机要求甚多。明清茶人品茗修道环境尤其讲究，还设计了专门供茶道用的茶室——茶寮，使茶事活动有了固定的场所。心手闲适、披咏疲倦、听歌闻曲、鼓琴看画、访友初归、课花责鸟、小院焚香、酒阑人散之时，与"凉台静室，明窗曲几，僧寮道院，松风竹月"（陆树声《茶寮记》）"清风明月、纸帐楮衾、竹床石枕、名花琪树"（许次纾《茶疏》）相伴，"或会于泉石之间，或处于松竹之下，或对皓月清风，或坐明窗静牖"（明朱权《茶谱》），静心品茗，实为品味人生。

## 三、古代文人茶礼的社会属性

古代文人在中国茶文化的发展中扮演着重要角色。因其介入，才使得中国茶文化更具人文内涵，才积淀了更为丰厚的底蕴。文人茶礼作为中国传统茶文化的一种重要表现形式，具备典型的社会属性。

以茶为礼，表达世俗亲情。许次纾《茶疏》："茶不移本，植必子生。古人结婚，必以茶为礼，取其不移植子之意也。今人犹名其礼曰下茶。"因此，茶成为古人婚礼中不可或缺的重要礼物。文人之间也以互相赠茶、赠水为礼。唐人刘禹锡以菊花粉和萝卜交换白居易的六班茶；"扬州八怪"之一的茶仙汪士慎以《乞水图》换焦五斗的雪花水；清人厉鹗以一部《宋诗纪事》换大恒禅师的龙井茶……留给文坛茶史连绵佳话。而文人收到茶礼，辄兴奋莫名，飞毫赋诗。白居易"不寄他人先寄我，应缘我是别茶人"，道尽文人得到友人寄来的新茶，扶病而起，碾茶、勺水、候汤、下末、品饮的欣喜和以"别茶人"自居的得意、欣慰。

以茶雅志，传达出清高自诩、忧患人生的儒家理念。以茶可雅志，以茶可行道；啜苦可砺志，咽甘思报国。"茶之为用，味至寒；为饮，最宜精行俭德之人。"（陆羽《茶经》）文人崇尚清雅立德，立志效国，以茶为鉴，警醒自己行为检点、道德规范。南宋爱国词人陆游在《效蜀人煎茶戏作长句》中以茶寄情，"饭囊酒瓮纷纷是，谁赏蒙山紫笋香？"的诘问正是抒发了深受儒家学说影响的文人们对国家重用无能之辈、弃用有真才实学者的昏庸现状的遗憾与谴责。"幽丛自落溪岩外，不肯移根入上都。"文人常常以茶自喻，自诩清高，与茶的"洁性不可污"正好合流。

以茶怡情，抒发享受风雅人生的浪漫情怀。"两腋习习清风生。""清风击两腋，去欲凌鸿鹄。""意爽飘欲仙，头轻快如沐。""买得青山只种茶，峰前峰后摘新芽。"精舍、云林、瓷瓶、竹灶、幽人雅士、衲子仙朋、永昼清谈、寒宵兀坐、素手汲泉、红妆扫雪，船头吹火、竹里飘烟。文人雅士向往的风流偶傥、洒脱不羁的浪漫情怀，茶可以演绎。

以茶明性，阐发隐逸人生的道家风范。"平生茶灶为故人，一日不见心生尘。""志绝尘境，栖神物外，不伍于世流，不污于时俗。""乃与客清谈款话，探虚玄而参造化，清心神而出尘表。"（明朱权《茶谱》）；"一饮涤昏寐，情思朗爽满天地。再饮清我神，忽如飞雨洒轻尘。三饮便得道，何须苦心破烦恼。""孰知茶道全尔真，唯有丹丘得如此。"（皎然《饮茶歌诮崔石使君》）皎然的全真茶道包蕴着对文人雅士茶宴品茗、清谈、赏花、玩月、抚琴、吟诗等艺术境界的探索。历来的中国文人既积极用世，力求功名，以学报国，一旦时事不允，则退隐江湖，寻求出世之道。"疏香皓齿有余味，更觉鹤心通杳冥"，一杯茶，是他们人生得意马蹄疾时的伴侣，也是帮助他们得以解脱失意之郁伤的知己。

中国茶文化的发展，在某种程度上得益于中国历史上失意的文人士大夫们沉湎于茶艺或茶道，在茶中享受人生，在茶中倾注了中国的儒释道思想。茶淡泊、清纯、自然、朴实的品格与文人所追求的淡泊、宁静、节俭、谦和的道德观念相一致。皎然、白居易、裴汶、苏东坡、司马光、陆游、鲁迅、赵朴初等历代文人也都在品饮之中，将茶视为刚正、纯朴、高洁的象征，当作"饮中之君子"，借香茗来表达自己高尚的人格理想。"一碗喉吻润，两碗破孤闷。三碗搜枯肠，唯有文字五千卷。四碗发轻汗，平生不平事，尽向毛孔散。五碗肌骨清，六碗通仙灵。七碗吃不得也，唯觉两腋习习清风生。"文人雅士在修身治国平天下时，不仅以茶励志、以茶修性，从而获得怡情悦志的愉快，而且在失意或经历坎坷时，也将茶作为安慰人生、平衡心灵的重要手段，他们往往从品茶的境界中寻得心灵的安慰和人生的满足。

古代文人墨客发现了茶的物质与精神的双重属性，从而找到了人与茶的天然契合点。茶不仅可以激发他们的文思画意，也是他们的精神寄托。通过饮茶，他们得到了一种生理和心理上的愉悦。他们将茶引入诗词、散文、小说、绘画等各项艺术中，极大丰富了中国茶文化的艺术存在。

庄晚芳先生倡导的中国茶道精神为"廉、美、和、敬"，即廉俭育德，美真康乐，和诚处世，敬爱为人。无论从哪方面讲，都概括了文人茶礼的内在诉求。

礼的中心和本质是社会关系，社会关系的核心要求是"和"，文人茶礼展示了礼的本质与核心要求。研究并传承文人茶礼，对弘扬茶文化、探究茶文化内涵、创建和谐社会有着重要意义。

（2015.10）

# 茶说橘说屈姑说

## 茶说

"天下名山，必产灵草。江南地暖，故独宜茶。"巴山峡川，钟灵毓秀，得生此地，夫复何求。日与朝阳听峡江，夕与群山赏流霞。承丰壤之滋润，受甘霖之霄降，修挺拔俊秀之枝干，萌光洁莹润之叶片，发白如栀子之花瓣，结坚如栟榈之果实，以发达茂盛之根系深植峡江之畔。生而为茶，何其荣光！

杜育曾写赋，陆羽又著经，卢仝也做歌，东坡为做传。生就风味恬淡，清白可爱。容质异常，有龙凤之姿；健体利生，有济世之才。清泉白石，提炉相呼；看汤成华浮，焕如积雪，晔若春薮，若绿钱浮于水湄，如菊英堕于鐏俎。松风煮茗，竹雨谈诗，听泂泂乎如涧松之发清吹，皓皓乎如春空之行白云。生而为茶，何其芬芳！

润喉吻，破孤闷，搜枯肠，发轻汗，清肌骨，通仙灵，生清风。七碗受至味，一杯似醍醐。泱泱中华，神州大地，甘之如饴，玉露清茗。俗可柴米油盐，雅则琴棋书画。与餐云服霞之辈为伍，与鱼虾麋鹿之友为俦。生而为茶，何其有德！

南方之嘉木，生来有品格。茶不移其本，植必以子生。坚定忠贞纯，专一多子福。洁性不可污，为饮涤尘烦。为此获尊崇，三茶六礼成。本自出山原，不肯与世同。嫩芽新梢头，吾谓草中英。采摘并揉捻，槽碾生烟尘。日曝加夜露，千烘复万焙。砧斧既在前，鼎镬又在后。粉身亦碎骨，唯有清白存，飘然若浮云，气韵天然成。佳茗似佳人，欲求冰雪心。生而为茶，何其有格！

## 橘说

后皇之嘉树，自生一株橘。绿叶复素荣，纷其兮可喜。曾枝又剡棘，圆果兮抟抟。青黄兮杂糅，文章兮灿烂。树树笼烟疑带火，山山照日似悬金。生而为橘，何其荣光！

春末夏初风正好，橘花香覆白萍洲，珠颗形容随日长，琼浆气味得霜成。行看采掇方盈手，暗觉馨香已满襟。丹其实，能体南方之正，酸其味，确含木德之纯。本名为橘，实为甘露，香清味永，纯洁如白。生而为橘，何其芬芳！

江南有丹橘，经冬犹绿林。岂伊地势暖，自有岁寒心。禀太阳之烈气，嘉杲日之休光。体天然之素分，不迁徙于殊方。天生珍木异于俗，俗士来逢不敢触。枝条皆宛然，本土封其根。是嗟草木类，禀异于乾坤。受命而不迁，生之于南国。深固亦难徙，更有专一志。纷缊兮宜修，姱而不丑。苏世兮独立，横而不流。闭心能自慎，不终失过。秉德且无私，可参天地。金玉亦其外，白玉亦其中。内怀亦冰洁，外涵亦玉润。既荣屈子赋，方重潘生言。生而为橘，何其有德！

玲珑透夕阳，香清未过淮，万里盘根植，千秋布叶繁。游人乡思重，偷橘爱芬芳。橘怀乡梦里，书去客愁中。故人喜相逢，锦袖盛朱橘。原岁并谢尔，与子长友兮。向来吟橘颂，谁欲讨莼羹。不愿论簪笏，悠悠沧海情。飏鸣条以流响，希越鸟之来栖。生而为橘，何其有格！

## 屈姑说

　　茶，南方之嘉木；橘，后皇之嘉树。生于长江之畔，长于峡谷之岗。体态何其修长，气味本自清香。年岁虽然青少，可师亦加可长。与申椒辟芷为朋，以杜衡芳蕊为友。朝饮木兰之坠露，夕餐秋菊之落英。吸天地之灵气，聚日月之精华。二者既有内美，又重之以修能。根植南国大地，不移专一之志。宁守贫瘠故土，不羡浩荡天恩。根茎花叶果实，丝缕不留一分。欣然粉身碎骨，但留洁白芳馨。为物也有性情，芳洁不可亵玩。同为草中菁英，芳馨溢达仙灵。生而有德自珍，唯楚有才天成！

　　橘茶一逢写奇迹，惺惺相惜是知己。屈姑愿为慧眼人，以橘入茶调清饮。茶橘并生怜共地，知音相示感同心。以茶伴橘创新意，谦谦君子传真情。

（2015 年 5 月）

# 有声的画卷　炽热的情歌

## ——《情恋长盛川》前言

　　恩师刘锦程先生嘱我为《情恋长盛川》专著作前言，内心惴惴，惶然不安，既备感荣幸，又恐负师恩。对规格如此之高雅、内容如此之专博、点评如此之精妙的书稿，着实不敢轻慢。是夜，沐手点汤，泡一杯长盛川青砖茶，捧一卷《情恋长盛川》书稿，天不觉晓。

反复品味乔羽、阎肃、陈小奇、张藜、张丕基、邬大为、何兆华、刘钦明等8位当代音乐界重量级前辈专家的题词，仔细阅读李云、阿雅、侯卫国、詹雄、齐柏平、张维仲、王志琴、朱小松、贺雄、潘建华、吴广川、刀子豆腐、兰草、赵开喜、鲁淑然、李红林、刘五行、邝厚勤、杨发琴、翟晓、余炎垓、邓武汉、王泽润、王永芳、张鸿声、张智深、刘大发等27位乐坛大家的赏评，只觉字字珠玑、篇篇精彩！让人顿生"夜后邀陪明月，晨前命对朝霞"的知音之叹，不忍释手，怎一个畅快了得！

手中这一卷《情恋长盛川》，如同这杯醇厚绵长的长盛川青砖茶，让我齿颊芬芳，通体舒泰，心有暖流，百转千回，竟不能寐。

作为长盛川品牌成长的一个见证者，自感才疏学浅、笔力不逮，但此时的内心情感却"风起云涌"，如鲠在喉，不吐不快。

"巍峨东方，汤汤长江，人杰地灵，惟楚有材。神农嫘祖，屈原王嫱，中原文化，滥觞中华。更有茶圣，陆羽著经。举国之饮，自此伊始。

青砖长盛川，产自于灵山。承丰壤滋润，受甘霖霄降。仰文人雅士，慕诗客骚人，有群贤毕至，开雅集先河，观色泽青褐，闻香气纯正。兴之所至，烹水煮茗，但闻汹汹乎如涧松之发清吹，浩浩乎如春空之行白云。

察滋味醇厚滑软，赏汤色红黄明亮，顿觉味浓香永。如此，佳茗、佳器、佳水、佳客、佳境，五境合一，遂逸兴遄飞，心神出尘，见月影当轩，两腋清风，几可成仙。"

这是 2016 年长盛川湖北青砖茶入选中国茶叶博物馆入馆品牌时，我为之创编的《晋楚同旅》《茶道百年》《惟楚有才》《青砖梦传》四章茶艺中的一则解说词，也正是我多年来对长盛川这个品牌真心实意的情感表达。

三峡茶区是中国茶树发源地之一，也是最早盛行制茶、饮茶的区域。茶圣陆羽在《茶经·六之出》中记载："山南，以峡州上，襄州、荆州次，衡州下，金州、梁州又下。"自唐以后，三峡地区一直是重点产茶区，"当阳玉泉青溪山仙人掌茶""小江园明月簝""碧涧簝""茱萸簝""峡州碧涧""明月""芳蕊""远安鹿苑茶""长盛川青砖""宜红茶"等历史名茶异彩纷呈，使峡州地区成为"春秋楚国西偏境，陆羽《茶经》第一州"（欧阳修），积淀了丰厚的茶文化资源。

"风雨前尘，江汉通商；万里古道，晋楚同旅。经行丝绸路，瑰宝砖茶称半壁；光耀经济带，茗瓯文化亦千秋。"（彭红卫《长盛川赋》）长盛川湖北青砖茶由湖北制茶世家何氏家族于公元 1368 年创立，距今已经有 651 年历史。在经历了散茶、团茶、柱子茶、帽盒茶、饼茶和砖茶等各种形态的发展演变后，何氏家族在长期的边茶贸易经验中摸索积累了青砖茶的制作工艺。直至清代中叶，何氏家族开始使用杠杆原理和牛皮筋架捆扎工艺压制砖茶，是为现代青砖茶之鼻祖。

当时，长盛川与晋商巨擘祁县渠家合营"长盛川"，成为当地最大的茶叶商户，得到了清廷皇家御赐的红色"双龙票"。以"川"字为青砖茶的通用标识，在长江流域的湖北、湖南、江西等地发展茶产业，并经水路和陆路，沿丝绸之路和万里茶道至亚洲、欧洲以及非洲诸国，成为万里茶道国际茶叶贸易的主力，被誉为"亚欧万里茶道上的瑰宝"。"清朝道光、咸丰年间，'长盛川'达到鼎盛时期，出口量占清政府茶叶出口总量七成以上，在世界各地设立 260 多家分号。以夷陵分号为例，工人 200余人，年产砖茶 5000 箱以上，年收益高达 76000 银圆。"1909 年 9 月在武汉首次举办的博览会湖北省武汉劝业奖进会上荣获一等奖；在 1910 年的南洋劝业奖进会上荣获一等赤金牌奖；1915 年，长盛川湖北青砖茶经由上海茶叶会馆，代表中国茶叶参加了在美国旧金山举行的巴拿马太平洋国际博览会，一举斩获金奖。

改革开放后，鑫鼎集团董事长何文忠，"长盛川"第 19 代传人、鑫鼎生物科技有限公司董事长何建刚兄弟二人力推"长盛川"湖北青砖茶品牌复兴。2013 年选址宜昌兴建万吨级青砖茶产业园，以标准化的制茶工艺和现代化企业管理，秉承"信义、责任、共赢"的经营理念，不断提升自身实力，锻造强劲的市场竞争力，振兴和发展民族茶产业，使长盛川品牌重焕光彩。

在深耕历史、传承和保护古老青砖茶制作技艺的基础上，长盛川大力引入现代生物制药理念，汇集了全国多名知名专家成立湖北青砖茶研究所，与武汉大学、华中农业大学、湖北工业大学、三峡大学等多所国内知名高等学府以及多家权威农业科研机构紧密合作，以青砖茶和茶产品的技术研究、人才培养、茶类衍生产品的开发研制与创新、茶树的改良及茶叶深加工、茶文化传播等工作为核心，自主研发青砖茶生产线 17条，获得发明专利和实用新型专利共计 115 项，带动了湖北茶产业的优质、高产、高效发展。

同时，"长盛川"主动反哺回报社会，体现出当代优秀企业的高度社会责任感。于 2013 年 5 月成立湖北省宜昌市思源慈善基金会，以"扶贫先扶志，扶贫必扶智"的理念，连续举办七届"思源慈善百万助学"活动，基金会共资助宜昌市 296 个乡村（社区）的 861 名贫困大学生，被资助学生遍及全国 28 个省、自治区、直辖市的 220 所高校，社会效益显著。

长盛川湖北青砖茶以鄂西南武陵山区海拔 800 米以上高山富硒茶资源为原料，经初制加工、发酵、复制等传统制茶工序精制而成。砖面平整光滑，香气陈香纯正，汤色橙红明亮，滋味醇和润滑。优良的品质使长盛川湖北青砖茶赢得了亚洲、欧洲和美洲茶叶市场的青睐，成为被世界人民认可的中国茶品牌。在第二届中国－东南亚民间高端对话会上，长盛川"龙焙"系列青砖茶成为国家领导人出访的"国礼"，并于 2015 年米兰世博会中国茶文化周活动中再次斩获"百年世博中国名茶金骆驼奖"。

"好一个老字号长盛川，华夏骄子，傲立中天！""好一个金品牌长盛川，芬芳世界，健康人间！"（佟文西《情恋长盛川》歌词）

佟文西先生是国内知名词曲作家，其代表作《山路十八弯》唱响中华大地，《摆手舞》也是耳熟能详。他坚持"词以情为本，情以真为根"的艺术创作宗旨，心为家乡茶所牵，情为家乡茶而动，意深深激荡胸中爱绵绵。进车间，上茶山，查文献，搞座谈，探究长盛川丰厚文化底蕴。词为长盛川而赋，曲为长盛川而作，意切切流露心田恋悠悠。赴宜昌，上北京，选乐队，挑歌手，《情恋长盛川》惊艳绽放神州。

正如佟老在《情恋长盛川——关于创制新歌<情恋长盛川>杂谈》中所言，"难得一见，一见结缘；爱如初恋，从此梦绕魂牵。"如此大胆、新颖的开场白，是一般企业歌曲中少见的，却是他深入基地采访后的第一冲动。"动君红颜，亮君笑眼，情随茶浓，醉在舌尖蔓延"，长盛川以她优雅芬芳的气质征服了作者。一阕词，道不尽作者心中情；一首曲，唱不尽长盛川兴业情。正可谓高山流水酬知音，茶歌交融两相亲。这份情，不仅是佟老先生对长盛川的爱恋之情，也是六百多年来长盛川人承祖志、兴家业、筑国梦、造民福执着精神的再现，是天下茶人对民族品牌的敬仰之情的礼赞。

"樽前如得风雅意，茗里尽知长盛川。"早在2015年，由三峡大学彭红卫教授执笔的中国青砖茶第一赋《长盛川赋》在武汉首发，长盛川拥有了属于自己的第一张文化名片。现在，由佟文西先生作词作曲的《情恋长盛川》成为其第二张文化名片。一赋一曲，堪称双璧；一静一动，张弛有道。既《长盛川赋》专辑出版之后，鑫鼎生物科技又为《情恋长盛川》赏析品鉴出版专著，是长盛川人对自身历史文化的认同归宗，更是坚持文化强所、文化兴业的重要举措，堪为湖北乃至全国茶文化界一大盛事。"六百年茶香何长盛"？不言自明。

咏茶的茶歌，是由茶叶生产、饮用这一主体文化派生出来的一种茶文化现象。茶歌的产生与发展与中国古典诗歌发展演变规律是一致的。不管是以诗为歌，还是由谣而歌，或茶农自创的民歌山歌，茶歌无外乎借与茶相关的故事、情感表达人们对美好生活的向往与追求。

对于音乐作品欣赏，我是门外汉。但是作为一个听众，一个茶人，我却懂得理解一首茶歌的歌词与主题的关系，懂得欣赏旋律与节奏的美妙。当委婉动听的女声独唱响起，我们的思绪就被带到了万里茶道，带到了茫茫草原，隔着历史的尘幔，我们仿佛能看见何氏先人筚路蓝缕、开创伟业的艰辛背影；仿佛能听见长盛川老祖宗的殷殷嘱托和十几代长盛川人壮怀激烈的誓言。几十位行家里手以不同身份，从不同角度、不同侧面，带领我们理解、欣赏《情恋长盛川》，构建了一个完整的《情恋长盛川》审美体系，美哉，斯音！美哉，斯文！

《情恋长盛川》不是一首歌，是一幅有声的立体画卷。里面有风沙漫漫，有铁血铿锵。

《情恋长盛川》不是一本书，是一部无声的炽热情歌。里面有委婉缠绵，有气势磅礴。

如果说《情恋长盛川》是一幅慷慨激昂的美丽画卷，那帧帧题词又何尝不是另一幅意蕴盎然的点染？如果说《情恋长盛川》是一首深情款款的情歌，那篇篇美文又何尝不是另一部精彩绝伦的华章？

一杯长盛川青砖茶，浓酽馨香，味道纯正，回甘隽永；一本《情恋长盛川》，词曲殊胜，水乳相融，回味无穷。

风雨前尘，已成过往。茶逢盛世，百年延绵。宜昌是全国知名茶乡，是"万里茶道"重要节点城市，在市委市政府的茶叶战略宏图中，长盛川青砖茶扮演着重要角色，对宜昌茶产业发展有举足轻重的影响。"共赢何方，五洲走遍""国茶责任担肩"。随着"一带一路"建设的推进，中国茶，将会越来越多地走向世界。长盛川已经迈出了新步伐，走上了新征程，我们祝福"长盛川"雄风展翅，期待"长盛川"再创辉煌！

情恋长盛川，情恋长盛川！

是为序。

（2019.3）

# 人间有味是清欢

中国历代文人，多与茶结缘。或以茶助神思清爽，或以茶寄闲适超脱，或以茶交清谈之友，或以茶悟佛道禅理，甚至达到爱茶如命、嗜之如饴、一日不可无此君的地步。诸如皎然、卢仝、白居易、皮日休、黄庭坚、梅尧臣、苏轼、陆游等，都是茶痴级别的文人，竟日饮茶不说，还写下了很多与茶有关的诗篇，留下很多佳话。其中，尤以苏轼为甚。

在中国历代文人中，像苏轼这样集大成者，实为罕见。其诗、词、文、书、画堪称"五绝"：他的诗歌创作成就与黄庭坚比肩，齐称"苏黄"；词作上，开创了豪放词派，与辛弃疾并称"苏辛"；他的散文创作成就紧跟欧阳修，位列"唐宋八大家"之中；书法名列"苏、黄、米、蔡"北宋四大书法家之首；其画则开创了湖州画派。他是中国文学艺术史上罕见的天才、全才，也是中国数千年历史上被公认文学艺术造诣最杰出的大家之一。

在中国历代政治家中，像苏轼这般命运多舛、坎坷曲折，却坚持积极用世、造福一方，忍辱负重做官到底，信奉在其位才能为百姓谋其利，实为罕见。他为人耿介坦率，疾恶如仇，遇有不平，即"如蝇在食，吐之乃已"，因而也经常得罪权贵。他曾任翰林学士、侍读学士、礼部尚书等职，也曾出知杭州、颍州、扬州、定州、密州、徐州、湖州等地，乌台诗案后，被贬为黄州团练副使，晚年更被贬惠州、儋州，病死常州，葬身河南，结局可谓辛酸。然而他一生坦荡磊落，真诚待人，两袖清风，连政敌都为他的宽阔襟怀所感动，在苏轼落难以后主动出资接济他的子弟们。

在中国历代美男子中，像苏轼这般才貌双全、德艺双馨、情深义重的，实为罕见。"身长八尺三寸有余，为人宽大如海"。为官所到之处，深得百姓拥护爱戴；对爱情也是坚贞无比。无论是对原配王弗，还是续弦王闰之，抑或侍妾朝云，都是深情款款、付出真爱的，在她们陪伴他度过了人生种种灾难却无法白头偕老之后，相继写下了许多传唱千古的爱情诗篇。"十年生死两茫茫，不思量，自难忘。""欲寄相思千点泪，流不到，楚江东。"这些九百多年前的吟唱，至今还打动着众多痴情儿女的心。

在中国历代哲学家、思想家中，像苏轼一般心地善良、热爱生活、情趣高雅的，实为罕见。他是一位真正地生活着的美食家、仁爱者。被贬黄州时，他亲率家人开垦城东的一块坡地，种田帮补生计，遂号"东坡居士"，他改进当地吃肉的方法发明了"东坡肉"，流传至今；谪居宜兴时，经常亲自煎茶，还设计出有名的"提梁壶"，世人称之为"东坡壶"。苏轼心地善良。居常州时，用最后一点积蓄买了一所房子，准备择日入迁。一个偶然的机会，听到一个老妇人哭得十分伤心。他问老妇哭什么，老妇说，她有一处房子，相传百年了，被不肖子孙所卖，因此痛心啼哭。细问之下，原来苏轼买的房子，就是老妇所说的祖传老屋。于是苏轼当即焚烧了房契，仍旧租房居住。

上述这些，对苏轼稍有了解的人，约略都知道。然而不为一般人所知的是，现实生活里的苏轼，还是一位名副其实的"茶仙"。他在种茶、饮茶、论茶方面也是一个得道高手，一生嗜茶如命，与茶相伴终身。他虽遭排挤以致颠沛流离，却始终洒脱率性、不向命运低头，潇洒面对眼前的困境，无论身处何方，都心泰神宁、谈笑如常，终于成为独一无二的苏东坡。这应该得益于他对于佛法禅理的情有独钟，得益于他对茶的一腔热爱与痴迷。

从他的著述中可以读到大量的茶文、茶诗、茶词、茶联、茶话。这些茶事并不完全是专为消闲享受，而是融入了他喜怒哀乐的情感，蕴涵着他的思想境界与政治抱负，阐释着他忘情山水、随遇而安，将佛禅道理运用于生活，豁达幽默的人生观。

四川眉山是东坡故里，是我国茶叶主产区、茶文化起源中心之一。生于斯长于斯的苏轼，从小就受到茶的滋养与熏陶，对茶有着特殊的情结。而步入宦海后，所任地方知州以下官职多在产茶之地，又多产名茶，从峨眉之巅到钱塘之滨，从宋辽边境到岭南、海南，为他品尝各地的名茶提供了机会。浙江杭州龙井、安徽黄山毛峰、江苏扬州碧螺春、福建武夷岩茶、江西庐山云雾茶、湖南君山银针茶等，都与他有着极深的渊源。每到一处，必会亲访茶山，遍尝名茶，写下脍炙人口的咏茶诗词。

东坡对饮茶之道，造诣精深，对于茶叶的选择、水质的评判、器具的好坏、煎法是否得当，都颇有研究。他有一首著名的《试院煎茶》："蟹眼已过鱼眼生，飕飕欲作松风鸣。蒙茸出磨细珠落，眩转绕瓯飞雪轻。银瓶泻汤夸第二，未识古人煎水意。君不见，昔时李生好客手自煎，贵从活火发新泉。又不见，今时潞公煎茶学西蜀，定州花瓷琢红玉。我今贫病常苦饥，分无玉碗捧蛾眉。且学公家作茗饮，砖炉石铫行相随。不用撑肠拄腹文字五千卷，但愿一瓯常及睡足日高时。"道尽了烹茶的情趣，道尽了古今名士茗饮风采，也道尽了东坡因贫病苦饥不能饮茶之精品而以一瓯知足的自慰心绪。诗歌描述茶、茶汤、茶具及茶效，一气呵成，引人入胜，是为行家里手之作。

东坡对茶满怀深情，"戏作小诗君勿笑，从来佳茗似佳人。"认为茶就似二八佳人，清白可爱，自然质朴，对茶的尊重与敬爱之情，跃然纸上。因为爱茶，才具有对茶独特的感受。起与坐之间，清醒与酒醉之间，闲适与忙碌之间，赋诗绘画之间，都是离不开茶的，"春浓睡足午窗明，想见新茶如泼乳""沐罢巾冠快晚凉，睡余齿颊带茶香"。可以说，苏轼爱茶几乎达到"不可一日无此君"的地步，咏茶，也总是那么绘声绘色、情趣盎然。

作为一个知识分子，苏轼当然想居于庙堂，实现"致君尧舜"的理想，造福百姓；同时，面对黑暗的朝政，又向往道家清净出世之境界，羡慕江湖之逍遥。因而，茶——有着"清心神出尘表"功效的万物之君子，就成为他平复内心矛盾之焦虑、选择之痛苦的良药，成为他与世俗万象之间的一个纽带，既带他入世，又帮他出世，让他在风雨飘摇的人生之中得以进退自如。

每当品读他的茶诗文，就自然联想起他的《前赤壁赋》。在这篇犹如舷歌洞箫般哀怨，又如清风明月般清丽的美文中，我们既能尝到文学的美味，又能获得哲学的启发，更能触摸到苏轼心中空净、与世无争、超然物外的灵魂。

"白露横江，水光接天。纵一苇之所如，凌万顷之茫然。浩浩乎如冯虚御风，而不知其所止；飘飘乎如遗世独立，羽化而登仙。""盖将自其变者而观之，则天地不能以一瞬；自其不变者而观之，则物与我皆无尽也。而又何羡乎？且夫天地之间，物各有主。苟非吾之所有，虽一毫而莫取。惟江上之清风，与山间之明月，耳得之而为声，目遇之而成色。取之无禁，用之不竭。是造物者之无尽藏也，而吾与子之所共适。"

一瓯谁与共，明月与清风。从这些千古名句中，我们看到苏轼以旷达的胸怀、超然的态度，不滞于物，无碍于事，让自己的精神漫步于青山秀水、明月清风之间。他借山、水、诗、画、酒、茶来寄托自己的信仰，从而在兴趣、态度、气质、个性、行为等方面，较完美地把儒家的政治理想与追求自由心性修养的道家人格理想结合起来，达到和谐的统一。

"莫听穿林打叶声，何妨吟啸且徐行。竹杖芒鞋轻胜马，谁怕？一蓑烟雨任平生。料峭春风吹酒醒，微冷，山头斜照却相迎。回首向来萧瑟处，归去，也无风雨也无晴。""吟啸徐行""竹杖芒鞋""一蓑烟雨"，苏轼最为津津乐道的形象，其实也正是他旷达的内心写照。对于人生赐予他的极度的痛苦，他用佛家、道家的哲学反给以制约、排遣，总能"无所往而不乐"，使他的一生虽屡遭挫折，却能泰然处之，在政治和文艺创作上始终意趣高昂、孜孜不倦，终而旷达、洒脱地实现了自我精神境界的构建。

在这个构建过程中，茶，扮演着至关重要的角色。在煎饮一杯又一杯香茗的时候，他透过轻飏的茶烟，神游万物之外，一片闲云野鹤之心翱翔于杳冥之上。

生与死，不可预知；挟飞仙以遨游的乐趣、抱明月而长终的梦想，也无法实现。唯有"雪沫乳花浮午盏，蓼芽蒿笋试春盘。人间有味是清欢"。一个人如果阅尽人世浮华，像茶叶一样经历过"捶提顿挫"之后，得与失，浓与淡，在他心中都会自有另一番认知。"人间有味是清欢"，林林总总、纷纷扰扰的尘世，对东坡而言，全都可抛开了，只要有几盘蔬菜、一杯热茶就可以满足他，这就是人生；对他来说，最有味的莫过于"清欢"——远离世俗干扰、怡然自得的乐趣与境界。"松风竹炉，提壶相呼"。想象东坡老儿童真模样，不禁莞尔。

东坡在《与侄简书》中有句："凡文字，少小时须令气象峥嵘，彩色绚烂，渐老渐熟乃造平淡。其实不是平淡，乃绚烂之极也。"真乃其人生轨迹与人生哲学的绝妙写照！

"越是宁静的水面，越能映照出四围的景致和满天的繁星。"苏轼是个现实的理想主义者，是始终坚持心中的理想，而又能以现实的态度处世为人的快乐者、幽默者、达观者，他是中华文化史上无法逾越的丰碑，是中国历史给我们树立的一个楷模。

（2014 年 5 月）

# 素馨茉莉一杯茶

"重重叠叠山，曲曲环环路，咚咚叮叮泉，高高下下树。"俞樾的叠词趣诗道尽九溪十八涧之天然意趣。

正值深秋初冬，遍野色彩斑斓，漫山烟岚雾霭，九溪烟树美景，不可名状。在过于斑斓的色彩和过于丰富的层次面前，人反而会显得词穷。驻足欣赏，寂然无言，才能表达出对秋天的尊重吧。

徜徉在赤橙黄绿青蓝紫的世界里，视线却往往被那些静卧在地上、草间、水面的落叶牵引，尤其是在九溪烟树这样的胜景里，落叶的美，断断是不可忽略的。

九溪十八涧多枫叶，多松，多茶树。中国最有名的西湖龙井就产自这大片风水宝地。曲折路径两边，不断有成片的茶树顺着地势从眼前推向远处的山脚下，绵延起伏。随处可见的枫树、松树、梧桐，给茶园披上了斑斓的外衣。那些杏黄、金黄、橙红、深红、褐红的落叶，与绿意盎然的茶树交相辉映，呈现出一种绝对真实而动态的美。片片叶子，或散落或簇拥，在冬日阳光下闪射着温柔与安宁。

心念一动，就想起"叶子"，想起书包里躺着她的《不妨从容过生活》——真的是最应此时此地此景的啊！不知道此刻，她可有感应？不禁莞尔。

叶子其人，本名黄晔，有"墨痕之花"的笔名，同名博客颇有声名，被诸多同道者推崇。几近人生深秋，进入最为成熟丰美的季节。经过人生各种历练沧桑，见过人世各种喜怒哀乐，她沉淀了朴实宁静却又丰富内敛的个性。素装少言，行止有度，颇似静水流深。

与她同事相交数年，另又有颇深渊源。一直觉得她的姓名、笔名、网名，都非常绝妙。"墨痕之花"，取意中国书画技法与诗词境界，常让我想起"我家洗砚池边树，朵朵花开淡墨痕"。似无痕却有迹，于无声处有惊雷，正符合她清淡优雅内秀知性的特点。"叶子"，是她平日里使用最多的化名，圈子里也多直呼其"叶子"。想来，她是喜欢"叶子"这个称呼的，我见过的为数不多的照片里，她常与叶同框。而黄晔之本名，却是我认为最能体现她的特点与气质的，这应该是身为高级知识分子、家学渊源深厚的父母赐予宝贝女儿的最精美的期待吧！黄且黄，晔且晔，金黄的、明亮的、耀眼的、美丽的、高贵的，而叶子没有辜负这个期待，她最终将父母的期待内化为自己的本质，尽管惯于低调隐藏，朴素的叶子的表象里，内在的光芒却时时处处闪现，令人惊艳。

多数时候，叶子安静。然而她也激情满怀地跳跃奔跑在羽毛球、排球、网球场上，活力四射。我们曾经同披战袍，为每一次胜利击掌欢呼、热烈拥抱、泪盈眼眶。这时候的叶子，真情真性，笑意飞花。

叶子低调。然而她胸有丘壑，笔下从容。多年来，不问名利，潜心写作，作为《读者》《意林》《文苑》等名刊签约作者和常常收获大批稿费单的写手，从不刻意炫耀自己的成就，甚至在本地文学圈也几乎难见她的身影与言辞。她安心做着自己琐碎的工作，安心读着诗书写着文字，安心做着幸福的小女人，素手烹汤，采花入瓶，对她来说，都是实实在在的生活常态，角色转换自然流畅，偶尔的娇嗔也是在先生与儿子面前的幸福流露。

叶子少言，却有丰富的内心、向下的眼光、善良的情怀。她的散文集《不妨从容过生活》可以说是她这些品质的最好佐证。她特别关注那些平凡女性——教师同事、普通女工、菜摊小贩的喜怒哀乐与真实生活，善于发掘世俗烟尘中的真、善、美，这些生活在社会最底层的凡人的琐碎故事，被她娓娓道来，充满了温柔的感染力，常常在不动声色中抓住读者的心，把你带入尘世又超脱尘世。她既是尘世烟火中的那个迷恋于美食的家庭主妇，又是情趣高雅喜欢美物的那个文艺女子；她有沉潜于生活深处的耐心与定力，也有指引我们超脱心灵困窘、获得一时安宁的豁达与冷静。

叶子的笔墨干净清淡。于心灵鸡汤泛滥的当今，她选择了更为朴素的表达。她很擅长将国画白描的手法运用于散文写作中。一言一语，一情一境，常常是写实与写意兼备，你不得不佩服她从微细事物中发现情感的蛛丝马迹的能力，她总能抽丝剥茧一般，给你意料之中或意料之外的惊喜。难说她的散文意境有何高妙，她的文字不是华贵精致的绫罗绸缎，而是含蓄雅致的香云纱。见识过有点小才就凌厉尖刻、略有成绩就矫揉造作的所谓个性作家，再读叶子的文字，总是能让你安静下来，知道还有这样安静的写作，还有这样安静而细微的观察者，愿意把她的情感触角伸向那些偏僻的地方，甚至是灰暗的角落，去发现人性的美、尘世的美、凡间的美，就会觉得生活真相再丑陋，人世不至于荒芜、温情不至于泯灭，懂得智慧高于聪明。

深秋初冬，各色叶子是最美的使者。朋友圈里，叶子是彼岸的陪伴。在她心里，我是不能算她的"密蜜之友"的，她与我保持着距离，我们不远不疏，彼此欣赏彼此陪伴，一切刚刚好。我很看重这份互相懂得之上的尊重，相知之后的信任。人生如河，有几人能始终与你隔岸相望相伴左右呢？

茶树丛里铺满了落叶，这四季蓬勃的绿色与凋落的黄叶之间，有着看不见的联系。似乎印证了岁月的轮回、生命的流转。

初冬的暖阳里，作别斑斓的茶园，心里在想，与享誉世界的西湖龙井比起来，叶子，更像是一杯茉莉花茶——甘甜辛凉、清热解毒、利湿安神。质地优良的茶叶，伴着馥郁的茉莉花香。无花瓣之影，却透着花香之魂，岂不正同墨痕之花的意境？而眼前丰美的秋景却似同她沉淀了的深厚的底蕴。如若你仅仅只见彩霞灿烂，或清花淡雅，那你就不算真正读懂了她。

"窨得茉莉无上味，列作人间第一香。""茶瓯一滴更堪尝。气味胜兰浆。"这杯茶的韵味，是天生的浪漫，是自然的征服，是隐然的清雅，只能慢慢去品味。

书的扉页上，她对我说：以不疾不徐的姿态，过自己想要的生活。我相信，我们都在努力。

(2018.11)

诗味益茶清

# 生命，只是一种开放的姿态

——游古潮音洞与奥陶纪石林抒怀

是温柔柳枝上随风摇摆的一瓣细芽

是青翠竹林里破土而出的一棵笋尖儿

是盈盈荷塘里溅起的一朵雨花

是缭绕在筐山腰际的一片轻纱


是镌刻在古潮音洞崖壁上的遒劲沧桑

是滴水相应千年钟乳的永恒盼望

是头上腾跃而下一帘飞瀑的长发

是脚下暗河里日夜奔涌的激情吟唱


是滴入明眸的那一点春的眼泪

是晕染槭树额头的那一缕深秋的妩媚

是泼洒原野的那一片盛夏的墨绿

是包容所有生老病死的那一层坚冰


是沉睡在奥陶纪石块里的完美梦想

是轧倒了经年的荒草残损不堪的墓碑

是坚韧霸道游走于林间的百年莽藤

是柔弱无骨却漫山遍野的一夜苔生


是峭立枝头裹紧一怀灿烂的寂然不语
是扑棱棱掠向青天的一双喜悦的翅膀
是农家屋顶上迷蒙袅娜的淡淡炊烟
是层层梯田里弯腰劳作的箬笠和蓑衣


是你的眼神里波痕轻漾的秋水
是她的笑声中惊飞起的一蝶翩跹
是我情不自禁匍匐在地的聆听
是惊蛰的夜里踏马而来的阵阵春雷


是大地敞开的丰润身躯啊
是苍穹洞穿的神秘微笑
是深海袒呈的幽暗沟壑
是胸膛里蕴藉的如晦风云


不管高昂还是低落　肆意还是收敛
不管颓废还是绚烂　细微还是伟岸
生命
只是一种开放的姿态

（2008.3）

# 春天，一个诗人复活

你的粮食你的蔬菜

喂养了多少个面黄肌瘦

却要以梦为马的思想者

你幸福的吟唱

幸福了整整一代人

到处留下他们周游世界的痕迹

你沿着历史的城墙一路寻找

那一把遗失的钥匙

敲响沉睡千年的梦想

你沉郁铿锵的回答

你沉郁铿锵的回答

响彻了一个世纪的天空

看几多卑鄙小人走进了墓阙

甚至，就连你最后的房子

也春暖花开

温暖了无数夜行者苍凉的寂寞


然而，那似乎都是很远的故事了

秋天来临

横陈于地上的骸骨

没了丝毫温情

你的麦地已然死去

落叶飘飘

那一朵葵花

被谁摘了去

你所热爱的村庄啊

真的沉睡了

只剩你孤独一人坐在永远的麦地里

为众兄弟朗诵着中国诗歌


你曾经还是那样哭泣么

像一只木头一样哭着

像花色的土散着香气

你曾经还是那样走在路上放声歌唱么

风后面是风

天空上面是天空

道路前面还是道路

生命依然生长在忧愁的河水上

亲爱的哥哥

相信你的月亮

相信你的诗歌

在远行的废墟上

灵魂的旗帜在飘荡


今天，春光明媚

今天，诗意盎然

在这片缺少麦子的土壤上

你的麦子正在发芽

在这片重新纯净的水域里

你的诗正在开花

春天，春天已经到来

一个诗人已经复活

（2009.3）


# 拔掉一颗牙


不得已去拔一颗牙

针、剪、刀、钳、锤

用过了能用到的所有工具

终于在两遍麻药之后

与生俱来的完整与无瑕

不复存在

医生举着断裂的牙根，

惋惜我的半途而废

不经意的一个放弃

换来的是极度疼痛、轻微脑震荡和高昂的后期费用

痛楚贯骨以后我开始了极不适应的清醒

左上颚的缺洞

提醒我　坚固的城墙豁开了垛口

冰封的湖面被凿出了一个气孔

结痂的创伤撕开新的裂缝

完整的故事少了衔接的环节

沉寂的记忆泛起酸涩的浪花

生活似乎被揭穿了真相

原来连根拔起一颗牙

连整个世界都开始倾斜

你却说，不要因陋就简

不要藕断丝连

真正的完满正是因为缺憾

（2015.2）

# 汉字的加减法

鑫对金说：我财源丰厚，气粗腰圆。

森对木说：我高耸繁密，遮天蔽日。

淼对水说：我烟波渺茫，无边无际。

焱对火说：我烈焰腾空，光华璀璨。

垚对土说：我地位崇高，根基深厚。

惢对心说：我思虑周全，机谋重重。


人对众说：你有你的多，我有我的少。

一金，一木，一水，一火，一土，一人，一心，一生。

（2017.5）


# 魂归故里

两千多年前的那一个夜晚

风很大

雨也很急

你在南方的一条河里

完成了自己的祭奠仪式

那些薜荔　那些芷兰

那些带着露水的艾草

那顶巍峨的荆冠

那袖满清风的宽大布衣

伴随你魂归故里

香飘了灿烂的中华文明


两千多年以后

我一直在书本里阅读你

跟学生一起谈起你

直到某一天

我在一个寂寥的祠庙里见到你

白的墙　青的瓦

还有褐色的木桌

伴你默然站立

按剑不语

只是轻轻的一眼

你清瘦的身形

忧郁的眼神

越过几十万个日子

攫住我的心

站在你的面前

任何高傲的人

都只能仰望

任何悲哀的人

都不能不为你叹息


而你

按剑不语

脚下 依然是你曾经眷念的那一片热土

耳边 依然是你曾经熟悉的楚语

眼里 依然是你目睹几千年的长江滚滚东去

你站在高高的山头

用一颗沧桑而永恒的心

护卫着自己的后裔

听 鸟儿衔来了春的信息

看 鱼儿腾起夏的涟漪

满山的红叶里

峡江的帆被号子鼓起胸脯

峭拔的雪峰下

雄伟的大坝正横卧平湖如镜

你勾画的蓝图是不是也这样的美丽

两千年后的月夜里

你应该经常微笑吧

那已经没有任何痕迹的楚王台

不再是你魂牵梦萦的瑶台吧

你日夜不眠的神灵

应该是畅慰的吧

你的不屈

你的求索

已埋进故乡热腾腾的土地

数不尽的忧虑

已变成数不尽的期冀

都一齐成熟

在起伏的丘陵上

结出一个个橙红橙红的柑橘

你看啊

它们灿烂地微笑着

闪着太阳的温暖的光芒

沉甸甸的金黄

压低了你脚下的土地

发出生命的回响

此时

隔着薄薄的灯火

我

仿佛又听见你的吟哦

有节奏地扣打着我的心房

如果是这样

我会将我的胸膛敞开

让你

连同月光

侧身进来……

(2009.3)

# 端详一枚税徽

端详一枚税徽

心中的麦穗就活泼地摇曳

无数麦收季节

来去匆匆

如金属掷地有声

麦穗

日日夜夜

生长在国徽的周围

粒粒饱满

颗颗晶莹


麦穗

金黄的麦穗

象征着我们的民族生生不息

在最严寒的雨雪冰霜里孕育

在美丽的春天里绽放绿色的笑意

麦穗

结实的麦穗

让我们想起母亲饱满的乳房

夏天到来

收割者心中一片金黄

那一望无际的原野上

耕耘着多少希望


麦穗

生动的麦穗

拥抱着庄严的国徽

如同无数双有力的手

捧起一个神圣的憧憬

这闪着汗水的麦穗

是国徽赖以吮吸的大地

这闪着金光的麦穗

是支撑祖国命脉的坝基


端详一枚税徽

给我们更多的幻想

让我们想起生命

想起未来

以及那些默默无语蓝色的海洋

一枚税徽

鲜红与金黄

让我们满目光辉

(2009.4)

# 舅爷爷家的柿子树

舅爷爷家的后山坡上

长着一棵柿子树

它站在铁青色的岩石上

手臂尽数伸向淡云高天

稀疏几片枯叶

像是故意等着谁

写生的画家说：这棵树，意境高远，姿态潇洒


从裸露的树根来看

它一定是有些年纪了

对于生活，它早就看穿了真相

舅爷爷舅姥姥埋进土的那一天

它就成了孤儿

一个苍老的孤儿

如今

它虬龙一般的脚下

到处是散落而腐烂的果子


一阵风吹来

落下两片叶子

恍然才见

晶莹剔透一颗　端坐枝头

如同神谕

一只鸟儿飞来　小心试探了两遍

最终才决定大快朵颐

尖尖的嘴巴

开始享受绝妙的美味

一滴红色的泪

掉下来

正中我心

（2016.11）

# 三十年祭：与外婆书

你很久不曾回来看我了

我很想你

几年前，你经常入梦

幽居在偏僻黑暗的茅屋里

暗暗地叹息

我走不进去

仿佛那声叹息隔绝的不是三十年的时间

而是一层黑暗的玻璃


三十年的时光

说长也真长啊

我都已是白发苍苍

可是说短也真短啊

你我之间仅仅隔着一层土的距离!

三十年的思念

是不是足以让一个人老去

一盏茶一支烟或一炷香的工夫

如果你我能够相对

我愿意幻化成风

到达你的现在


像我这样由父母生却由你养的孩子

能在你的怀抱里成长

是多么幸运的事情

那些略带点忧郁的云

烙印在我四十五岁的额头

那些略带点伤感的细节

存留在我日渐混沌的眼眸

这都是一种蛰伏

原来，你始终在

以前，你的坟上只生长翠竹和野菊

那是你最喜欢的植物

你偶尔回来，微笑不语

什么时候呢，肆虐的芭芒草重重包围了你

你是不是找不到回乡的路呢

其实，何止是你

如今，我也是没有故乡的人了

你的乡村，你的田园，你的紫色木槿花

你的池塘，你的清溪，你的温暖炊烟

早就随屋前古老的皂角树一起灰飞烟灭了

苍凉破败的乡村

让我去哪里找寻关于你的记忆！


有关你的梦境

现在多是外公前来传信

你们居住的房子，曾经颓败荒芜

是我们遥寄的孝心传递不够吧

你们的日子过得还是那么朴素艰辛

我愿意看见现在的你住着木板楼

房前屋后有青石小溪

缤纷的梨花桃花环绕着你的笑脸

还有一棵壮硕的杏树，挂满青青的果实

透亮的叶片摇曳，像极了以前你园子里东南角的那棵

那都是你喜欢的

只是没了我调皮的笑声

偶尔是不是感到寂寞？


不管你现在还想不想我

无论你今后还记不记得我

我要告诉你一个秘密

这么多年，没有你的允许

我不敢改变自己的模样

你种的那棵竹子

我将它种在骨头里

你种的那朵野菊

我让它开在心上

一生供养

（2014.7）

# 三十三年祭：再与外婆书

这是我写给你的第三封信

时间隔得久远了些

与七十六岁的你相比

四十八岁的我，仿佛活成了你的女儿

我中年的眉眼身姿，举手投足

越来越多地出现你的影子

我相信，再过二十年

我会活成你的姐妹

白发皤然，慈祥，大度，沉默

与无情的岁月握手言和


最近总是做梦，门前那棵高大的皂角树

还有明丽的木槿花开满篱笆墙

你在那个陈旧的大木盆里

用镰刀似的皂荚给我搓洗脏了的衣裳

那些皂荚，温和，细腻

一截截地融化，露出丝络

洁白，干净，一如你的眼神

直至最后，洗出一颗黑色的种子

仿佛你的一生，水落石出


为了取得这皂荚

我的手脚经常被坚硬无比的刺伤得血迹斑斑

你说，这皂角树就是怪啊

一蓬尖刺，护着一弯镰刀似的皂荚

这皂荚也真有意思啊

这么硬的壳，包着的却是能洗涤污渍的温柔


唉，过了这么多年

你遗忘了我

在这孤零零的世上

我也成了一镰皂荚

为清洗那些脏污

几乎费尽所有

丝丝缕缕千疮百孔，白净的经络啊遮不住那

一颗黑色的心


你说，我去哪里寻得护卫我的那一蓬尖刺

让我可以自由自在地收割？

（2017.7）

# 流水之下：再与外婆书

前晚，跟母亲同浴

流水之下

她七十七岁的后背

光滑紧致

比起七十六岁时候的你

更像故乡成熟饱满的田野

让我四十九岁的身体

也相形见绌

作为你唯一的女儿

她拥有了你几乎所有的美丽

抚摸她的身体

我暗自嫉妒

却又心生欢喜

我们发动的这一场自我战争中

万物日渐凋零

但总有些东西

会随时回来

譬如搁在楼板上的一捆棉花杆子

刚熬出来的一锅亮晶晶的麦芽糖

还有悠哉游哉躺在猪槽边的那条花蛇

菜园子的黄荆条篱笆

你心心念念的一件纺绸衫子

使用了几十年已呈暗红色的竹床

星空下缓缓摇动的那把蒲扇

下学回家你端过来的槐花稀饭

这些随流水归来的事物

由你永远赠予了我

失去你的抚摸已经三十四年

你的手掌

还在我的后背上微微发热

现在，我每咳嗽一次

你的手指就微颤一下

在这孤独的旅途

我至少还拥有这经久不愈的咳嗽

洞穿肺腑

向所有的亲人表明你的偏爱

让我的呼吸依然与你息息相关

时间的流水啊

淌过你，你的女儿，你女儿的女儿

流水之下

有一种爱，永不停歇

(2018.7)

# 掌 纹

2016 年的某一天

右手掌心突然多出了一条掌纹线

如同熔浆暗流

所过之处，裂成细细的峡谷


它从小指根部 延伸到手掌根部

横跨感情线 事业线 健康线

连着月亮丘和太阳丘

中医托着我的手，摇头

唉，它贯穿了你的心肝脾肺肾


这条线

来历不明却明目张胆

名不言顺却不由分说

重新构建了我掌心的山河


握拳，摊开，白天，晚上

这条掌纹，用顽固的疼和痒

提醒着一个可疑的事实

这张心灵的地图

已经千疮百孔


左岸，右岸

一只手能否翻云覆雨

过去，将来

这一根线能否看得透

（2016.12）


# 南河谣


让我在你的光里

沐浴神的恩泽

忏悔我的懦弱、恐惧，与耻辱


让我在你的浪里

愈合经年的伤

剔尽我的脚茧、血痂，与腐肉

让我在你的风里

舒展僵硬的筋络

挺起蜷曲的脊骨


让我在你的夜里

纯粹地睡熟

星子再次成为眼眸


让我在你的怀里

褪去所有的虚饰

放弃所有的抵抗

以一个婴儿的姿态

虔诚祈祷，并

请求你的宽恕——


为刻骨地恨

为绝望地爱

为轻蔑过一只鸟的哀愁

为忽略过一株棉的痛苦


为童年的一次迷路

为半生所有的歧途

为不曾受审的罪恶

为不被原谅的谎言

为梦里杀过人

为泪里带着笑

（2017.4）

# 秋分辞

时已清秋

你看，天空那么远

云那么淡

风那么柔，还不寒

水那么清，那么稳，一点也不急

田埂上，秋英灿烂而安静

透明的阳光，像极了梦的模样

让人心酸

哦，亲爱的

原谅我已不能独自前行

你看，大地捧出了万紫千红

累累硕果

这缤纷绚烂，让我匍匐

这壮美辽阔，让我弱不禁风


我将沿来路返回

退回到早春的樱花

退回到初冬的稻田

退回到饱满的石榴

退回到凋零的落红


从云层顶端从山峦峰巅

飞跃而下

从大海深处从河流源头

缓缓上岸

从远方从黑夜

踽踽而回


退回到一座山

退回到一片茶园

退回到一株真实的棉

退回到朴素的花

退回到坚实的果

退回到枯裂的壳

退回到那要命的白

一丝一丝，紧紧牵连

守着那颗颗沉沉的核


为此

我愿意给出所有的软

供你

和全世界

取暖

(2017.10)


# 一切刚刚好


北方落了雪

南方花在开

大海宁静

山峦锦绣


龙泉的芦苇开花了

睡莲安睡了

秋阳金丝缕缕

泉水波光潋滟


一杯稻花香，醉了你红颜

一首无声诗，拨动我琴弦

你眼里有光

我泪里有笑


一杯茶，香气正氤氲

天上飘着些微云

地上吹着些微风

你的手，在我的手中

一切，刚刚好

(2016.11)

# 我曾与你暂别

17分钟，还是27分钟

我不确定

我与这个世界，与你

作了短暂的告别


我放下星空，放下大地

放下了雷克雅未克，

放下了耶路撒冷和爱尔兰古老的城堡

放下了你温柔的眼神

和那个叫清平河的小乡村


我安静无比，纯粹无比

黑暗，是可靠的墓床

可是，你一定不知道

那时刻，我心口的一根神经还是跳了一跳


请原谅我与这暗淡的世界藕断丝连

给自己还留着和解的机会

我在何处，刚刚去了哪里

想象看见你的感觉

宛若新生


其实，这么算起来

我与这个世界，曾做了五次告别

用一小片丢失的时光

切除一些深埋的隐患

医生总说

发现及时手术成功

这让我羞愧不已


哦，这多像生命本身

每一次暂别

都是刻意的死亡

每一次归来

都是疼痛的余生

几番告辞

一次诀别

为此，我不敢不乐

（2016.12）

# 茶之歌

你从神农的山原走来

你从长江的源头走来

你从远古的传说中走来

你从陆羽的茶经里走来


沐浴着山川大地的恩泽

承载着天道自然的灵气

几千年的时光，你曾衣衫褴褛，血迹斑斑

几千年的坚守，你仍初心不改，铁骨铮铮

风霜也吹过，雪雨也打过

泠泠的却还是那一张清颜

脚下踩着坚实的烂石砾壤

筋骨里却充满太阳的能量

叶脉里流淌着日月的光华

酝酿的是晔若春花的芬芳


你用苦涩的乳汁

喂养一个伟大的民族

你用甘甜的玉露

征服异域的味蕾

一带一路的版图上

东西南北的子民为你臣服


田埂边

你滋润闪耀着汗水的干渴

雅室里

你引领着清谈款话的潮涌

清泉旁

你伴随着鸾俦鹤侣的雅兴

青灯下

你托举无尘丹心飞赴杳冥


你从世俗尘埃里绽放艺术之花蕾

你从人间烟火中幻化星空之璀璨

你用一生的精彩去等待一抔清泉的相知

你用苦涩的泪水去成就一杯茶汤的甘美


捶提顿挫，粉身碎骨，无怨无悔

清心明目，益思提神，有礼有节

吮甘霖，承雨露，你千古飘香

育美德，传文化，你万世流芳

你用真诚、善良、康美打开一扇又一扇心门

你用包容、尊崇、融合传递一份又一份文明

温馨闲适的自由时光里

你展现着东方神叶的温柔力量

风云变幻的世界舞台上

你彰显着和而不同的崇高理想


茶，一片香叶一片嫩芽

绽放的是文明时尚之花

传承的是中华悠久文化

茶，必将香飘世界，兼济天下

(2016.9)

# 北戴河闻蝉

小住北戴河，印象最深的不是风景秀美、整洁干净的市容，也不是辽远无边、朝夕万变的海水，更不是祖露着异域风情、晾晒着各色皮肤的沙滩，却是一片又一片、一阵紧一阵的蝉声，日夜不停，此起彼伏，响在耳边；脚下，常见死去的蝉。这，着实出乎我的意料。

对于蝉，其实并不陌生，更不至于惊异。

小时候，故乡还是一派安逸、闲适、宁静的处子模样。夏日的故乡浓荫覆盖，沉浸在一片诗意盎然的蝉声里（当然，那时候我们是不叫它蝉的，而是叫"知了"）。那蝉声，绝不聒噪，却带有极大的蛊惑性，牵牵连连地，把我们这些孩童从各家各户的竹床上，牵到河边的大片竹林里。随手砍下一竿青竹，剖开顶端，插上柔嫩的竹枝弯成的一个圆圈，再伸到屋檐下搅上新鲜的蜘蛛网，一个"捕蝉器"就做好了。兴冲冲地高举着，专往蝉声密集的树林里钻。一群人都仰着脖子，指点着那些自以为隐蔽的小虫。对付那些蠢蝉，我们的眼神儿好得出奇。一只又一只黑色的蝉，逃不过我们的粘网。故乡的蝉，多是个体比较大、颜色或黑或褐，一个劲儿"知了——知了"地炫耀它响亮清越的叫声，招我们的喜欢，因而成为我们捕捉的主要对象。还有一种个头比较小、颜色偏灰、叫声不伦不类的蝉，我们大多不屑一顾，反而能逃过我们的劫杀。往往，我们是因为过于喜爱，才会去伤害吧？

其实，细想起来，我们捕捉这些蝉，并无多大实用（倒是那些蝉蜕，送到大队卫生站，可以换取几毛钱的书本费），无非是孩童们的意趣罢了，捉了来，比试一下谁的蝉个儿大、外形漂亮、叫声响亮；或者在胸部系一根细线，牵着它绕圈儿飞翔，看它的翅膀在阳光下折射的彩色光芒；再或将其放在密闭的房间里，让它清脆的叫声陪伴自己度过寂寞的午后，看它急急地寻找出口，盲目地撞上透明的玻璃窗，引发我们一阵阵哄笑。最有理由的，也仅仅是研究一下它的叫声如何发出，为何那么响亮。少不更事的孩童啊，哪里能懂得一只蝉的痛苦！顽皮的我们何曾想过，我们稚嫩的小手，哪里承受得起一只蝉的生命之重！就这样，一只蝉，在我们兴致勃勃的游戏结束之后，也很快命丧黄泉。把它丢给蚂蚁或是觅食的鸡群，我们便另寻一只。

一次眼见蝉的新生，让我从此对蝉产生了一种很特别的感觉。还记得那个傍晚，绯红色的霞光里，屋后树林的地面上，从一个小小的圆洞，跌跌撞撞爬出来一只蝉的幼虫，肉色的身体带着一种柔和的光泽，它爬上一棵粗壮的杨树，费了很大的气力，才紧紧地抓住树干。过了不久，那个还沾着泥土的蝉蛹开始变化，我屏住呼吸，眼睛眨也不眨地盯着它——后背慢慢撕裂开，上肢伸出，然后倒挂，奋力张开翅膀，透明的软软的蝉翼，映着霞光，美丽动人。艰难的蜕变持续了将近一个多时辰，新生的蝉，休息片刻，躯体慢慢变成了黑色，便一鸣冲天，振翅而去。

寻了我半天的外婆告诉我，一只蝉在脱壳时被惊扰，它的翅膀就不能发育完善，将终身不能飞翔。我庆幸自己的第一次偶遇，没有惊扰一个美丽的生命蜕变。

外婆还告诉我：每一只蝉，在爬到地上来脱壳之前，要在地底下待上四五年，有的甚至十几年呢！在地下，它还要脱四次壳呢！你们却那么不体恤它们，轻易就送了它们的命。

外婆不是科学家，也不是知书达理的圣贤，她的话，我自然是将信将疑的。然而，生物书告诉我的科学事实，让我对自己的残忍充满鄙夷，对蝉充满了愧疚。我再也不敢去触碰那个艰难而伟大的生命。再听见那一阵阵蝉声，心里却充满了感动和敬畏。

想一想，一只蝉，从母亲产于树干里的卵变为幼虫，迅即钻回柔软的泥土里，将自己弱弱的生命，不动声色地埋进黑暗，埋进暗无天日的等待，在黑暗里默默地蜕变，一次又一次承受撕裂的疼痛，只为了换取三五年、十几年以后在阳光下仅仅几周的生命！难怪这些蝉，一旦脱壳飞去，一定要放声歌唱，不停鸣叫，难道这样的艰辛等待，还不足以泣血而歌么?！况且，这些餐风饮露的小虫，用自己不知疲倦的悠扬乐声，丰富了多少游子思乡的梦境？给过多少文人雅士不屈不挠的精神隐喻?

"垂緌饮清露，流响出疏桐。居高声自远，非是藉秋风。"虞世南的这首诗向来被公认为是借蝉明志的代表作，无非也是道出了蝉千难万苦谋求自由的生命，好不容易沐浴了阳光却又高洁自许的情操吧？比起几倍于能展示生命的时间封锁，沉寂的死亡一般的黑暗，撕心裂肺脱胎换骨的蜕变，这阳光下的自由歌唱，该是何等的撼人心魄！

古人将蝉封为吉祥高洁的瑞物，爱以玉雕之，随身佩戴，以求庇护。又视其为复活、永生的象征，常衔于亡人之口，以求来世永生。而蝉，不管人类的爱恨情仇，含辛茹苦，静静等待，隐忍着成长的痛苦，一旦破蛹，只顾享受自己的阳光、挥洒自己的自由，清饮滴露，放声歌唱，在那一片橘红色的晚霞中，竭尽心血，完成生命的延续，绽放极尽绚烂的魅力。之后，寂然收声。

生命，原该如此。辛辛苦苦奔了这尘世，就该让世界聆听一回你的歌声。

（2012.7）

# 灯还亮着

从小到大，只迷过一次路。

大约五六岁的时候，跟随外公外婆等一群人出门走亲戚。因为年龄小，路太远，我渐渐落在大队伍的后面，耳朵有点聋的外公就一直在后面陪着我。

走了很久，外公大约是进树林里方便，让我在路边等候他。眼看天色已晚，左等右等不见外公出来，我紧张地叫喊外公，可是他又听不见。小小的我心慌意乱，吓得哭起来，也不知道方向，顺着公路就跑，不知道跑了多久，最后累得只能机械地顺着公路走啊走啊。路边的树林已经是一片黑暗，耳朵里全是猫头鹰和野鸟的厉叫，心更是怦怦地跳，觉得眼睛所及之处，都是狰狞恐怖的怪兽。不知目的地，不知外公外婆在何方，不知自己有无任何希望。一个年幼的孩子，所能承受的绝望和恐惧，让我几近崩溃。

突然，前面一团光亮伴随着"得得得"的马蹄声越来越近，一辆马车停在身边，一盏昏暗的马灯挂在车把手上，晃来晃去。赶车人是个和蔼的大爷，他问我为什么一个人行走在黑暗的树林里。我也不清楚我要去哪里。赶车人将我抱在他身边安顿好，说，不怕，啊，我们先回家。马车载着我向我刚才来的方向驶去。我偎着赶车人，眼睛眨也不眨地看着那盏马灯，它散发着微弱的柠檬黄的光，仅仅只辐照着很小的范围，地上的光圈随着马蹄声有节奏地一晃一晃。我小小的心再也不觉得有任何恐惧。

等到了一个村子口，却见一大片灯光，在暗夜里分外明亮，一大群人闹嚷嚷的。原来是外公从树林里出来不见我，狂奔了十几里地寻找我，嗓子也喊哑了，一无所获，只能寄希望我已经先到目的地，赶来村子与外婆他们会合，却没见到我。因此外公受到外婆的严厉指责，憨厚的外公蹲在地上号啕大哭。也算是老天眷顾，赶车人居然就是我们要去的亲戚家的邻居。重新见到亲人，我自然是喜悦的，偎在外婆的怀里，安静地踏实地睡着了。

从那以后，直至人到中年，总有一盏小小的灯，晃悠悠地，留在了记忆里。

以后的路上，每每遇到挫折，都会想起这盏灯。这盏灯，是明亮的希望，是温暖的亲情，是陌生的信任，是真诚的生命。它让我相信，世间有大爱，人间有真情。

然而，曾经有那么几年，经历过彻骨的悲痛和失望以后，我对温暖的人生产生了怀疑。我看不到希望，看不到未来。我开始封锁自己，冷眼看世界。在前往三峡的船上，我一个人趴在船舷聆听风声、水声，黑沉沉的江水似乎吸引我投奔它的怀抱。在无数个深夜里，我徘徊在忧伤的音乐里，面对录音机倾诉最后的心语。

直到一个暗夜，独行江边，看见一盏路灯，茕茕孑立，似乎与我形影相吊。它孤寂地站在那里，默默无语。在它淡黄的、甚至有点苍白的光晕里，飞舞着很多小蚊蚋。这些蚊蚋毫无顾忌地扑向它，一次又一次，一阵又一阵，有很多的蚊蚋将自己的尸体直接覆盖到了灯泡上。路灯奈何不了，只有沉默。我想，它若有手，当会不厌其烦地挥赶那些讨厌的蚊蚋吧？它若有脚，定会不断迁移自己的位置，离开这潮湿阴暗的江岸吧？它若有心，必会哭泣自己的高洁被一再玷污吧？恍惚之间，我一下子醍醐灌顶。路灯无奈，才会如此不堪，我又有何无奈，非要如此不堪！是的，我的人生经历了灰暗的隧道，但我已经穿越而出了，摆在我眼前的并不是一条死胡同啊；我的身边出现了很多蚊蚋，但是我可以挥挥衣袖，弹开他们，不能任由他们将发臭的尸体覆盖在我身上啊；我的爱虽然曾经远去，但是我不能就此拒绝真情的告白啊；我的心虽然千疮百孔，但是质地还是金黄灿烂的啊。就像阿拉丁的神灯，即便是灰尘覆盖，看起来破旧不堪，只要轻轻擦拭，就会有神灯的仆人应声而出，给主人带来各种好运。我的生命之灯，还是掌握在我自己的手里，只等我自己去擦亮它。倘若就此贱卖了它，最终一定会变得一贫如洗、一无所有。

这时候，幼年那盏温暖的马灯，和眼前这盏孤独的路灯，成为我解释人生的最好注脚。生活确实太复杂，很多时候，我们会迷失、会彷徨、会不知所措。但是我们要坚信自己就是心灵之灯的主人，时常擦拭一下自己的心灵之灯，让自己的心抖落尘埃，就会得到生活的最高奖赏。

顿悟的我，如轻风一样自由地从江边一路跑回家，一盏盏路灯，似乎也读懂我的心，更加明亮，更加辉煌，把城市照耀得光明璀璨。而我的家，此时一定也在万家灯火里，窗口，一定也亮着温暖的光。

原来，那盏灯，一直都亮着。

(2010.9)

# 河水溶溶韵悠悠

湖北当阳有个镇子，叫河溶，因"沮漳二水至此合流"而名，是楚文化发祥地之一。河溶历史上曾是江汉平原最为繁盛的码头之一，可与沙市争胜。在当地老人的记忆中，精致繁复的九宫十八庙、车水马龙的商行店铺，均是河溶昔日的荣光。

我生活的河溶镇，早不见桅杆如林的码头胜景，千年的辉煌也沉寂在了流逝的岁月里。然而，古旧温馨的木板房、跫音悠悠的青石巷、波光粼粼的沮漳河水，却成为铭刻我青春印记的永久符号。

1981 年，我随父母亲迁往河溶镇。镇子并不大，一弯防洪堤坝似母亲的手臂护佑着它。堤坝外，是广袤良田，冬天麦苗青青，夏天荷叶田田。母亲任职的河溶高中就位于这些农田之中，方方正正，红墙作围。学校历史悠久，校门镂刻着董必武先生视察河溶中学的题词"因地制宜为集体农民兴利，实事求是教青年子弟读书"，稳重雄浑的阴文金色大字，在青色的原野里显得格外浓重、厚实。

进校门是一条笔直的大道，两旁耸立着水杉，冬天干净利索，夏天绿荫幽幽；大道尽头两棵年代久远的枫香树，一到深秋，红叶站满枝头、飘满地面，衬托得两边的荷塘，越发清幽。

校园里到处是粗壮的大树，青灰色坡顶的教室，掩映在这厚实的怀抱里。书声琅琅，偶尔惊起外边水塘里栖息的白鹭。

从河溶高中步行到镇中心小学，大约有一公里的路；若到初中，大约就有了三公里的路。不管走哪一条路，全都要穿过河溶镇。那时候的河溶镇，已经在逐渐"现代化"起来，临公路的半边镇子商贸发达，喧嚣得很；另外半边镇子仍然是古旧的木板房与青石巷，傍着清澈的河水，继续着它的安静、淳朴。一新一旧，一喧一静，正好揭示出河溶的裂变。

每天上学，我更愿意从高高的木板房夹着的青石巷里走过。早晨的阳光绕过木板房的棱角，泛着温暖的黄晕；等到它温柔地铺上青石板，泛起的却是一束束青幽幽的光。这种光与影的交错，最是迷惑少年的我。有时候，我会在一间开了板门的房子跟前，停下脚步。虽然脚下是青石巷子，视线却可以透过那些板房内暗幽的巷道，一直延伸出去，看到河边的杨柳、对岸的庄稼。

绕着河溶镇流淌的是沮河，河水终年清澈无比。上小学的时候，由于犯有严重的关节炎，每天中午得赶到镇卫生院去做理疗。父母忙碌又不能陪同，都是自己一个人前往。为节省时间，我每每都是抄近道，沿小河滩一路奔跑，到了卫生院后面再爬上河坎，治疗完毕又继续原路返回。就这样，河边杨柳青了三次，我也在河滩上奔跑了几乎三个冬天。这条河，也就成了一个孤独的、患病的女孩子最好的伴侣。

读中学时，我更是专程要走沿河的那条路。夏天放学以后，和同伴们去不深的河里蹚水、游戏，是我们的必修课。河里有一种美丽的季花鱼，身上长着好看的斑点，脊背上有刺，后来才知道这就是"桃花流水鳜鱼肥"中的鳜鱼，只生活在非常清澈的河水中。

河溶镇中学后面，有一只陈旧的铁壳渡船，早晚时段无人摆渡。两岸的人，拉过去拉过来，往往这边岸上的人着急过河，船却在那边。我们这些学生呢，早上上学时经过这里，就经常成了义务船夫，被对岸的菜农叫住，把船拉过去。往往一个早晨，来来去去的，要拉上好几趟。冬天的时候，是最难的，因为铁索上断裂的细铁丝经常会扎伤手。这个拉船的记忆，深深印在脑海里。二十年后，再去那里看河、看船，却不料河道窄到仅仅一船之长，渡船被永远地固定在那里，俨然成了一座颓败不堪的桥。行人匆匆，再也不会有人翘首盼望对岸的人来替他们摆渡了。

古旧的青石巷里，有一个失明的老太太。我从她门前走过，常见她独坐于门口，百无聊赖地晒着太阳。出于小女孩子细腻与敏感的善心，我走进了她的家，木板房里幽暗无比。经过一段时间的接触，才慢慢得知她的儿子是一个水手，常年出海，孤苦伶仃的老太太因思念儿子哭瞎了眼睛。不知怎么，我觉得小小的我跟年近七十的她之间有着共通的孤苦。那时候，我读小学五年级，每日里起早，赶在上学前给她挑水、烧水、煮饭；放学后，去给她洗衣服、洗被子。一直到我上了高中，再很少有时间专程到镇上去看她。后来听说她被儿子接了去，便再也没见过她了。

镇子上，很多人，像这个老太太一样，永远留在我的记忆里。那个每天在大食堂门口卖油炸韭菜馅儿包子的胖厨师，那个每天在小学门旁摆小人书摊儿的瘦瘦的老头儿，甚至那个每天在家门口指桑骂槐的疯女人……

有很多事，是永远不能忘却的。洪水淹没了全镇，我们站在堤坝上望着学校大哭，退了水，我们将所有的课桌凳椅搬到河里清洗；《霍元甲》热播时，全镇皆空，害得我下晚自习后，不敢一人走那么远的夜路回家，心惊胆战地跟在不说话的男生后面一路小跑；母亲因血吸虫病住到偏僻的医院，我和姐姐步行几十公里去看望她……

很多物，始终静卧在脑海的一个角落。高中校园外的荷花、稻田和蛙声，校园里伴随我早读的水塘和水塔，清清河水边那一年一绿的杨柳，甚至是轧伤我的脚、给我留下永久的伤病的那堆钢管……

点点滴滴，丝丝缕缕，沉浸在岁月里。很多时候，这些经年的往事，会不由自主地涌上心头，让人觉得人生就是一丝一缕的欣喜、一丝一缕的伤痛、一丝一缕的回忆，而已。

（2012.11）

# 怀念雨声

暮春时节，又下起了雨。心一阵惊喜，似乎长期以来期待的某种感觉即将来临。其实，前几天，才下过雨，但是那雨声，不是我要的。

躺在床上，细听今天的雨，一开始，软绵绵的，有气无力；渐渐，淅淅沥沥的，似乎成了线，刷刷地直落；最后，竟至于连成片，噼里啪啦地嘈杂。楼下亭台楼榭的水池里，先前还欢快着的青蛙（不知从何而来呢），此时也停止了不合时宜的歌唱。寂静，不，寂寞的世界里，只剩下了雨声。窗外的雨篷上，悬挂的空调机上，楼顶的水泥板上，响着雨声，嘭嘭嘭，咚咚咚，单调，沉闷。耳里的雨，全然不是记忆里的雨。这声音，过于直接、冷漠，毫无情趣；犹如快餐，虽可饱食，却少了视觉、味觉、嗅觉、听觉的通感，索然无味。这雨声，依然不是我要的。

记忆里的雨声，该是在田野上，竹林里，荷塘边；该是在曲折小路旁，沧桑古槐下，白墙青瓦的老屋里。雨来了，站在老屋的窗棂旁，看着天井上方的一片天，听得见雨点敲打瓦楞的脆响，心，轻灵如风。听，叮叮咚咚，如琴音流淌，那是清泉的吟唱；嘈嘈切切，似急弦翻飞，那是铁蹄的奔跑；淅淅沙沙，像甘露轻点，那是幼蚕的咀嚼。轻、重、缓、急，繁复错杂，时而是气势磅礴的交响乐，时而是委婉缠绵的丝竹弦音；时而是外公的高声呼唤，时而是外婆的温柔细语。这雨声，是灵动的旋律，是生命的咏叹，是自然的心曲，是恒久的记忆。

在这样的雨声里，你会看见绿油油的庄稼伸展腰肢拔节疯长，你会看见翁翁郁郁的青山上腾起层层能湿润你的眼睛的薄雾；你会看见门前荷塘里绿伞如盖，滚动的雨珠晶莹；你会看见屋后竹林里土层松软、钻出来的笋尖鲜嫩。

在这样的雨声里，你会听见屋檐下燕子的啾啾私语，你会听见树梢上风儿跳跃的欢笑，你会听见远处悠然飘来的若有若无的柳笛。

在这样的雨声里，握一杯茶，捧一本书，你就可以安安静静，不会有"浮生偷得半日闲"的仓促，不会有"明月向沟渠"的无奈。在这样的雨声里，撑一柄油纸伞，甚或直接漫步于雨中，去走那一条小巷，即便是没有丁香一样的姑娘，石板路上的音韵也会让你有淡淡的惆怅，而这惆怅是如此宁静、如此美丽，让你神思飞扬。如玉兰花般盛开的雨点与溅起来的泥点，都是幸福的痕迹。

这样的雨声，不属于钢筋水泥的城市，不属于忙碌不堪的人群，不属于早已冷漠荒芜的心境。甚至，也不属于此时躺着静听雨声的我。

记忆里的雨声，需要你放下尘嚣纷扰和功利浮躁，丢弃厚重的盔甲，洗尽粉饰的铅华，走进自然的怀抱，用一颗单纯的心，去聆听。

记忆里的雨声，需要你时时静坐下来，擦拭浑浊的眼睛，拂去满身的灰尘，打开封闭的心窗，用一颗纯净的心，去聆听。

有多久，没有听见这样的雨声了？

窗外，雨声时大时小，还在敲打我无眠的神经。

而遥远的记忆里，那些个生动鲜活的、摇曳多姿的、铿锵错落的雨声，一路轻轻巧巧，就走进了我的梦里……

（2010.5）

# 伤心伤怀在望楼

飞檐翘角，白墙青瓦，掩映在苍松翠柏里的王昭君纪念馆，即便是在盛暑时节，仍然显得清幽雅致。拾级而上，一块块青石板，似乎诉说着很久很久以前的故事，想要把两千多年的跫音幽幽地传给我听。徜徉在这个不大不小的庭院，会有一个很明显的感觉——这里曾经是昭君无忧无虑的家。你看，美丽的昭君时而站立在门庭的花簇之中，含笑不语；时而端坐在紫竹苑的琴凳上，凝神抚弄琴弦；时而到了侧山的亭子里对着楠木井梳妆，与传说中的仙鹤游戏轻语。这本是无限热爱昭君的乡亲们将昭君的生活复原给后人看的，然而，你也不得不承认，从这些景象来看，昭君的童年、少年，甚至刚开始的青春，是美丽的、多彩的、自由的。

对于昭君的故事，虽然谈不上耳熟能详，也算是略知一二。我知道昭君自愿扮演一个"和亲使者"的角色，从寂寞后宫主动请缨，嫁给匈奴呼韩邪单于，肩负起加强汉匈两族友好关系的重大使命，最终促成六十年的和平局面，她传播的中原文化也使塞北出现了"牛马布野，人民炽盛"的兴旺景象。这是她对中国历史的伟大贡献。

然而当我站在气势恢宏的内蒙古呼和浩特昭君墓前，当我走进湖北兴山宝坪村的昭君纪念馆，我心里的感受无一不是失落与忧伤。为的是一个背井离乡与亲人相隔千万里，一生不得回乡的女子的悲凉！两千多年前，一对老来得女的父母亲，将一个宝贝女儿培养得聪慧靓丽、多才多艺，"蛾眉绝世不可寻，能使花羞在上林"。被视作掌上明珠一般的王昭君，当她与她的小伙伴们一起开心地捉着蝴蝶时，当她与自己的闺蜜羞涩地讲着悄悄话时，她肯定没有料到自己有朝一日会成为主宰和改变历史的伟大人物吧？那一对年迈的父母，当他们老泪纵横地将女儿送出香溪河，没料到此生再不能亲见爱女的容颜了吧？

平凡的山民，也仅仅是想着为了传承耕读世家的家风，才会请私塾教习子女，谁料得出了这么一个美似天仙又知书达礼的女儿，甚至被选进了皇宫。进了皇宫，远在偏僻山村里的父母就只有日夜祈祷女儿能够幸沐恩泽，保得一生平安。熟料世事本不由心，女儿花样容貌、花样年龄，却寂冥宫中四五载！若就此老去，与人无争，也可知女儿身处后宫，不会有性命之虞了。谁又想得到，堂堂汉室居然还要一个弱女子去维系国运兴衰！大漠沙如雪，燕山月似钩，昭君一路行，父母双泪流！白发苍苍的老父亲、肝胆俱损的亲娘啊，是如何说服自己舍了这骨肉，顾了这无情的王朝！"翩翩之燕，远集西羌，高山峨峨，河水泱泱。父兮母兮，进阻且长，呜呼哀哉！忧心恻伤。"那个怀抱琵琶风餐露宿一路北行的汉家女子，决定了自己命运却还不知命运如何的小女子，心里的悲凉何等深沉。曾以为能够以身相许给君王，却不想被弃之不顾于冷宫；如今为了改变自己的命运，她是抱着牺牲的决心毅然前行的，既然在自己的君王那里得不到真爱，何不让自己的一腔热血为了国家与民族的大义而燃烧！我相信，当时的皓月姑娘，全然不会去奢望自己的爱情归宿了。至于后来贵为大阏氏，得到呼韩邪单于和复株累单于的万般宠爱，兴许那是上苍怜悯昭君被冷落后宫五年不得见龙颜的青春，是体谅弱小女子肩负民族和平大义的勇敢，总算让她得到作为一个女人应该得到的爱情。可昭君虽身在胡地，顺从自己选择的命运，为胡汉相亲做着力所能及的事情，也最终成为蒙古人的女神，然而每每"南望汉关徒增怆结耳"，她的思乡之情，身边人能懂却不能解，一直到三十三岁去世，皓月姑娘也没能再看故乡一眼，再在父母膝下承欢片刻。"汉恩自浅胡自深，人生乐在相知心。可怜青冢已芜没，尚有哀弦留至今"。时隔两千多年，我漫步于她的家乡、她的庭院，仿佛能看见两位白发老人相互搀扶、倚门翘望的身影。

拐进昭君宅一个很偏僻的小庭院里，一座望楼孤独地矗立在那里。没有什么花草，没有什么雕梁画栋，朴素的暗红色，在夏日的阳光下显得有些奇怪。木梯陡而窄，小心翼翼地登上二楼，可见隔邻的庭院、书房；转而上三楼，眼见外面大庭院，昭君的汉白玉石像静立，眼光放远，可见周围青山隐隐；慢上四楼，香溪河迂回曲折，绕着纱帽山恋恋不舍。"最是黄昏极目望，一江灯火动遐思"。我能够想象两千年前的无数时光，这座望楼肯定是伴随着两束或者四束急切而后逐渐浑浊的目光，恒定地翘望的。那飞起的檐角，那一只只已经消逝于时空里的风铃，莫不是一份沉重的亲情，甚至是一种悔恨。浮云遮望眼啊，这深沉的思念，如何穿得透层峦叠嶂、漫漫黄沙！

四楼的阁楼，空空荡荡，地板中间，一个空的鸟窝。旁边，杂草散乱，一只黑色的鸦鸟，蜷曲僵硬。我不知它是失去爱人后绝望自戕的情人，还是嗷嗷待哺最终饿死的小鸟，仓皇中不忍细看、不敢惊动，旋即下楼，泪却先流。

这望楼，最是伤心伤怀处啊。

（2014.11）

# 上洋，一棵开花的树

吃过美味的樱桃，却未见过樱桃树开花的模样；听说过夷陵区黄花镇，却没去过上洋。春天里，走进上洋，就走进了一片樱桃花的海洋。

绿柳扶风，白花夹道，丛花乱树中，隐隐有白墙青瓦。

遥望河谷，白杨树还是肃然萧瑟的一片，迷蒙着一层淡淡的烟雾。然而，连绵起伏的舒缓山丘，洋溢着新绿的田陌阡陇，干净整洁的峡江民居，间或慵懒地飘散着的袅袅炊烟，一切都符合我对一个美丽乡村的印象，甚至感觉像极了故乡。自然，心里的亲切感就蔓延开来。

那一片片灿烂的樱桃花，散布于田野，簇居于路边。大片大片的洁白，大片大片的温柔。恣意，密集，芬芳，一时间让人恍惚。相比之下，打理得整整齐齐的田畴里，一小块一小块的油菜花，似乎知道这是不属于自己的春光，羞羞涩涩，零星而散落地仰着自己绿中带黄的小脑袋，轻轻地摇曳在初春的风里，唯恐僭越了樱桃花，甘心做了这一场粉白花事的绝佳陪衬。毕竟，在这里，被规划好的生活，一年一度不能循环的短暂的生命，会格外拘谨、格外小心，远不如随性而生、随性而长的樱桃树来得气势磅礴。樱桃树深深扎根于这片土壤，脚下是厚实的大地，头上是无垠的天空，她尽可以把自己活成率性的模样，一次次地怒放，一次次地结果，与雨雪云雾、霓虹奇岚、日月光辉，做千百次的交谈，做十年百年的相伴，她是有开放的资本的。千万朵的花瓣，纷呈在你眼前，让你不由得升起爱怜崇敬之心，凝视日光里那些安静得几近透明的花瓣，你会惊诧于那些纤细而挺拔的花蕊，透露着顽强坚韧的生命动力。这一树繁花似锦，这一树寂静欢喜，仿佛一个明媚的梦，带你进入春天的时光隧道。脑子里更多的是不着边际的想法——从樱桃树底下仰望天空，那些缤纷的花朵，像群星耀眼，诉说着我不懂的秘密。

这一树花开，由何而来？看花的我们，由何而来？这世界，谁是谁？每一朵花、每一棵树、每一个人，都有着不一样的宿命。千百年前，兴许你是那一朵花，她是那一片叶；又或许你是海底一根水草，她是天空一片云彩，什么样的风云际会，让彼此互融、彼此重新生长？你能说眼前的这一朵花瓣里没有你前世的红颜？你秋水一样的眼眸里，没有她前世的眼泪？我们的身体，就像是一条河流，吸纳着满天星斗宇宙洪荒演变之后产生的氧气，与世间万物一样，经历着新生、存续与死亡。据说每过一年，我们身体里百分之九十以上的原子都会更新一遍。所以，今年的你，与过去一年的你，"内容"已经大不相同了。等到生命终结，尘归尘土归土，你的一切终将反哺于自然，曾经滋养你生命的一切，你将重新滋养它们。

因而，此生有幸，做了一棵樱桃树，就用尽所有的心血，在明媚的春光里，谱写一段明丽的乐章吧！

漫天樱桃花似乎是参透了奥秘的悟者，只在微微春风中颤抖，片片堕于青石阶上，与苍绿的苔痕相映出惊心动魄的拥抱和亲吻。

白石砌路，曲径通幽，那樱桃花也长了脚，从田野里走到家家户户、前坎后坡，以修竹杏桃为伍，愉快地绽放。兴步前去，几个老姐妹坐在自家门前的樱桃树下，闲话着家常，手拉着手，淳朴的笑容像清澈舒缓的溪水，熨帖人心。她们的头发上、肩头上，散落着洁白的樱花瓣儿，星星点点的，醒目、明亮，让人愉悦。是呀，上洋的村民们，如今该是喜悦着的——城里的人，不断地涌来，如画的美景成了经济发展的资源，田园里的小菜成了桌上珍馐，居家房屋成了享受乡情的民宿，樱桃花长廊与三峡奇潭已是美丽乡村的旅游品牌，一切都有着更好的期待。

就连上洋，也像一株樱桃树，开着繁盛的花，孕着丰硕的果，正开创着美好的春天。背倚一棵樱桃树，我为美丽的上洋送上深深的祝福。

树在，山在，大地在，岁月在，我在，你还想要怎样更好的世界？在上洋，只愿做一棵开花的树，喷薄一树缤纷，展露一树洁白。宁静的天地间，馨香自达四野……

（2017.3）

# 安魂曲

"生命在他里头，这生命就是人的光。"

春天已经来临。那些生着的，那些曾经生着的，都在呼吸。

## 外婆

外婆生于 1906 年 10 月 26 日，16 岁嫁给外公。外婆有一个很端庄的名字——杜学贤，与外公的名字刘承福很般配，两人的婚姻也很般配。外婆当时身高一米六五，又不曾裹得一双小脚，人高马大，手大脚大，刚娶回家来时不招外公喜欢。当时的男子，都喜欢脚似金莲的娇俏小姐。然而，有着一双温和的美丽的大眼睛的外婆，很快就用她的能干、勤劳、善良、果敢征服了一家老小，成了家庭的当家人。外公也对外婆尊敬起来，一辈子再没跟外婆红过脸、吵过嘴。

　　外婆一生命运多舛。她生育过十个子女，最终只剩下我母亲一人存活下来。因病早逝的、产后感染夭亡的、逃乱中为了不暴露乡亲们藏身之处而被自己憋死的、被日本人枪杀的、难产至死的……一个一个孩子，在她的怀抱里死去，给外婆带来巨大的精神刺激。曾经一段时间，外婆陷入了精神崩溃的边缘。好在她在三十四岁时有了我母亲，外婆为了留住这个宝贝女儿，想尽了一切办法：到处请人算命，在每个十字路口埋上锁，在她的床脚下用磨盘压着锁，以求"锁命"；生产时千叮咛万嘱咐请求接生婆，用艾叶裹上棉花粘着菜油，将之点燃，为脐带消炎，以免重蹈前面几个孩子伤风而亡的覆辙。在这样的小心翼翼中，第八个孩子，也就是我的母亲，总算是平安降生，也得以健康成长。

　　为了这个唯一的孩子，外婆可谓是费尽了心血。尽管在旁人的眼中，觉得终究只是一个要嫁出去的女孩子，未免也看得太宝气了。外婆对我母亲的关心和呵护，是当时的一般乡下人根本无法理解也无法想象的。她居然让一个女孩子去念书，不但念了小学，还念中学；不但念了中学，还送她去遥远的宜昌念师范。要知道，为了供给孩子念书，没有自留地、没有任何经济来源的外婆必须东借西凑，求爹爹告奶奶，才能勉强给我的母亲凑到上学的费用。这些欠款，一直到母亲毕业参加工作以后才偿还清楚。感谢那些在贫穷的年代里，面对一位爱女心切的慈母那乞求的眼神而解囊相助的亲人、乡亲，他们一起帮助外婆完成了一个宏大的心愿——她没有读过书，但是她要让女儿读书，从而获得最好的命运。事实证明，外婆是多么富有远见卓识啊！母亲一直是她的骄傲，不仅继承了她的美丽，更成长为一名优秀的人民教师，成为方圆几十里第一名女教师。

培养出了女儿，却送给了国家。母亲长年在外地教书，即便是寒暑假，也得下乡家访、劳动，带学生文艺宣传队演出，根本无暇照顾外婆。我们几个孩子，几乎从小就跟随外婆在故乡长大。外婆给予我们的除了生活上的嘘寒问暖，更多的却是做人上的影响与塑造。

我的童年，是属于故乡的，是属于外公外婆的。在他们那里，我享受到了一个孩子应该享受的一切幸福。

春天，被外婆种来当作篱笆墙的木槿花开出了紫色的花朵，我常常被她们迷得发呆；夏天，满天星星映照着躺在竹床上的我，夏天快结束的时候，外婆就开始准备忙着做豌豆酱、小麦酱，晒过的豆瓣酱散发出独特的芳香；秋天，我们一起去田埂沟坎边采摘那些芳香浓郁的野菊花，晒干以后卖给大队收购站；冬天，她总是用炭火手炉将被褥烘烤得热乎乎的，再让我钻进去。

其实我很喜欢与外婆一起度过的冬天，那是多么温暖的记忆啊！外婆、外公和我坐在地炉边上，砂锅里炖着我和外公一天的劳动战绩——生产队挖过的藕田里，总有零散的剩余，我们在冰冷的淤泥里艰难地寻觅、采掘，总有些收获。窗外白雪翻飞，北风呼啸，砂锅咕嘟嘟地冒着热气，那时候觉得这是最温暖的生活了。

我喜欢坐在柴灶旁，看她怎么熬煮晶莹透亮甜得直让我流口水的麦芽糖，怎么将大米炒成米花，怎么在大木盆里将它们混合搅拌，然后用小棒槌使劲拍打结实，又是如何精巧地将它们切成均匀的一块块米花糖，存放在一个大陶罐里。我知道，当这些甜蜜的米花糖储存起来，年，就要开始了。

外婆长年哮喘，我一般都是在她的咳嗽声里醒来，这时外婆已经生好地炉、做好早饭了。她会给我梳上很多小辫儿，惹得同龄的伙伴羡慕不已。吃完早饭，我便在小花狗的陪伴下箭一般地冲向学校。

学校离外婆家很近。夏天的下午放学时，外婆就会搬把椅子，坐在路口边上，一边给我补着衣服或是纳着鞋底儿，一边等着我回来，而饭桌上早已摆好了用槐花熬的稀饭。虽然是那么简陋的生活，但这逝去的日子，现在想起来，还是那么清晰。恍惚中，还是那间屋子，还是那条小路，还是白发苍苍的外婆，站在那里期期张望、满脸微笑……

外公外婆的相处是融洽的，现在回想起来，对两个老人在一起最深刻的印象，就是傍晚时分，他们常常相对而坐，用长长的竹烟杆吸着他们自己种植的旱烟。望着夕阳中两个至亲至爱的老人，小小的我，满心温馨。

其实我跟外婆外公的日子并不好过。由于没有责任田，我们没有自产的粮食，只能吃父母和哥哥姐姐们省下来的粮食，尽管饭食经常混合着菜叶子、榆树嫩叶甚至构树花，一年上头沾不上两次肉腥；尽管冬天穿着姐姐们嫌小了的花罩衣、吊了一大截的裤子，手脚冻得裂了口子；尽管夏天穿着侄儿的男式塑料凉鞋或者干脆光着双脚，我从没有觉得自己短人一分。

尽管每天要赶在上学前步行十几里路去寻一篮子猪草回家；尽管要跟随外婆去挖野菜、捋榆钱儿、割牛草，或是到几十里外生产队收割过的棉田、麦田、稻田里去捡棉梗、拾麦穗或谷穗，经常被乱石踏划伤了脚，有时还被可怕的蚂蟥爬满了腿；或者会随外公去帮生产队挖树蔸，刨起一些剩下的须根回来做柴火，我从没觉得这是一种苦。看着别人都有爹妈疼着爱着护着，我从没有觉得羡慕嫉妒。在外婆身边的日子，我只感到开心、幸福。

在外婆身上，我看到了坚韧不拔、不屈不挠的求生精神，以及豁达面对苦难生活的勇气。贫穷的生活没有让外婆失去热情与幽默，即便是看见我扫地，她也会笑着夸奖："我的四儿扫地就像秋风扫落叶呢！"她爽朗的笑声久久地在天井里回荡。

别看我经常会和一些同龄的男孩子一起爬树、捣鸟窝、粘知了、下水塘捞鱼，甚至带头打架，其实外婆对我的管教是非常严格的。这主要是说在做人的德行上面，容不得半点虚伪与不诚实。

我们家隔壁住着一对几近失明的老夫妻，开着一个碾米坊，家里很有些钱，按辈分应该是我外公的叔叔婶婶，我从小称他们为幺爷爷、幺婆婆。他们的缝洗浆补、烧开水等家务事一应由外婆照料。等我稍大一些了，外婆就把烧开水、灌开水的活儿交给我负责。幺婆婆吝啬，偶尔当着我的面吃点心，全然不顾我一个六七岁的孩子没见过这些美味的零食。我知道她的点心都藏在床头的一个木匣子里，有一次，经不住馋虫的诱惑，悄手悄脚地潜入幺婆婆的卧室，偷偷拿了一块饼干，躲到偏房里吃了。自己以为神不知鬼不觉，不料原来幺婆婆的饼干都是有数的，她在天井里嚷嚷，说谁偷吃了她的饼干，一定会烂嘴巴烂肚子的。小小年纪，我做了贼，心虚得很，吓得脸发白。外婆自然洞若观火，一把从柴火堆里抽出一根荆棘条，照着我的腿就是一阵猛抽，夏天的衣衫本就单薄，外婆下手又极狠，两下就让双腿血淋淋的了。我跪在地上求饶，说我知道错了，再也不敢了！外婆什么话也没说，她只用那唯一的一次打，就让我记住了一辈子。事后，对幺爷爷幺婆婆、外婆照样还是敬奉如初。

外婆为人做事总是那么有礼有节，赢得了乡亲们的敬佩与折服，所以外婆家周围的四邻五舍，谁家有了什么争执不下的事情，都会请外婆出面去调停；而只要外婆出面了，大小事情就会迎刃而解。所以，她去世时候，才会有那么多乡亲自发前来给她送行吧。

外婆非常关注我的学习成绩。每天放学回来，我趴在稻场的凳子上做作业时，外婆总是很满足地在旁边看着我，轻手轻脚，生怕扰了我。但是在家乡读完小学二年级，我就远离了相依十年的外公外婆，跟随父母到外地求学。人在外地，心却始终在那间老屋子里。每逢寒暑假，便如小鸟归巢一样，扑到外婆身边。一回家，她最先询问的必是学习情况，而我总是保持着让她一听就满脸笑容、不胜高兴的好成绩。

1984 年的寒假过后，我从外婆家返回学校。外婆依依不舍地送我到村子的大路口，风把她的白发吹得上下翻飞。走了很远很远，回头还看见白皑皑的雪地里外婆的身影，她孤单的身影在迷蒙雪雾中透出一种博大无穷的爱，弥漫了整个空间。我的泪如洪水决堤，浸透我心，那一时刻，我是不是似乎预感到这也许是我与外婆的诀别呢？

外婆离世，正值暑假。我中考结束，留在母亲那里帮她打点一些事务。大姐刚刚分配工作，与小姐姐一起回去报喜，知道姐姐与哥哥在一个城市工作，互相能够照应，外婆非常高兴。她确实过于欣喜，到集镇上买了好多好吃的东西回来，路上恰逢一阵急雨，她用衣襟掩着给大姐带回的糖果糕点，一路小跑。回到家，不顾自己晕晕沉沉的，又忙着做饭。刚坐在椅上端起饭碗扒了一口，碗就掉到了地上……她再也没能起来，也没留下一句话。村里的赤脚医生说是脑出血。我们谁都不知道外婆有高血压，谁也没有想过外婆的哮喘其实和心脏不好有关系。

表舅当即连夜赶到我们家，隐瞒外婆已经去世的实情，只说病危。

来不及多想，我和母亲就坐上表舅的手扶拖拉机往回赶。

一路上，我的心飘忽忽的。望着黑沉沉的夜空，我不断地祈求上苍：让外婆健康如初吧！我愿意缩短自己的生命来换取外婆的长寿！

思绪却飞到了小时候的夏夜，我惬意地躺在凉床上，在外婆的催眠曲中，在她用蒲扇送来的阵阵凉风中，在关于星星的梦中渐渐入睡——因为外婆告诉我，每一个孩子，都有一颗属于自己的星星，要找到它并时常和它说说心里话，它才会永远保佑你。此时，我急切地寻找着我的那颗星星，想请它帮我保佑我的外婆，让她恢复健康！

然而残酷的事实是，三小时后，我终于看到了躺在棺材里的外婆。她很安详，只是再也叫不应，再也看不见我了！我的泪和着滚烫的鼻血，一点一滴地滴落在她的头发上。我只能用手轻轻抚摸那双粗糙然而曾经那么温暖的手，我只能用脸轻轻地去触碰她早已冰凉的脸颊，我无法控制自己不哭。人说，哀伤过度的时候会哭不出来，那时的我却哭得死去活来，恨不能随她去了才好。到底是小孩子的意气呀，但是当时，自己确实是痛贯肌骨，恨老天太不怜惜外婆的一片真情，恨老天太吝啬，不给我一个补偿的机会！看着静卧在棺木里的外婆，想起她对我的既宠又严的爱，傻傻地想，即便是外婆再用荆棘条抽打得我双腿渗血，我也不会在乎，也不会叫一声疼，只要她能再站起来，对我温和地微笑！

外婆一生劳苦，生活极是节俭。生前，外婆曾经多次对少不更事的我念叨："白纺绸衫子穿着肯定舒服、凉快！什么时候，也穿一件纺绸的衫子！"说完，她瘪着脱牙的大嘴自嘲地笑了。显然，那一件白纺绸的衫子，在外婆的眼里，该是何等的奢侈物品呀！那时，我在心里发誓：等我有了第一笔钱，第一件事就是给外婆做一件白色的纺绸衫子！然而，

"子欲养而亲不待"，外婆竟等不及我长大了！

外婆终于叶落归根，来于土而归于土了。外公也受到很大的刺激，从此更是耳聋眼花了，但是说什么也不离开故乡。母亲为此很头痛，她担心外公的身体状况。其实，我最懂得外公那颗伤痕累累的心：他眷恋埋葬着外婆的这块土地。

然而又何尝只是外公呢？我们又何曾忘却对外婆的怀念，又何曾停止过对那块系着我们的魂、埋着我们的根的故土的向往和依恋呢！

现在，外公早已和外婆相伴而眠多年。他们最后的房子，每到秋天，野菊花开得金灿灿的。这些菊花，就像外婆的笑脸，让我觉得她就在我身边，鼓励我奋进；让我从不敢停止对她的崇敬、依恋和怀念，也从不敢忘记她的谆谆教诲：认认真真地做人，踏踏实实地做事。

## 外公

外公，是一个和蔼可亲的老头儿。他没有高大的身材，却有着一点点仙风道骨的意思，也许和他自幼练武有关。外公生于1908年2月22日。据说从小聪明伶俐，记忆力超群。七岁上了私塾，一年时间，认了很多字，而且会从左往右打算盘。然而，八岁那年得了一场大病，虽然保住了命，可是变得又聋又哑。九岁多才又开始说话，听力虽有所恢复，但已大不如前。他只好中断学业，回家帮助大人做事，给后面的地主家放牛，同时，也开始习武健身。十四岁时跟他的一个叔叔去学杀猪，后来就做了一辈子的"杀猪佬"。

小时候，我曾亲眼看见过外公杀猪的过程。在乡亲们眼里，外公是很有些身份的，因而颇受敬重。到谁家杀猪，都很受待见。去猪圈里逮了肥肥的大黑猪，捆绑扎实，剩下的活儿就是外公的表演了。他扎下一个马步，左手捉住猪头，右手一把尖刀，只是眨眼间的工夫，一股热血直喷而出，肥猪哼哼两声，就不再挣扎了。外公告诉我，高明的屠夫就是这样一刀封喉，不会给猪造成多大的痛苦，流出来的血也是顺畅干净的，可以直接烫了吃的。然后就是给猪吹气、刮毛、净水、破膛。只是一个时辰，猪头、大骨、坐墩儿、蹄子、腰条、内脏等，一一归置清楚。外公收拾完那些猪鬃毛，净手，一件件工具擦拭干净，收进他的专用布口袋里，一系列的活路完成了，漂亮、爽利。

大多时候，主人会盛情挽留外公吃一顿饭，来不及吃饭的话，也许是一片烟叶，也许只是一句谢言，最奢侈的时候外公会带上一个猪头回家。外公憨憨笑着，看我高兴得手舞足蹈。一到家，外公要做的第一件事，就是将今天宰杀猪的情况，诸如谁家的、毛重多少、净肉多少、应缴税款多少，一一报给我记账，因为要给生产队汇报，上交税款。就凭着超强的记忆力，几十年外公的账目居然就没错过一分一毫。

外公之所以在乡亲们的眼里有一些威望，我觉得不仅仅是因为有求于他，还因为外公为人忠厚老实，一辈子不曾与谁红过脸、吵过架。唯一的一次与邻村的老乡差点动手，是因为那个彪悍的守田人抓住了在油菜地里寻猪草的我，说我破坏了他们队里的油菜，将我的竹篮一脚踩得稀烂；我委屈地回到家向外公告状，外公气冲冲地跑到八队去与他理论。他是容不得别人欺负我的。

另外，不止一次听身边的老人讲外公在清平河上单掌劈死日本战马、打倒日本兵的故事。对残杀过自己女儿的日本人，外公本来就心怀深仇大恨的。见那些日本兵在街上为非作歹，外公怒目圆睁，拖着一条长板凳，就冲了上去。他挥舞着板凳，将三四个日本兵抢倒在地，又徒手拉住他们的坐骑，将其中的一匹马单掌劈死。为此，外公外出躲避了很久才敢回到家乡。

但是在我的记忆里，外公的形象永远就是一副弥勒佛的模样，随身带着一根竹烟杆儿，腰里揣着一个装有烟叶的布口袋，走到哪里，累了，坐下来，拿出布口袋，摊在腿上，慢慢揉搓那些烟叶，用纸卷成一个烟卷儿，放进自己的烟袋里，吧嗒吧嗒地抽起来。我不明白，一向和善可亲的外公，为什么做了一辈子的屠夫；也不明白，做了一辈子的屠夫，外公怎么有那么和蔼的弥勒佛模样？

对我，外公无疑也是爱的。每次出门回来，他都会想方设法给我带一点什么东西，要不是一根头绳儿，要不是一颗水果糖。他喜欢抱着我，给我哼唱那些古戏文。一直到我上了大学，学了文学专业，我惊奇地发现我们学习的什么《玉兔记》，也是我那半聋的外公曾经给我唱过的。若遇到放暑假，去看望远在外地工作的父母，总是外公陪着我，背着一个布兜，里面装着外婆摊好的面饼，步行几十公里，又是土路、又是水路的，走得很辛苦。现在想起爷孙俩坐在路边傻呵呵地啃着厚实的面饼的场景，还是觉得温馨。

外公出去干活时常常带着我。帮生产队挖树蔸，一个大的树蔸要挖几天，是非常辛苦的体力活，工分又少，因此没多少人愿意干这个。但是外公愿意。他往手心里吐一口唾沫，抡起挖锄大干起来，赤裸的背上闪着亮晶晶的汗珠。累了，坐下来，卷起一根烟卷儿，左手端着烟杆悠悠地抽起来。右手却不闲着，在树墩上很有节奏地拍打着，嘴里哼唱着那些古老的戏曲，或者就用他的手指在树墩截面上展示他的功力给我看。

几天下来，树墩上已经留下一个深深的坑。虽说树蔸是要交公的，但是那些深入地层里的根须，我们可以挖出来自己带回家当柴火。每每等到挖那些可以属于自己的根须时，爷孙俩都很开心。顽皮的我常常爬到旁边的树上玩耍，秋冬季节，裸露的树枝上的蜂窝被我惊动，土蜂们纷纷来报复我这个入侵者，吓得我溜下树乱跑乱跳。外公将我搂在怀里，用他的身子抵挡土蜂们的攻击。他赤裸的脊背上留下很多红肿的毒包，我们赶回家，外婆从邻家婶婶那里取了奶水回来涂在那些红包上，才慢慢好起来。外婆指责外公孩子气地逗弄土蜂干什么，外公只憨笑不解释。唉，我憨厚可爱的外公哦。

外公不光爱我，他几乎喜欢所有的孩子，见到谁家的小孩子都是笑着摸摸头，或者耍一遍拳脚逗他们开心。也许源于他失去过太多的孩子吧，他把不能言说的痛苦深藏于心，只用微笑面对人生。很多人说我的外公是一个老顽童，一辈子乐呵呵的。

我上高中时候，外婆已经去世了。偶尔外公会来跟我们同住一段时间。七十多岁的人，还是一样的好动、好玩。因为母亲是高中学校的老师，我们就住在校园里。校园位于田野之中，四周都是水稻。收获过后，外公就去捡拾田地里的稻穗。其实那时候我们已经基本解决了吃饭问题。不久就有人好心地提醒母亲，说是外公每天都翻院墙出去、进来，别哪一天摔坏了腿脚啊！母亲好说歹说劝了外公几次不见效，也就作罢，由他去了。

我们上体育课的时候，外公就抽着他的烟袋在旁边看。我们练一些跳马、单双杠之类的内容，他总是按捺不住跃跃欲试。有几次，看见我们那些撑不上双杠的男同学，他会笑一笑，把烟袋一磕，往腰里一插，双手一撑，人早已坐上了横梁，惹得同学们鼓掌欢呼。如果不是我的坚决阻拦，他肯定还会去试试跳马的。老顽童似的外公，就这样经常带给我们快乐和惊喜，以至于很多年后，还有同学对我提起那个七十七岁的老头儿跃上双杠的潇洒动作。

大学毕业后，我专程接外公去我工作生活的地方看看。那时候，他已经八十一岁了。每天晚饭后还是喜欢在我门前的空地上活动活动筋骨，笑眯眯的外公跟我那些年轻的男同事们很快成了忘年交，当然，其中包括我现在的先生。

后两年，因为种种原因，外公只能寄居在我表舅家里。外公逐渐患上了"老年痴呆症"，我个人特别不喜欢这个名称，因为痴呆这个词，无论如何我是不愿意用在我曾经那么聪明、温厚的外公身上的。他不太认识人了，但对于母亲，他唯一的女儿，却是始终记得的。

1992年的初夏，我还没放暑假。接到家里的电报，说是外公病危。当我从偏远的江南小镇，辗转几趟车回到家里，母亲和父亲，哥哥和姐姐们，都很平静地待在家里。我很奇怪他们为什么不在医院陪着外公？父亲将我拉到卧室，告诉我：实话对你说，外公已经走了几天了，不敢告诉你实情，怕你路上出事儿。你不要太难过了，你母亲刚刚平复了几天，不要让母亲再伤心了。霎时间，我觉得我最爱的家人都是骗子，他们忽视我未能见外公最后一面的悲哀，却要我装得若无其事！然而，我又如何敢再刺激母亲，让她沉浸在失去至爱亲人的痛苦中不能自拔？

当时，外公的骨灰盒寄放在家乡坟地一个所谓纪念堂里，窄小而阴暗的屋子里，我找到外公的骨灰盒，忍不住痛哭失声。我愧疚不安地自责，为何外公也好，外婆也好，我都不能送他们最后一程？这两个伴随我十年童真时光，给予我最初始的人生教育的亲人，我欠他们的实在是太多太多了！

过了半年，外公终于与外婆合葬在一起了。

而我，按照当初答应外公的，在年底成了新娘。我相信外公外婆是高兴的。

## 姨妈

被我称为姨妈的，只有一人，就是母亲的表姐张义秀。我们是不知道也不关心姨妈的名字的，我依恋姨妈的理由可能很简单，就是因为姨妈的身形、长相，待人接物的章法都比母亲更神似我的外婆，因此，小时候，姨妈家是我最喜欢走动的了。

高高大大、行事干脆利落的姨妈，非常能干。姨爹好像是任过一个什么官职退休的，我的表哥表嫂也是公家人，所以姨妈家的经济条件比我们强多了。小时候家境不好，没钱买鞋，过年时候，心灵手巧的姨妈会给我做好了千层底的布鞋颠颠地送来。看见姨妈和外婆手拉手坐在一起拉家常，我觉得她们才是一对母女。穿着姨妈做的布鞋，走路也觉得格外轻巧。

姨妈家前面一口堰塘，夏天开满荷花，我和年龄相仿的侄子侄女常常头顶荷叶，在稻场上疯来疯去。大门口一棵高大的梨树，一棵茂盛的苹果树，春天刚来时开满粉粉白白的花儿。苹果和梨成熟了，我们会先尝为快，姨妈也不责怪：本来就是为了孩子们的口福，没指望用它去换个一元半角的。姨妈家后院有一大片竹林，竹子长得非常高大壮实。表哥给我们安装了一个踏板秋千，我们三个孩子经常在竹林里打秋千，大呼小叫地，惊起一只只肥硕的斑鸠。因为自己的哥哥姐姐长年跟随父亲母亲在外地求学，孤单地生活在故乡的我，自然是喜欢姨妈家的氛围的，即便是很有些害怕严厉的表哥，一到休息日，还是步行到姨妈家里，享受姨妈的宠爱和与同龄人一起玩耍的欢乐。

姨妈跟外婆一样，乐观，豁达。她风风火火地走路，高声大嗓地说笑，什么事情都不能难倒她的样子。但是偶尔，她也会沉默或者泪满眼眶。年幼的我自然是实在不明白的。只有一次，我似乎窥见了她内心深处的那个秘密。依稀记得是我七八岁的时候吧，放寒假，仍然是去了姨妈家。有一天，晚饭吃得格外早，姨妈和姨爹、表哥表嫂神情严肃地开始忙碌起来。他们在堂屋的正中间摆上了方桌，上面撒满了洁白的面粉，要知道，这面粉多金贵呀！即便是姨妈家也不能经常吃的。姨妈将筷子垂直地绑在水瓢的手柄上，让我和侄儿抬着站在方桌两旁。姨妈虔诚地拜了拜，说请瓢姑下凡，告知我弟弟义德的下落吧！姨妈絮絮叨叨地说了我表舅如何出去卖柴火，如何失了踪，如何这么多年一点信息也没有，她请求神仙指点她去哪里寻找，以解她一生的期冀。过了十多年后，我们收到了表舅从台湾寄回家乡的信，不识字的姨妈捧着信看啊、哭啊、笑啊，时不时撩起围裙擦眼睛。海峡两岸的信来信往持续了几年，双方也寄了照片，我看见表舅红光满面，一家人在照片里笑得很开心。姨妈也很高兴了一些年。但是，表舅一直未能如愿回来探亲，听说这里面有很多原因，很重要的一条是姨妈心疼弟弟，不愿意他老来颠簸，又加上亲戚众多，怕弟弟回来负担不了这些久违的亲情。不知是表舅终于百年，还是什么别的原因，最后没了表舅的任何消息了，寄过去的信如石沉大海。等了几年后，姨妈再也没提起过她的这个弟弟。

等我跟随父母离开乡村以后，姨妈家就只有春节期间才能去拜年了。看着姨妈的头发一年一年地白了，身板一年比一年委顿了，心里不觉凄凉。因为外婆的去世，在心里，我一直有着自己不太愿意正视、觉得对不住自己母亲的一种感情——姨妈就是外婆，姨妈代替了外婆成为我精神的支柱。

一年又一年，姨妈终于也老去了，她再也不能包揽家里所有的事务了。她亲自带大的孙子、孙女，先后参加工作，成家立业，生儿育女，她又帮助抚养重孙、重孙女，等他们也上了大学，老人家自己也灯枯油尽，走到了人生尽头。2012年腊月二十九，我和哥哥在回家路上，他突然提起姨妈，说我们去看看她吧。即将九十岁的姨妈，像个婴儿一样蜷曲在她的床上，曾经高大的身形全然不见。我握着她瘦骨嶙峋的手，大声呼唤着：姨妈！姨妈！她曾经和外婆一样温和美丽的眼睛里，透出一种亮光，手把我抓得紧紧的，嘴里嗫嚅着，我似乎听见她又在瘪着嘴笑着答应：哎哟，我的四儿哎！表嫂告诉我她已经很久不曾识人了，今天见了我却显得清醒。我不知道姨妈是否等着我这一面，为的是让我偿还欠外婆和外公的终老之情？正月初二，在母亲家正准备启程返回的我，接到电话，说姨妈走了。

姨妈安卧在她一手带大的孙子精心选择的高岗上。风很大，墓碑上的"辛勤一生，养育三代"的文字足以概括姨妈平凡而伟大的人生。姨妈是辛苦的，也是幸福的，四世同堂，同享天伦，晚年能得到表哥表嫂的精心照料，无疾而终。

我在风里磕头，向姨妈拜别。姨妈走了，我的童年也彻底埋葬了。我与故乡的纽带，也彻底断了。

　　我的生命中，本来应该不止一个姨妈的。母亲曾经有过几个姐姐和妹妹，但是最终都没能存活下来。1938 年日本人侵略我的家乡。外婆扶老携幼，带着年迈的婆婆和三个孩子跟随乡亲们逃乱，为了不暴露乡亲们的行踪，躲在高粱地里的外婆狠心捂住不断啼哭的幼儿的口鼻，我的大舅就这样失去了年幼的生命。来不及悲伤，外婆他们就随人流逃跑到清平河边上。除了背着年迈的婆婆的外婆，所有的人都上了船。但是日本兵追过来了，乡亲们见势不妙，连忙撑开了船。日本兵看见了正值豆蔻年华的大姨，一个个如饿狼一般往前扑，拼命吆喝把船靠岸。

　　船越划越远，丧心病狂的日本人，举起了枪，向我美丽的大姨扣动了扳机。子弹从一个乡亲的耳边飞过去，正中大姨的后脑勺。鲜血像一朵荷花开放，大姨倒下了……外婆疯了一样冲向了日本兵，可是一个弱小的中国妇女，此时的愤怒与悲哀，又能有多大的力量？无非是白受了几枪托子的狠打罢了。乡亲们帮助外婆草草掩埋了我大姨，外婆瘫坐在沙滩上，泪哭干了，声儿也快没了，还是二姨的哭叫声唤醒了近乎丧神失志的外婆。怀抱幼女，挽扶着婆婆，外婆又开始了逃乱。当天晚上，年幼的二姨高烧不止，以致惊厥，终于也悄无声息地躺在外婆的怀里，离开了人世。一天失去三个孩子，外婆几近崩溃，直到 1940 年回到故乡，仍然神魂失所。而我，也失去了两个亲姨妈。

　　这些往事，外婆是不会给我讲的。我只是断断续续从母亲的回忆里知晓这些悲痛的片段，以此来摩想我美丽得像花儿一样的大姨：扎着粗黑的长辫儿，碎花罩衣和靛蓝色的布裤子包裹着她刚刚发育的身子，脚上穿着外婆亲手做的扣襻儿布鞋。她在乡村的小道上走着，步伐轻盈，充满弹性，胳膊上挎着的竹篮随着她腰肢的摆动而有节奏地颤动；她在老家的稻场上忙活着，听见外婆叫她，她侧过身，抬起头，额头上的汗珠闪着银光，白润的脸显出健康的红色，洋溢着淳朴的笑意；她在逃乱的洪流中，肩挎灰蓝色的包袱，手搀年迈的奶奶，神情紧张、脸色苍白；她倒在日本人的枪口下，后脑勺中弹，扑在乡亲们身上，一双美丽的大眼睛，惊恐、难过、绝望……不，不，不，我只想描摹我美丽的大姨，我未曾见过的、永远美丽永远活在十五岁的大姨。但是我绝不会忘记，她是如何无辜地凋谢了她青春的生命之花！

姨妈，这个称谓，在我心里，是最为美丽、最为神圣、最为亲切，又最为心痛的。

## 老郭

老郭，名旗和，满族人。记不得究竟是属于哪个旗的了，只知道是正宗旗人后裔。父亲南下到湖北恩施的穷乡僻壤，得了她，宝贝得不行，取名旗和，以示纪念。只因生性豪爽，自呼"老郭"，我们也就顺口叫开来了。

由于从小能歌善舞，老郭一上学就进了艺校，专学舞蹈，这一学，就是十二年，然后又升入专业的舞蹈学校学习，毕业后分到宜昌红光港机厂担任教师，因为专业能力强，又被调入宜昌市职教中心担任幼师专业的第一位舞蹈教师。

我就是在这里认识老郭，并与她逐渐从普通同事变到知己至交的。

我遇到老郭的时候，人过中年的她已经发胖了，并没有一般舞蹈者的窈窕身形。因而刚一见她，不相信别人对她优秀舞蹈教师的介绍。但是当我看着她在灯光下的舞台上潇洒地跳跃、翻滚，神情投入地演绎着角色的时候，我完全沉浸在舞蹈带给我的震撼之中。在此之前，我并没有面对面真切地感受过舞蹈，也没有想到舞蹈能给人这样大的冲击力。然而，稍显丰腴的老郭，却用她的眼神、手势、肢体动作阐释了舞蹈的真谛，塑造了一个舞者的灵魂。当你的视线随着老郭的舞步游走的时候，谁又能说舞蹈是纤瘦的女人的专利呢？

老郭身上，似乎有一种与生俱来的美丽气质。白白胖胖的她，爱俏。她身上颜色鲜艳的服装，搭配起来总是很协调。她爱修饰。眉毛总是描得很精致，口红涂得很饱满，深红色指甲油亮闪闪的。她爱抽烟。在与她认识之前，我还没见过有哪个女人能把烟抽得这么好看的。她爱打牌，每天中午约我们几个小年轻陪她打扑克，但这并不妨碍她成为学生眼中的优秀舞蹈教师、女儿心目中的好妈妈。

老郭初到职教中心，正是宜昌市急缺幼儿教师的时期。一无舞蹈厅，二无练功设备，老郭带领学生将破旧的课桌凳搬到杂草丛生的操场上，开始劈叉、下腰，练习站位、弹跳。就是在这样简陋的环境与条件下，她培养出来了一批又一批的幼儿教师，其中很多人现今都成为宜昌市各大幼儿园的领导、骨干。她的辛勤汗水和刻苦努力换来了事业的兴旺，幼儿师范专业成为享誉湖北甚至全国职业教育的特色专业，毕业生遍布全国各地。1996年，她带领学生艺术团访问瑞典塞德港市，在当地掀起了中国舞蹈热、中华文化潮。

老郭的学生对她是又敬又爱又怕。老郭在学生中有极高的威信。学幼师的都是女孩儿，老郭对她们既严厉又慈爱。一个动作，几次三番地练习；一个要领，反反复复地强调。在她的课堂上，经常可以看到女孩子们边哭泣边扳腿。而她自己，也经常是腰青腿紫。她调教出来的学生，舞姿优美，动作到位，举手投足，像极了她。课下，她关心着这些半大不小的女孩子，事无巨细，都要操心过问。她有一句口头禅："死丫头！"有时候是恨铁不成钢的责骂，有时候是欣赏得意弟子的疼爱；有时候用在学生身上，有时候也用在我们这些年轻女老师身上。我们都喜欢她这句话，有人情味儿。

她爱笑。笑声爽朗、真切、感人。她说话爱直来直去，毫不扭捏作态。她爱帮助别人，急人之所急，帮人于危难。她的血管里流淌着满人的血，豪爽，大气，喜怒哀乐、爱恨情仇，全写在脸上。她就像一阵风，清爽、明快；她就像一幅画，鲜艳、秾丽。

因为她的真诚与坦荡，我们成了朋友。她长我十几岁，我们之间既有母女的温情，又有姐妹的亲密。总的来说，是她关照我。1996 年 10 月，即将生产的我突然感染住院。她跑上跑下、忙前忙后，为我打点一切。晚上，又请我们过去家里吃饭。两家四人一边打牌一边吃着她买的花生，谈笑风生，我一点也感觉不到临产的恐惧。几个小时下来，一大袋盐水花生只剩下壳儿了。儿子出生以后，我们还为儿子究竟是叫她干妈好还是奶奶好，纠结嘲笑了好久，最后还是叫了她奶奶。她笑着说：死丫头！该的！

老郭的身体其实并不好，风湿、高血压、哮喘如影随形。但她事业心、责任感特别强。专业建设方案的拟订、实施，她都得参与；培养青年教师，她亲自传帮带；舞蹈课一直坚持上，总说不能辜负学生和家长，跳不动也要跳。学校经常要参加市里的大型文艺演出，国际旅游节、三峡艺术节等，档次高，要求也高，她总是担纲舞蹈编创。从编创的草案设计，到最后的场地排练，她都是兢兢业业、一丝不苟。编排的节目多次在中央、省、市电视台播出，学校的社会声誉蒸蒸日上，她立下了汗马功劳。

2001年春节过后的那一段时间，总觉得老郭精神状态不太好。因为要赶着编排一个大型节目，她加班加点地干，毕竟快五十岁的人了，有些吃不消。3月8号，学校组织女教师出去踏春，一向活跃的老郭连牌也没打，只静静地坐在走廊的椅子上，少了言语。我想，老郭肯定是太累太累了。

过了几天，陪她去市歌舞剧团借服装，要爬四层楼梯。以前风风火火的老郭，居然爬三步就要歇一歇，上五级也得站一站，脸色苍白。我心里很不好受，对她说，你告诉我找谁，我去，你别上去了。她说，我恐怕是不行了。我就嗔怪她瞎说，转过身，却流了泪。那时候，只知道她是累坏了，哪里想到一语成谶！

扶着她回到学校时，我劝她休息几天，她却不干。3月16号是周末，下午放学，我与她道过再见；17号周六，我回老家去探望生病的母亲。不料当天晚上十点多钟接到同事的电话，老郭走了！我根本不相信这个噩耗，握着话筒的手，半天也不知道放下。一夜无眠，泪湿枕巾。母亲知道我与老郭引为知己，一大早就起床为我准备早点，可我哪儿吃得下！奔到车站，冲上车，只催司机加速。一路上，居然不能集中精神想老郭的模样，只是哭，只是流泪。

老郭静静地躺着，神态安详。她先生说是因为哮喘急性发作，去得很快。我知道她是太累了，需要有个时间有个地方好好休息。我的眼泪，只是不住地淌，同事们说生人的眼泪、滴到死人的脸上，会让她不得安息，硬是将我拽开了。强压悲痛，连夜为老郭撰写悼词，悲伤之情如泉涌，想来也是因为平日里对老郭太过了解、对她的一切了然于心吧！

老郭的葬礼上，亲友、同事、学生，加上很多友好单位的朋友，接近千人，殡仪馆里根本站不下。送老郭的遗体去火化的时候，她的学生自发地站在路边，沿路都摆满了黄色、白色的菊花。这些菊花，是学生们最真挚的爱戴和不舍的伤悲。

老郭走后一年多的时候，学校举办一个综合会演。有一个幼师专业的学生选择了《丹顶鹤》的乐曲伴舞，是老郭以前帮她编排的。看着她的身姿，听着这么熟悉的音乐，我的眼泪怎么也禁不住，就那么肆意横流。旁边的同事很明白我的心，她也跟着红了眼、哑了嗓子。

三月的风很柔和，可是我的心却冰凉沉重。我失去了一位亲切的大姐，一位真诚的朋友。但是，老郭的音容笑貌却那么清晰地留在我心底。

清明时节，去江边给老郭烧了几张纸。火光跳跃，似乎又看见她白皙丰腴的脸庞，似乎又听见她爽朗清脆的笑声。


## 雯

我是在情人节那天得知雯走了的消息的。

本来满街的玫瑰还正香着，本来满街的爱情都正浓着，而我在手捧康乃馨去寻她的时候，却得知她已经独自走了。

我真的无法不让自己哭泣。我知道雯走的时候是孤独的，如同她知道我永远是孤独的一样。就连我这样的朋友都不能在最后的时刻送她，竟不知是她的不幸，还是我的悲哀。

亲爱的雯，你在天堂还好吗？

年前去南方之前，我到医院去看她。雯已经面目全非了，她瘦得完全脱了形。与她同拥一张被、同靠一个枕头，我们偎在一起，静静地将包裹得紧紧的火红的康乃馨一朵一朵地抚开，如同抚摸一个个鲜活的生命。

自从得知雯的病情，每次去看她，总会捧上十九朵康乃馨。我以为这会给她带来奇迹；我以为上苍会赐予我希望。然而事实竟是如此残酷！为什么会在这个寒冷的冬天离她而去?！我明知我可能再也见不到她了，明知她的生命只能以分秒计算了，可我还是在那么冷的冬天离她而去，决然地把她留在肃穆、苍白的病房里。想起临走的时候，雯那么忧伤、哀怜的眼神，一切似乎还历历在目！我终于明白为什么这个春节对我来说过得毫无意义了。尽管我到了温暖的南方，而心却牵挂在雯的病床上、牵挂在她憔悴的脸上。我不知道，她在最后的日子里是否曾经渴盼过我的到来，是否在飞升的瞬间试图听见我的足音；但是我相信，她一定还有太多太多的话没有来得及说，还有太多太多的梦都来不及做，因为她毕竟只有三十二岁！

连续几天，都是阴雨绵绵。心里的雨更是绵绵不绝。

雯安卧的地方，在小雨后显得格外冷清和凄凉。墓碑上的照片中，雯手扶桃树，满脸灿烂与桃花相映，我一时竟不知身在何处。这张照片是雯病后在桃花村照的，如今，"人面不知何处去，桃花依旧笑春风"！笑靥如花的雯啊，与这黑色的碑、白色的冢是如此的不相适！我的泪啊，混在丝丝烟雨中……

你在天堂还好吗，我的朋友？

雯与我是大学时同窗同班同寝室的好友。她个头儿高，身材又好，瓷娃娃一样的脸，精神的短发，一口软糯米一样的兴山腔，是我们班女生中的出色人物。

雯是十分爱美的。读书的时候，她很爱打扮，也很会打扮，尤喜白色，常年都是白衬衣、白袜子，搭配深色裙子或者裤子，一身中性的打扮让雯显得俏丽静雅。大二那年，学校举办时装秀，雯代表我们系表演。一身旗袍，一把折扇，优美的身姿，潇洒的台步，温婉的表情，迷倒了那么多为她喝彩的人。至今她在T型台上旋转回眸的姿态仍然定格在心底。记得去年春天，我们几个同学约好了去看望生病的她，瘦弱苍白的雯仍然穿一件乳白色的羊绒外套，她的头发已经快脱落光了，但是她戴着一顶藕荷色的羊绒帽，很漂亮。

雯是好强的。刚上大学时，她根本不知道篮球为何物。更别提什么运球、带球，前锋、后卫。可是因为她个头高，被我强行拉进班女子篮球队担任中锋，她总是咬牙跟着我们，每天早上五点就起床，在黑乎乎的操场上练习速度、滑步、投准。一个月下来，中锋的角色意识增强不少，为我们夺得系篮球赛冠军立下了汗马功劳。

参加工作以后，我们通讯少了，只是听说她一直当班主任，工作认真负责，很得学生和家长的喜爱；又是学校的业务尖子，进了市里的人才库。她有着与我们同龄人一样的责任感和奉献精神，常常带病坚持工作。刚开始住院时，还在批改学生的作文，其间，有许多学生和家长探望，她的病床前始终摆满了鲜花。而她最得意的，莫过于向我念一封封学生的慰问信，讲一个个学生的故事。每个学生的点点滴滴，她都装在心里，如数家珍。每每这时，她脸上总洋溢着一种神圣的光辉和幸福。这种神圣和幸福让同为教师的我汗颜。

也许这种神圣和幸福就是她多年以来的支撑吧？她的胃一直不太好，

读书时候我们都知道。然而她总认为工作是第一位的，总认为那可怕的病魔会因为她的年轻、因为她对生活的热爱而不敢靠近她！

雯是坚强的。自从得了这可怕的癌症，家里人都没有隐瞒得住，因为大把大把的头发脱落和一日接一日的化疗，让聪明的雯明白，她的日子不多了。但她一直乐观地配合治疗，从没有在我们面前流露出半点哀怨。当我们心情沉重地相聚在她的病床边时，倒是她谈笑风生地替我们宽心，更让我们觉得她的坚韧。

雯是宽容的。对于爱情，她有自己的理解；对于忠诚，她也有自己的定论。她待在医院的最后一段日子，很孤单，但她没有怨恨过谁，表现得非常大度。她说，人都要走了，还要那些虚伪的表演干什么？

面对这冰冷的黑碑白冢，我无法相信这里面躺着的就是我那个坚强、乐观、美丽而善良的雯！

墓的周边，均是丘陵，满山遍野，已经绽露出许多绿意了。在这样一个等待复苏的春天里，我找不到你的身影了，雯！你的坚强，你的乐观，你的美丽，你的从容，永远都是记忆的春天里最靓的风景！


生命的河流中，那些曾经托举我飞跃的波浪，那些曾经与我一道奔腾的浪花，有的依然在我身边，有的却已经了无踪影。然而，我知道他们将自己的灵魂融进我的生命之河，推动我更加坚定地流淌、奔腾、向前。在每一个夜里，我的心，会与他们交汇，为他们送上一首安魂曲，祈祷他们在天堂的每一个日子，幸福、平安。

（2013.5）

# 我是你的传奇

沧茫溪生五色石，纹理旋绕细如丝。佛前顽石化玛瑙，人间丹青伴琉璃。

以为命定我只是一颗普通的石子。

长年累月的激流冲刷与跌宕奔波，让我伤痕累累、泥沙斑斑，在很多人眼里，丑陋不堪。

静卧在你的怀里，我沉默不语，很长一段时间，我茫茫然恍惚，遗忘了自己从何而来，又该向何而去……

相同的梦境不断重复：古老的大雄宝殿，奔涌不歇的珍珠玉泉，遮阴蔽日的覆船山。耳边是梵音清唱、晚钟悠扬，眼前是清荷迎风、香烟绕堂。壮硕的银杏树下，匍匐于石径里，千百次被僧侣们的千层底摩挲，亿万次聆听菩萨真言，傻乎乎地清净自在。我以为此生，就是如此了——做一颗佛殿的石子，不问世间尘事。

直到有一日，战乱焚毁家园，清泉变为洪流，颠沛流离的我，到了你这里，那时候，我知道——你叫沧茫溪……晨钟暮鼓，梵音绕梁，当时只道是寻常，如今何处是故乡？

而你一年四季变换着光影，自顾自地明媚，自顾自地欢畅。春天，白的梨花、粉的桃花、黄的菜花，次第在你身边开放；夏天，成片的水杉、绵延的青草和紫云英，忠实地将你环绕；秋天，萧瑟的杨树林里，静穆的夕阳为你披上神圣的霞光；冬天，你裹一身雪白绒装，还在清澈潺潺地流淌……

你用海纳百川的胸怀，接受一个又一个像我一样远道而来的客人，让我们在你怀里相识、相知、相爱、相伴，你用风和日丽的温柔，感召我们坦诚相向。偶尔，你也会发发脾气，用狂风暴雨、惊涛骇浪，磨炼我们的心性、锤炼我们的意志。你把所有的爱，都灌注在每一次洗礼中。你从不曾说过什么，但你的眉眼里洋溢的幸福甜蜜，柔波里满溢的雾霭云霓，日复一日，烙印在我的眼里，镌刻在我的心上。我成了你忠实的孩子。

我开始知道自己的宿命——做一颗快乐、勇敢、坚韧的石子。我学着去仰望星空，领悟明月的永恒；我学着去亲近大地，感受山川的秀丽壮阔；我向身边的青草野花、飞鸟走兽致意，感受她们的阳光快乐；我为每一个兄弟姐妹真心付出我的友谊和真情，为他们撑起遮风挡雨的手臂……我的内心获得了从未有过的踏实与满足。

是怕我太过沉溺于幸福？还是你嫌弃了我的偶尔淘气？你将我推出安逸的房间，袒露于暴雨如注之后的滩涂。当一个孩子欣喜地将我举到眼前，在那清澈的瞳仁里，我看见了什么？——身上铠甲般的泥沙积渍早已不见踪影，呈现在他亮晶晶的眼眸里的是一颗晶莹剔透、身披五彩华衣的玛瑙！那一刻，突然明白，我从哪里来，不重要，要往何处去，也不重要，重要的是，我遇见了你，你接纳我这个冥顽不灵、粗手笨脚的野孩子，用你的严厉、你的柔情、你的磅礴、你的大爱，成就了一个奇迹！原来，我一生的宿命，是一颗宝石！

夕阳，笼罩着你，那金光点点，分明是你的泪滴。哦，沧茫溪，我的母亲！你曾经送走了多少个像我一样的孩子？你像育珠蚌，用自己的血肉之躯喂养他们、磨砺他们、成就他们，使他们成为世间珍品与奇迹，自己却承受一次又一次失去孩子的生生分离！

现在，我知道，你是沧茫溪，还是玛瑙河，一条用生命创造奇迹的母亲河。再回首望你，一湾清流，仍旧脉脉不语。我却懂得你的心意，青灯古佛前不经世事的石子，滔滔洪流中伤痕累累的丑石，在你精心的调教与哺育下已完美蜕变为五彩宝石。你将我送到这个孩子身边，是让我践行我的使命——护佑他安全，警醒他行事，陪伴他成长，给予他希望！

沧茫溪——玛瑙河——我的母亲！我的祖国！我会携带你的容颜、你的呼吸、你的韵律、你的真情，延续你的风骨，创造属于自己的传奇！

（2015.5）

# 在路上

一直喜欢旅行，孤独的旅行。

一个人，或徒步，或车船，都有着说不出的意味。

仲秋时节，一个人，一个背包，徒步而行，或急或缓，尽可以由着自己的心性。一路上，可以东张西望，可以左顾右盼，将一路的风景悉收眼底。走得累了，路边歇一歇、坐一坐。眼里满是葱绿与金黄相间的原野，摇曳的野花将大自然的生命也画成了一幅流动的风景。这个时候，你会觉得自己与大自然简直就是一个不可分割的整体。你从她的怀抱里诞生，蹒跚前行，跌跌撞撞，可是最终又陶醉在她无私的芳香与成熟的泥土气息里。

原野可以舒展你疲倦的肢体，可以充分酵化你浓浓的乡土情。青山秀水，又可以洗濯你的灵魂了。间或，徒步攀登上奇特瑰丽的黄山，你会震撼于它烟雨蒙蒙的神妙莫测。如果又是到了海边，你可以静坐在礁石上，看鸥鸟翻飞、渔船轻摇，携带着腥气的海风抚着你的脸颊，你会怅然更会畅然。一个人走进神奇的九寨，领略色彩缤纷的海子，那秋阳下的树木，灿烂辉煌，耀着你的眼，吸附着你的心，让你的心也沉浸在透明的山泉里，澄静得无法言说。而泸沽湖，更适合独自去观赏的。静谧的冷色的湖光中，你只看得见山峦的倒影那么清澈、那么亲切，远处摩梭族少女的歌声，隐隐约约，像一个裹着轻纱的梦。一个人，可以徒步到西塘，到乌镇，到周庄，到许多适合思念与想象的地方，你的行李不会成为你的负累，因为你一无所系。

偶尔，乘坐车船上路，又是另外一种心情与景象。喜欢静静地倚窗而坐，看窗外的风景飞掠而过。一排排疏密有致的杨树林，一片片金黄灿烂的菜花地，一座座曲线温柔的山丘，还有残阳如血，泼洒成一幅模糊的印象画，印在你的脑海里，色彩鲜艳，经久不衰。这样的景象甚至可以让你一生一世都无法忘记。

在路上，你完全可以沉浸在自己的世界里，不需要去与那些自以为很了解自然的人交谈，不需要去费神在乎旁人的眼神。因为，真正的自然，真正的行走，都是用自己的心去感受的。你可以用一段喜欢的音乐将自己埋藏起来，让自己的灵魂与音乐一起跳舞，融进这抽象的风景中。而心，会沉静无比。

然而，旅行，只是流浪的一种形式。

更爱的却是流浪，一个人的流浪，心灵的流浪。

说不清道不明，自己为什么会如此深爱着流浪。似乎与生俱来的就有一种流浪的渴望，埋在血液深处，随时可以躁动，随时可以流淌出来，准备让自己与它一起飞翔。小时候，自己并不懂自己为何有这样的感觉。到了能读懂席慕蓉的诗，诗歌里弥漫的除了淡淡的情伤，就是远离故土的哀愁，于是爱不释手、倒背如流。觉得自己和她一样，前世是一个流浪在草原上的贵族，今生却没了回家的方向，只能静坐在清冷月夜里，轻吹那段横笛。逐渐地，也学会了写些忧伤的长长短短的句子，把自己刻画成一个思乡的女子，夜夜伴着孤灯，抒写离愁。后来又读三毛的书，被那个固执的、率性的、诗意的女子吸引，深深地爱着她，任由自己随她一起喜怒哀乐，刻骨铭心地去爱，刻骨铭心地去伤，流浪的情结再一次耿耿于怀，蛰伏在每一个静夜的脉搏深处。

流浪过后，就是静思，就是发掘，就是沉淀。这一个过程，是一次更艰难的流浪之旅。那是内心世界的再一次洗礼，那是渴望重新上路的动力。

渴望在路上，就是渴望自己能独立面对风霜雨雪，让自己去忍受艰难困苦饥饿寒冷。只有时刻在路上，你才会有随时前进的勇气。在路上，意味着自己可以用不变的心态去对待即将到来的种种意外与惊喜。在路上，你也许可能寂寞，也许可能孤独难言，但是你的眼神始终是坚定的。因为，前方，也许就有你的梦……

那些景，那些情，那些人，那些事，那些物，那些歌，都是你人生之旅的匆匆过客，但是却留下了深深的烙印，伴随你一生……

一直觉得前世就是一条流浪狗，翻山越岭，蹚水过河，经过日晒风吹雨淋，走到今天，却忘记了回家的路……更要命的是，我从骨子里、从内心深处，迷恋这种精神的流浪。我喜爱在路上的感觉，那是没有目的却分外清醒、没有终点却又一心系之的旅途……

我愿意永远在路上。

我愿意生命里，永远有一条路，可以让我自由行走……

（2007.8）

# 曾经，我们也有故乡

## ——读韩永强长篇叙事散文《顶塘旧事》有感

近日，有幸品读了宜昌作家韩永强先生的长篇叙事散文《顶塘旧事》。心有所感，不说不快。这是一首峡江歌者唱给永逝的故乡的挽歌。

深情、温馨，而又哀婉。

他的故乡顶塘位于屈原故里秭归县城归州古城西，是长江三峡之西陵峡中的一个很小的地方。因其"面对汹汹的长江，它如千手观音一般，从自己怀抱里伸出一只手臂，再伸出一只手臂，又伸出一只手臂，一而再，再而三,三而九，它一连伸出九只手臂，似阻截，更似呵护，暴躁的长江在这些手臂中居然安静下来，在九只手臂的上方徘徊复徘徊，温顺地留恋起来，形成了一个深不可测却波澜不惊的'塘'。"顶塘由此得名。顶塘的怀抱里，生长着神奇美丽的桃花鱼；顶塘的身边，生活着一群朴实厚道的山民，他们顺应着江水的涨跌，在肥沃松软的沙土上耕种、收获，在九条手臂围起来的塘里捕鱼捞虾，在浩瀚凶险的江水中打捞"浮财"，本领高强的船老大是他们崇拜的偶像，江边码头是他们与外界交往的集镇。夏季的晚上，沙滩上的戏台永远是欢乐的中心、温馨的海洋。想那一盏盏汽灯，照耀着赭红色脸膛上泛起的光，与明月下江水的柔波，该是一样恬静幸福的。

然而，这样的故乡，已经永远沉睡在水底了；这样的场景，永远只能在梦中一次次回忆了。作为峡江后裔，丧失故乡的疼与痛，一直伴随着韩永强。不管是他早期的《箫者》中的文章，还是后来陆陆续续写出的峡江人物风情系列，无不是饱蘸着对永逝的故乡的热爱与祭奠，满怀对故乡那些人、那些事的眷念与深情。可是，在掩埋了自己的故乡的长江面前，他只能无语凝噎了。这种掩埋，是彻头彻尾的，毫无痕迹的。一下子，一座城没了；倏忽之间，很多人的故乡没了。

永强君的《顶塘旧事》，没有华丽的语言。他是一个高明的写手，一位沉静的歌者。在他的娓娓叙事中，美丽而忧伤、沉重而温暖的乡愁，自然流露，而这正是他的散文最能打动人的地方。

对于故乡，中国人从来就是牵肠挂肚、魂牵梦萦的。但是，若没了故乡，这个人的魂魄将栖息何处呢？

所谓故乡，是相对于他乡而言的。游子漂泊游离在外，对家乡的人事、风物、情感，都只能寄托于一种情感想象。乡土社会里交通不便，人们一旦离开家乡，少则十天半月，多则一年半载，甚至十几年，不能回到故乡，才会有魂牵梦萦的牵挂，才会有缠绵悱恻的思念，才会见月思乡、睹雁思人；衣锦还乡也好，告老还乡也罢，回的是自己血脉相连的家；解甲归田也好，马放南山也罢，归的还是根基深扎的土地。故乡、故土，是所有中国人的精神家园，即便不是自己真正的家乡，但眼见那翠杨垂柳、田间阡陌，耳闻莺啼燕啭、鸡鸣狗吠，面对桃花源，一份思乡情怀也尚可得以寄托，所以世代文人才会给我们留下那么多荡气回肠的佳句名篇，怀乡也才能够成为中国文学生生不息的永恒主题，我们的心灵在千疮百孔之后也还有一个可以栖息的归宿。

故乡，绝不仅仅是那几亩田垄，几竿翠竹，几间草屋。故乡，是与人类的生存、人类的繁衍、人类的期冀、人类的梦想休戚相关的骨肉亲情，是必须脚踏其地、手扪其地、心亲其地才能深切体会到她的真实、她的厚重、她的博爱的！

青年导演贾樟柯所有的作品，几乎都与乡愁有关。他拍过《三峡好人》等多部反映人与故乡冲突的电影，旨在说明故乡回不去了，这是一个没有故乡的时代。故乡或者成为一个拆迁现场，或者被建上新城住进新人，故人也都四处流离，即便回到现场，也没有故人可以取暖。夏多布里昂多年前的诗句成为我们这个时代的谶语："没有人从故乡来。"因为，我们已经没有了故乡。

曾经，我们都有故乡。故乡是为我们舔舐伤口的亲娘，是托起我们游子梦想的温暖的手掌，是承接我们疲惫身躯的无言的温床。

如今，我们的故乡已改变了模样，故乡，飘零的故乡，解散的故乡，我们的思乡之情，只能流浪。

（2012.10）

# 悠悠故土情

## ——读赵红继《故乡的土地》有感

中国人对于故土家园从来就有着十分诚挚的情感。乡土或故园是中国人的精神家园，一个人远离故乡，无论是身居繁华之都还是处于落魄境地，浓烈的思乡之情都会在某个时刻或某种情景的触动下油然而生。

"西北望乡何处是，东南见月几回圆"是白居易远放江州、有乡难回的叹息；"近乡情更怯，不敢问来人"是宋之问流放潜逃、乍见故乡的矛盾迟疑；"乡书何处达，归雁洛阳边"是王湾寄望鸿雁的清泪；"无端更渡桑干水，却望并州是故乡"是刘皂身在他乡夜难眠的慨叹。思乡，是离乡背井的人们复杂又美丽的情感表现。迟子建在她刚出版的散文集《我的世界下雪了》里写道："我之所以喜欢回到故乡，就是因为在这里，我的眼睛、心灵与双足都有理想的漫步之处。"可以说展现了当代很多文人心灵回归之旅的秘密。

赵红继先生的《故乡的土地》也正是唱给故乡的一首深情的恋曲。

他的故乡是承载了华夏二十多个朝代古都的中原腹地，埋藏着华夏文明的富矿，沉积了中华民族太多的历史与辉煌，"农民劳作，一不留神，一镐下去，兴许就挖出一个朝代，揭开一段鲜为人知的历史。"这块土地，历经几千年风沙，沉积了人们太多的苦难和辛酸，看尽了历史的更迭与荣辱兴衰，因而也就更显得厚重、含蓄、深沉、沧桑，生于斯长于斯的红继兄，血脉里根深蒂固地流淌着中原汉子的朴实与隐忍，深藏着对故土的眷念和热爱。《故乡的土地》是红继先生又一篇乡土散文。在这之前，有幸品读了他的《面疙瘩》，也是描写故乡风土人情的，印象深刻。他的笔墨里自有一种朴实、厚道，就像那筋道的面疙瘩，耐人咀嚼，又极养人，与他故乡的土地一样，有一种与生俱来的生命的张力。

按照一般的审美观念来看，他的故乡其实并不美。"这里是坦荡无垠的平川，少有起伏的山峦和丰富的色彩，除了低矮的村庄和树木，永远都是遥远而单调的地平线。"但是，作者认为故乡是需要用心去体悟的，故乡的土地是需要用爱去亲近的，"你不能就这么走马观花式地感受故乡的春天，这样很容易使你失望。你若对土地有情有义，那好，来吧，请你走进这褐色的土地，你蹲下身来，和大地母亲亲近一些，再亲近一些。你用手扒开经过严冬后已经变得非常松软柔和的泥土，会发现麦苗枯叶的中间，已经有新的绿在萌发，麦苗的根和茎叶已经变得肥硕而饱满。这时候，我们可能会不由自主地感叹这土地的神奇。"

在他的心里，故乡的土地，肥沃而丰饶。它的美，在于孕育、呵护生命的强大的能力，在于化腐朽为神奇、经严霜而怒放的奇迹。没有一份刻骨铭心的爱，哪里写得出如此深沉的文字！他不是艾青，但他的眼里照样含着热泪，他能从一点萤火想象出故乡的夜色，他能从一片苔藓触摸到故乡历史的沧桑。他的故乡，是梦境中永远摇曳着的洁白的麦花，是记忆中永不褪色的万顷碧波，是挺立在明亮秋阳里的红高粱；他的土地，是饱含着浓郁情感翘首盼望春耕的土坷垃，是以五彩缤纷的粮食与瓜果作为生命语言的默然守望者。他的乡亲们，是朴实的、勤勉的耕耘者，他们精心侍奉着这片热土，将一生的心血和期盼浇灌进土壤，培育出希望的果实，养育了千千万万的子民。这些人，是中华大地真正的主人，是中华民族的脊梁。怀着对故乡和故土的眷念与挚爱，怀着对土地日益荒废和消失的担忧，他在文中凝重地指出"中国社会是一个农耕的社会，中华民族是一个农耕民族，一部中国的历史也是一部农耕的历史，这是中国的历史也是中国的现状，这是中国的现在也是中国的未来"，警醒我们别忘记了中华民族赖以生存的根本。

红继先生从故土背负的历史责任和现实意义出发，给我们吟唱了一曲美丽而忧伤、沉重而温暖的乡愁，这种感发于故土的生命力而流露出来的诚挚胸襟、浓郁情感和深邃思想，正是文学不朽的精神所在。

（2011.2）

# 温新阶《乡村影像》之印象

　　再次捧读长阳土家族作家温新阶先生的《乡村影像》，正是在长阳的春雨天。春雨滋润的清江，如一幅油画，轻纱般的雾时浓时淡，浮在青翠的山腰；清江河，如碧玉一般，温柔、润滑，有些勾魂摄魄，让人情不自禁想投身于其中，与这山、这水，融为一体。

　　不觉入了夜，雨仍然不大，却铿然有声。这丝丝缕缕的雨，似乎正是老温《乡村影像》的款款吟唱，悄然无声地滋润着我的心田。

　　窗外，点点细雨，滴在高大茂盛的竹林里，窸窸窣窣；敲在吊脚楼的青瓦上，丁零当啷。风似有似无，在树林里写意地穿梭，偶尔送来一两声关关的鸟鸣。一切意境正适合于体味《乡村影像》，心里最初的印象也越发鲜明。

　　温新阶的《乡村影像》，归根结底就是一部写实的民俗风情画卷。他用淳朴、生动、白描的手法绘制了土家族民俗生活的画卷。那些活生生的人，行走在一幕幕场景中，用真诚朴素的情感，演绎着真实感人的故事，将人带进俗气却又真实的生活里面。他们的喜怒哀乐、爱恨情仇，触手可及，如行云，如流水，如清风细雨，散发着浓郁的生活气息。

　　故乡的三月，落日下的清江，阳光下的村庄，秀峰桥的月亮，在书页中流淌的聂河，风儿吹拂过的燕麦坡，水汪汪的一片水田，积雪覆盖的故乡冬夜；母校的两株柏树，简易却神圣的校铃，味道鲜美开着紫花的青豌豆，榔坪镇上丰收的木瓜，老家的天井以及养在天井里的乌龟，见证了历史的卷河桥与石桥河；朴实憨厚的父亲，勤劳善良的母亲，话不多却不忍杀生的铁匠，会做账会下棋有文化却心理失衡继而又回归底层的大舅，有着苦八字命运的大哥，戴着眼镜留着胡须骑着白马做事认真讲感情的季骟匠，靠做账精细精彩获得同乡认可最终却栽在账上的账房徐，为了自己钟爱的燕麦而情愿牺牲自己肉体的欣婆婆，大胆泼辣的庙垭子的婆娘，下放到山区却才高八斗的教授和老师们，漂亮勤劳爱热闹却胆小的鄂西女子；腊月里熬糖、打豆腐、杀年猪、缝新衣以及鄂西二十四节气里独特的风俗习惯；还有精致文雅的长阳南曲、节奏欢快高亢嘹亮的薅草锣鼓、缠绵伤感的哭嫁歌……清江两岸的美丽风光，欢乐自足的巴王后裔，有着浓郁土家特色的民族风情，这一切的一切，汇织成一幅经纬交错的民俗风情画卷，让人流连忘返。

《乡村影像》更是如歌的行板。自然、朴实、鲜活的人物描写，宁静、温情、内敛的叙事风格，小说化手法的语言特点，给读者营造出一个诗意的乡村。

特别是作品的语言委婉而绵密，大段大段不见句号的叙述，如同节奏缓慢的行板，加上小说化的对话与人物描写、情节穿插，使散文的情感像一根根棉纱线，交织成一件件贴身的棉布衫，让人感觉干净、舒服、惬意，让人心怀畅想。因此，温新阶的《乡村影像》像一首舒缓的乡村音乐，适合静静聆听，适合静静品味。他摒弃了华丽的辞藻，回归本真的语言风貌，略带调侃与幽默的冷静白描，真实地还原了乡村的生活图景。

作者善于在平凡的生活中去发现美、观察美、赞颂美，即便这美是琐碎的、零星的，甚至是庸俗的。正如海德格尔所说，作者在朴实无华的真实生活中寻找"诗意的栖居",他对故乡、对乡村的关注与歌咏,实际上是他精神的还乡。中国是一个农业大国,从远古时期开始就崇尚农耕文明。从先秦的《诗经》到现代诗歌散文,乡村是历代文人墨客歌咏和仰慕追求的理想化意境。很多作家都将乡村作为自己精神世界最后的归宿地,将自己的真实灵魂放逐在真实、浪漫、诗意的乡村和乡土及乡民身上。尽管从某种意义上讲,乡村意味着落后、愚昧、贫穷,但是,作家们仍然借这片理想中的土地,表达自己在浮躁的功利世界里寻找皈依之所的不懈的努力。

《乡村影像》是一本沉甸甸的真情流露的乡村史书。"为什么我的眼里常含着泪水,因为我对这土地爱得深沉。"艾青的诗句似乎也正可以验证温新阶《乡村影像》之所以打动人的原因。只有深爱着自己的故乡、自己的乡村,才会有如此博大的胸怀、深沉的爱意,才会将乡村影像如此烙印在心,一幅幅生动的场景、一个个鲜活的人物、一段段秀丽的风景,岁月的蹉跎、时光的流逝,充满历史的质感。因为真实可感,所以打动人心、扣人心弦;因为弥漫着淡淡的惆怅与冷静的观察,温婉的叙述就有了凄美的色彩。捧读《乡村影像》,读者很容易就会沉浸在作者给我们描绘的乡村生活里,如沐秋阳,内心宁静,又有些许沉重和失落——淳朴的乡村,是不是已经远离了我们?再也不可能封闭的乡村,面对新事物的渗入,又有多少无奈和尴尬?

《乡村影像》突出体现了故乡人的坚强、善良、豁达、隐忍等性格特点。在这些芸芸众生中的普通凡人身上,体现出鄂西土家族人特有的看透生死轮回的热情、乐观、豁达。他们用动听的歌曲、活泼的舞姿装点生活,不枉生活在这一片神奇美丽的山水中。作者本人的同情、悲悯、正直、坦诚、冷静却藏在文字背后，使文章显现出沉静的张力，体现出散文大家的深厚功底，"于无声处听惊雷"，作者于不动声色之中，将真实、深沉的感情触手伸进读者的内心，将平静的心湖搅得惆怅百结。

纵观《乡村影像》，你会发现温新阶是一个热爱乡村、热爱自然、热爱土地的人。正因为他对乡村理想的坚持，在日益远离乡村的今天，他始终保持一颗敏感、温存、透明的心，游走在城市边缘。他像一个艰难而彷徨的守护者，为自己宁静的乡村活在自己的文字里，为自己的心灵守望着最后一片麦田。

心中有乡土的人，是一个诗意的人，是一个幸福温暖的人。温新阶，正是这样的人罢。

（2009.4）

# 生命，生长在忧伤的河流之上

## ——读毛子《时间的难处》

毛子，是一个简单、率性、纯粹的人。这样的一个人，他的心灵历经二十余年的颠沛流离和辗转反侧，呕心沥血而成《时间的难处》。翻阅这样一本沉甸甸的诗集，需要准备好一种精神，一种情绪，一种心态。因为，它具有将你拖入他的诗歌的静流，让你深陷其中、平静得几乎可以停止呼吸的神奇力量。你不能不为此叩谢上苍——这个世界，还有诗歌让我们遗忘，让我们悲伤。

毛子的诗歌，深受海子的影响。不管是纷繁复杂的诗歌意象，还是诗歌坦露出来的激情、对生命本质的拷问，他追寻着海子的足迹，走着一条孤独、忧伤的小路。时间的河流，似乎永无止境，而诗人的忧伤，关于生命、爱的思考，却比这时间之流更永恒、更绵长。这就是他的难处，时间的难处。因为，"一个人的上游断了／他的下游也一览无余"（《淤泥》）。他无法让自己停止在中断的河流之中，他的生命，生长在永恒的忧伤的河流之上。

热爱生活，热爱生命，热爱自由与美好，是毛子诗歌体现出来的最本质的内容。他的诗歌彰显出来的激情，并不是澎湃激昂的瀑布，而是情愫暗涌的静水潜流。在平静内敛的叙述之中，你能触摸到作者对整个世界的广博的爱。这主要体现在两个方面。

一是作者对亲人、朋友的深情厚谊。诗集中，关于父亲、母亲、妻子、女儿的描写以及对朋友的怀念之作非常多。父亲作为他的精神导师，让他"在黑暗中，我紧紧抓住父亲的衣角"的父亲，给过他生命的生命，在一个夏天一去不回，退缩到了一只木匣子里，变成了一条河流，流淌过作者的一生，挥之不去。他的诗歌里随时可见与父亲的对话。这是一种血脉相连的传承，他对自己亲人的爱，是用反复不停的吟唱来呈现的，他对父亲的怀念，是用明艳的心血来唱响的。还有龚小丽、王涤尘、余笑忠、少君、执浩、蔡红兵、康慨、谢茶、老愚、邢昊、曹平、李光华、孔凡锦、余地、毛学珍、张春……这些生命中重要的朋友、无名的友人、亡友、买麻花的女人、普通农人、带着孩子散步的夫妻、汶川地震中丧失了生命的孩子，"任何一个人的离去，都是我的一部分在丧失"（《丧失之诗》），作者的爱，是延及到所有人类的大爱；没有对生活的热爱，没有对生命的尊重，他不可能用如此多的笔墨去描摹生命的各种姿态。甚至，作者对待爱情，也是别具一格的。他有一首写给妻子的《反爱情诗》，"我愿意在这个时候/说说生活/说说漫长日子里的平淡无奇/再也不会说爱了/只说唇亡齿寒/在愈陷愈深的衰老中/我的恐惧变本加厉/我说：请你像妈妈一样/把我再生一次……"爱，经历了最初的怀疑、嫉妒、磨合，沉淀为相濡以沫、骨肉相连、唇亡齿寒的亲情，妻子也成为他精神上的母亲，被我们常常说及的爱情，与此种升华了的爱情相比，苍白无力。诗人的诗作里，多次提到他的女儿，这是他生命之河的延续，是他留给这个物质世界的精神命脉。所有关于女儿的诗歌里，我们看到一位沉默寡言的父亲，面对爱女时柔情似水，只恐陪伴她的时日不够长久。诗人对世界所求不多，亲人的笑脸、朋友的牵挂，就像那一小块"光斑"，"我的阅历和经验/足以装满那间老房子/可只要那块小小的阳光一束/我就释然、融化"（《记忆中的光斑》）。

洋溢在诗歌中的这种对亲人、朋友的爱，正是支撑诗人内心最为坚强的理由。然而，作者的爱，却像"花木掩映中唱不出歌声的古井"，是深沉的、含蓄的、内敛的、温情的。

二是诗人对古典精神的纯洁与自由、优雅热情才华横溢的女人、神祇的光芒与智慧的崇拜与迷恋。在《时间的难处》里，诗人手捧《圣经》，与耶稣、凡·高对话，与佛罗斯特同行，徜徉在古希腊、俄罗斯、布拉格、伊斯坦布尔、威尔诺的音乐与街道，他与所爱的那些女人们——萨福、冬妮娅、林徽因、安娜·卡列尼娜、苔丝、海丝特、林道静、萧红……一同"坐在忧伤之上，等待大地将我们轻轻回收"（《颂辞》），"我的爱老套、守旧，不合时宜"（《与谁人书（二）》），"也许这就是他们称之为古老/而又常新的事物"，这种古老而又常新的事物，就是古典的、经典的、永恒的事物，是对纯粹与高贵精神的回归。

忧伤、孤独、惆怅、迷茫、悲哀，是诗歌的主要基调。诗人站在过去与现在的交界处，审视自己与他人，审视曾经与未来，审视洪荒与未知，感到壁垒森森、矛盾重重。这种矛盾让他几欲分裂。他长期流浪，企图寻求一个可以解脱的途径，"这些年，我一直在逃亡/——从一首诗逃向另一首诗/从一个身体逃向另一个身体"（《岁末：一个人的感恩或清场》），而对他诗歌的引领者——海子，诗人甚至认为"也许他是唯一一个通过死亡逃生的人"（《持续的旅行：从宜都到查湾》）。他希望通过自己的流浪与寻找，找到自己精神的皈依之所。然而诗人们强烈的使命感在悲哀的现实面前无从顺理成章地形成河道，只有左右冲突，"麦秋已黄 夏令已完/我们还未得救"（《灵歌》），出自《圣经》里的这句诗，弥漫着浓烈的苍凉和宿命感。他的寻找与挣扎，徒劳无益，然而又是身不由己的。

诗人的忧伤，来自乡愁的绵亘无期。"我沿着木梯跑出院落、大街、外省/我跑过少年、婚姻、中年"（《晃动》），但是却怎么也跑不出生于斯长于斯的故乡——宜都县境内一个叫青林公社新建六队的小山沟。作者"一脸的长相/愈来愈接近/那儿的地貌和传统"，然而"分裂和独立/闹得我忧心忡忡"（《我无法写一首有关故乡的诗》）。因为爱，所以会为自己的背叛负疚；因为爱，所以"我是一个没有国家的人／我的乡愁也抵触着／那块小小的宜都"（《我的乡愁与你不同》），既是对血脉相连的故土的相偎相依，又是对维系着痛苦悲伤的故土的抗拒。诗人的矛盾揭示出对故乡的双重情感，我们是故乡的养子，既是故乡的依恋者，又是故乡的背叛者。

诗人的忧伤，还来自对灵魂的拷问和轮回的期待。"我想摸摸身体里的水／它终日荡漾，荡漾／并不说话／我想把自己从身体里搬出来／让它迷路，让更多的我／手忙脚乱"（《我想》）；"天慢慢黑下来。而出窍的灵魂还找不到居所／我开始着急"（《走失》）。读这些诗，就会想起海子《死亡之诗》组诗里"雨夜偷牛的人／把我从人类身体中偷走／我仍在沉睡／我被带到身体之外／葵花之外"的诗句。肉体的躯壳，承载不了沉重的思想之水啊，理想的花朵，只会开放在暗夜的荒漠！诗人的孤独是因为承载着对生命的思索，诗人的分裂与走失，也是对另一种精神的诉求！"我是多么热爱生命啊／可又无法与它相处太久"（《弥撒曲》），茫茫时间的亘古无期与有限人生的短暂，让诗人产生了难以言说的悲哀，所以，这种忧伤，不请自来，伴随一生……生与死，是一个严肃的哲学命题，诗人在《在城郊墓地》《清明》《有关死亡的十四行诗》《我的爸爸挥之不去》等诗作中，多次谈及生与死的轮回，渗透着一种参透禅机的机锋，让人百思而回味。

《时间的难处》注重反思民族与社会的曲折历程和人性的丑恶。面对现今社会生活中的阴暗面，每一个诗人都会如鲠在喉不吐不快。毛子有着诗人的耿直和率性，他的诗歌同样率真，甚至让我们无法直视。《远离毒品》是一首典型的批判作品，虽不无过激之处，却也是因爱生恨。他发表自己的宣言"从现在起，做一个鸡飞蛋打的人／不迁就 不姑息／不与你们共一杯羹／你们是鸦群／我是蚯蚓"（《短歌行》之八《立场》），他不屑与那些夸夸其谈、终日聒噪的乌鸦为伍，宁愿扎根于泥土中沉默不语，这是一个诗人的清高，又何尝不是一个真人的清白！在《干净之诗》《退化之诗》《逃避之诗》《麻雀之歌》《岁末短句》等诗中，作者批判官场的丑陋、生态的恶化、人为的灾难，显示出了一个诗人的社会良知。"为什么我的眼里常含着泪水？因为我对这土地爱得深沉"（艾青诗句），正是因为对中华民族深沉的爱，才会有诗人无奈的悲叹和讽刺。"爸爸转世了／算命先生说：往东南方向走／你会遇到一个新生的生命／但他不能肯定／我的爸爸是兽类、水族还是直立的灵长类／爸爸啊，我依然杀生 不吃素／我会再次杀死你吗"（《往生记》）读到这样的诗歌，你会不由自主地反思人类对地球上其他生物犯下的罪过、对大自然疯狂的掠夺。

最后，说一说诗歌的风格。毛子的诗歌，以其细腻的笔触、朴实的语言，营造出了轻灵、忧伤、干净、温情的风格。在他的视野里，在他的笔触下，一切事物都是有灵性的，诗人的心灵也是与它们同律而动的，《所有的事物都有一条命》是最直白的表达。而在《捕獐记》《雨中进山》等诗作中，作者无微不至的情感充分体现出对生命本身的热爱与尊重，语言也显得清新明快。诗人的忧伤，用反复出现的意象来呈现。草原、大漠、水、星空、石头、骨头、雪。甚至葵花，这些意象，通常也是海子诗歌里面经常出现的意象。既是单一的，又是统一的；既是轻灵的，又是沉重的；既是忧伤的，又是明媚的。就说葵花这个意象，"那是太阳的身子 农业的身子"，诗人以葵花喻指太阳、农业，是暗示葵花就是人类赖以生存的阳光、食物，是物态的；"噢！葵花葵花／我们沦丧已久的骨头"，这里的葵花又成了民族精神的象征，是精神的。经历过多灾多难的中华民族，她的生命力是坚韧的，你看，"而葵花战无不胜/这色彩的王 北方腹地落草为寇的王/我是在一个叫石河子的地方看你/——千军万马 得意洋洋"。这种带着淡淡的失落和明媚忧伤的歌咏，将读者引入新的审美的领域，可以关照作者的内心，他绝不仅仅是一个悲观主义者，而是对生活怀有深切爱恋的理想主义者。

毛子，是一个在枯燥、灰色、失落、艰难的生活里攫取亮色的人。"一个枯竭的人，只能就地掘井/他挖得越深，越感到了大地的诚实"（《淤泥》）。毛子正是凭借着他对亲人、朋友、故乡、祖国、自然的热爱，用自己的文字，用自己的歌喉，奉献给他永恒的诗神一部美丽的诗篇。

(2010.4)

走笔且画茶

茶文化漫谈

茗边自风流

# 基于岗位能力要求的高职茶文化专业课程体系构建

## ——以湖北三峡职业技术学院为例

在高等职业教育人才培养中，课程体系的构建，可谓实现专业培养目标的基本保障。一个专业的课程体系在一定程度上反映了学校为社会服务的方向，因此，必须以当地本行业特点和经济发展实践为依据，力求科学、合理，才能实现人才培养目标的要求。

湖北三峡职业技术学院（以下简称三峡职院）茶文化专业就是根据宜昌及三峡区域茶业经济发展实情，经过充分的市场调研开设的一个特色专业。几年来，经过不断的改革优化，茶文化专业已经成为湖北省教学改革试点专业，形成了比较系统的科学的专业课程体系，专业课程建设取得了明显成效。

## 一、以社会需求为导向，确定茶文化专业培养目标

高等职业教育是最贴近市场的高等教育，专业培养目标的确立必须以社会需求和市场发展为主要依据。三峡职院茶文化专业的兴办及发展顺应了社会需求与当地经济发展的事实，学院与行业共同进行了广泛的调查论证，分析了制订茶文化专业培养目标的背景与依据。

### （一）茶文化产业逐渐成为社会经济发展的新热点

中国茶文化与茶产业相辅相成，相得益彰。茶文化与茶产业比翼齐飞，茶文化逐渐形成产业态势，在推动名优茶产业发展、茶馆业复苏、生态旅游发展、会展业发展、饮料行业成长、医药保健业兴起等方面，发挥着越来越重要的作用。

茶文化产业化直接导致各类茶文化经济实体也悄然兴起，如茶文化设计、茶文化教育、茶文化媒介、茶文化旅游等。茶文化产业通过生产茶文化商品或提供茶文化服务的方式直接参与到国民经济的运行之中，逐渐发展成为社会经济的重要部分。与此同时，茶文化的发展带动了茶文化消费需求增长，茶业生产、加工、销售、茶事服务等各个环节均需要大量的高素质的技能型人才。

### （二）茶产业是湖北、宜昌农业的支柱产业

中华人民共和国成立以来，我国茶产业发展迅猛。茶园面积从1950年的16.95万公顷扩大到2007年的153万公顷，增长了8倍；总产量由1950年的6.22万吨增加到2007年的114万吨，增长了17倍；单产由1950年的每公顷366.9千克提高到2007年的706.9千克，增长了近1倍。同时茶叶质量不断提高，名优茶所占比重逐渐上升，2007年全国名优茶产量达43.5万吨；无公害茶园和有机茶园快速发展，2007年无公害茶园面积达133.3万公顷；茶叶生产布局日益合理，六大茶类均衡发展；茶叶消费逐年上升，2006年人均达到0.45千克，并形成多样化的态势。

湖北拥有丰富优良的茶叶资源，是产茶大省，茶产业是湖北省农业支柱产业。宜昌更是其主要产茶区，茶业是宜昌市重点发展的农业特色

产业之一。近几年，宜昌茶园面积、茶叶产量逐年上升，2010 年茶叶产量为 3.91 万吨，增产 15%。湖北省委、省政府也把"采花毛尖"作为湖北第一名茶来打造，使其成为中国驰名商标，被农业农村部列入"全国茶业重点区域发展规划""中国名茶"，成为鄂茶的代表。目前，宜昌区域内，还有邓村绿茶、萧氏茗茶、峡州碧峰、千丈白毫、九畹溪丝绵茶、昭君白鹤、宜红、天然富锌茶等一批优质品牌成长起来。

同时，宜昌拥有丰厚的茶文化历史资源。三峡地区是我国茶文化的发祥地之一，这里的历史名茶、名山、名水、饮茶习俗、制茶方法等汇成独具峡江特色的茶文化。特别是在湖北省委、省政府将宜昌建设成为"省域副中心城市""鄂西南及长江中上游区域中心城市""世界水电旅游名城"的战略部署中，茶文化产业必将承担起一个重要角色的作用。

**(三) 茶文化专业在我国高等职业教育中属于新兴特色专业**

茶文化在我国有着悠久的历史，但研究、开发及至形成文化产业却是从 20 世纪 80 年代末才开始，茶艺师更是到 21 世纪初才成为一种职业，纳入国家职业资格大典。整个茶文化学还是一门新兴的学科，茶文化专业更是我国高等教育特别是高职教育中一个新兴的特色专业。目前，全国有 22 个高校设有茶学类（包括茶文化、茶艺或者相关方向）专业，但绝大多数专业主要集中在本科教育，高职高专设置相关专业较少。而且，高职院校大多数涉茶类专业教学内容侧重于茶叶加工或者茶艺、茶叶营销，茶文化复合技能人才相对缺乏。

**(四) 茶文化专业技能人才有广泛的需求市场**

随着人们生活水平的提高，茶叶消费量日益上升，而且全国各地已经具备了良好的茶文化氛围，茶叶贸易红火。京、津、沪、杭、穗、汉、渝等大中城市的茶叶贸易和茶文化活动非常活跃。仅湖北省现有大小茶场（厂）5 000 多家，茶庄、茶楼 1 万多家，就需要大量具有专业知识的从业人员，特别是随着 QS 认证制度的实施和茶艺馆的大量涌现，茶艺、审评、贸易方面的高技能人才十分缺乏，专门从事茶文化和茶叶贸易方面的人才更是供不应求。高素质的茶文化专业技能人才，无疑将是推动茶文化产业发展的强有力的生力军，特别是茶文化消费的引导者，能够更好地为地方经济发展服务。

通过对湖北省内茶场（厂）、茶叶公司、茶庄、茶艺馆等用人单位的广泛调查研究，并会同茶叶行政部门及其他专家对我国茶业的人才需求状况进行分析，三峡学院将茶文化专业技能人才的培养目标确定为"面向湖北及三峡地区，服务茶产业，培养拥护党的基本路线，适应茶业生产、管理、营销和服务第一线需要，具有良好的职业道德、敬业精神和一定的中国传统文化知识，具备茶叶审评、茶艺表演及基本的茶叶加工能力，主要从事茶艺表演、茶叶加工、茶楼经营管理及茶叶营销等工作，德、智、体等全面发展的高素质技能型专门人才"。几年的实践运行，证明这个培养目标是准确的，是符合市场需求的。

## 二、以岗位群能力目标为导向，构建茶文化专业课程体系

"高等职业院校要积极与行业企业合作开发课程，根据技术领域和职业岗位（群）的任职要求，参照相关的职业资格标准，改革课程体系和教学内容。"高等职业教育与基础教育、普通高等教育不同，其目的是使学生经过一段时间的学习后，素质达到一定的水平，并获得某种职业资

格，故高职教育属于能力本位教育。三峡职院根据茶产业现状和茶文化消费发展趋势，适应市场人才需要，以培养目标为导向，改革传统人才培养模式，确立茶文化专业岗位群，明确岗位职业能力要求，构建适应职业岗位需要的专业课程体系。即根据国家评茶员、茶艺师、制茶工等职业岗位技能要求，将职业资格标准纳入专业标准和课程体系，教、学、做合一，实行"工学结合，实境育人"。

| 就业岗位 | 职业资格 | 能力要求 |
|---|---|---|
| 茶叶市场营销及茶楼、茶行、茶店经营管理 | 茶艺师（国家三级，人力资源和社会保障部颁发）等 | 能洽谈茶叶营销合同；<br>能进行茶叶市场调查、茶叶销售方案制定、产品价格定位；<br>能运用茶文化知识根据顾客需要引导消费；<br>具有一定的经营和管理茶楼、茶馆、茶行、茶店的能力；<br>具有一定的茶文化传播策划能力。 |
| 茶艺表演 | 茶艺师（国家三级，人力资源和社会保障部颁发） | 能完成基本茶艺解说；<br>能自编和表演茶艺节目；<br>能掌握部分民族茶艺；<br>能进行一般的茶艺表演中的化妆造型、服饰、音乐设计。 |
| 茶叶品质检验 | 评茶员（国家三级，人力资源和社会保障部颁发） | 能进行茶叶样品的抽取、处理；<br>能进行茶叶营养成分、功能成分含量的分析与检验；<br>能完成茶叶分析与检验报告的撰写；<br>能保管样品，并进行评茶准备；<br>能正确进行绿、红、黑、青茶品质感官审评；<br>能进行茶业品质综合评判与价格定位；<br>能进行茶叶品质咨询指导。 |

| 就业岗位 | 职业资格 | 能力要求 |
|---|---|---|
| 茶事服务 | 茶艺师（国家三级，人力资源和社会保障部颁发）等 | 能熟练运用玻璃杯和盖碗冲泡绿茶；<br>能熟练运用茶壶和盖碗冲泡青茶与黑茶、红茶；<br>能冲泡其他茶类；<br>能熟练调制各类红茶；<br>能用中英文介绍各种茶叶、茶具的种类名称；能按照茶艺礼仪用中文和简单的英文接待顾客；<br>能根据品茗环境进行茶席设计与布置；<br>具有一定的组织茶文化活动的能力。 |
| 茶叶加工 | 茶业初制工（国家三级，人力资源和社会保障部颁发） | 能识别六大茶类；<br>能进行一般绿茶的初制加工；<br>能进行红茶精制加工。 |

　　三峡职院茶文化专业针对学生就业岗位工作任务与工作能力，围绕茶艺表演、茶叶市场销售、茶楼茶行茶店经营管理、茶叶加工、茶叶品质检验等岗位核心技能要求，组织专业建设委员会进行系统分析，将技能要求转化为典型工作任务，又将典型工作任务深化为学习领域，形成对应的专业课程。最后，根据茶文化专业能力要求，形成了基于工作过程和岗位能力要求的课程体系。茶文化专业课程体系突出结构化、系统化、开放化、个性化的特点，分三个阶段进行专业能力培养。

　　第一阶段，侧重基础领域的学习，培养认知能力，对学生进行文化教育、职业道德教育、心理健康教育、身体素质教育。主要包括国防教育、思想道德修养与法律基础、毛泽东思想和中国特色社会主义理论体系概论、形势与政策、大学英语、计算机应用基础、心理健康教育、职业规划与创业就业指导、体育、实用写作等课程。

第二阶段，侧重专业领域的学习，培养专项能力，对学生进行专业基础知识、基本理论培训与职业技能训练。将岗位所需要的基本职业技能要求分成若干任务模块，每一个能力模块对应一个岗位的能力要求，确保学生就业的专业适应性和专业针对性。主要包括茶树栽培与茶叶加工技术、茶叶品质分析与检验、茶的综合利用、茶叶贮藏与保鲜、茶叶审评技术、茶艺、茶文化概论、茶艺解说、茶席设计与布置、茶艺插花、茶艺表演形象设计、茶叶营销、茶俗与礼仪、茶艺英语、专业综合实习等课程。

第三阶段，侧重专业拓展领域的学习，培养综合能力。通过综合课程的学习，为学生的个性发展提供充分的可能，使学生在具备必要的专业知识和解决实际问题的技能的基础上，进一步提升学习能力、思维能力、自主能力和应对未来问题的能力。主要包括经典茶诗文赏析、民乐演奏与欣赏、茶艺舞蹈、言语交际学、茶艺综合设计等课程。

为适应市场经济对人才的多种需求和本专业深层次发展的需要，高职院校茶文化专业更应该建立以职业技能递进为顺序、以技能及相关文化基础和职业道德为主题的模块体系，按照茶艺师、评茶员、茶叶初制工职业资格考核的需要，将基础课、专业课、技能训练重新组合成横向课程结构，使培养的学生具有合格的政治素质，较强的质量意识和市场意识，良好的团队意识，良好的沟通能力，较强的事业心，高度的责任感，并具有较强的学习新技术与知识转移能力，调查研究与组织协调能力，提出安全、可靠的最佳解决方案的能力，从而具备职业上的可持续发展的能力。

## 三、以"双证融通"为重点，建设茶文化专业核心课程

三峡职院茶文化专业课程的设置，经过了科学的社会调查和预测，专业课程的内容与职业标准接轨，注重反映社会实践的直接需要。既强调贴近工作实践，又能够反映学生未来工作的实际。

在《茶树栽培与茶叶加工技术》《茶叶审评技术》《茶艺》等核心主干课程建设方面，坚持几个"着手"：

**一是在营造岗位工作氛围上着手，突出"基于工作过程"。** 将茶文化专业教育的内容与职业岗位的实际融合，将生产任务引入教学，在学院茶艺综合训练室里实现情境式教学；在茶叶生产加工企业、茶楼、茶行、茶店顶岗实习，真正实现"岗位零距离"就业，提高学生的实际能力。茶文化专业学生进行全日制专业综合实习、顶岗实习需达到 1100 学时。

**二是从把关教学效果上着手，构建能力考核评估体系。** 将茶艺师资格证书、评茶师证书、茶叶初制工、普通话等级证书等职业资格证书考核内容有机融进课程教学大纲，教学目标与国家职业资格证书考试相统一，符合岗位能力要求。学生在校学习期间至少要取得茶艺师或者评茶师资格证书，其他为可选。学历教育与职业资格考核融通，使茶文化专业核心课程均以能力考核为中心、以过程考核为基础，充分考虑企业和行业的评价，突出能力目标，引导"教、学、做"一体化。《茶树栽培与茶叶加工技术》《茶叶审评技术》《茶艺》等主干课程均以实际操作训练与考核为主，"教、学、做"一体化训练要达到 174 学时。其他诸如《茶席设计与布置》《茶艺表演形象设计》《茶艺插花》《茶艺解说》《茶艺英语》等专业课程也都侧重实践性教学环节，对教学方式与考核方式都做

了相应的改革。

**三是在结合行业实际上着手，深化校企合作。**充分发挥学院茶文化专业的资源优势，与当地行业紧密结合，使学院现有的教学资源由静态变为动态。学院专业带头人深入企业任职，既是学院教师，又是企业员工，从而建立了产学合作的互动平台，依托产业办专业，把专业教学融入为地方经济建设服务当中。做到校企融合，开放育人，服务地方。专业教师依托宜昌市三峡茶文化研究会，联合全市茶产业专家、学者，为产业发展服务，为茶文化专业建设和人才培养工作服务。使得学院成为宜昌市茶文化产业最重要的科技力量。几年来，学院共完成申报科研课题6项，共有4项科研成果在各地转化推广，为地方经济带来良好效益；有2项成果获得省、市科技进步奖励；由学院专家指导的采花毛尖、虎狮龙芽、邓村绿茶等名茶品牌建设，为推动宜昌打造品牌做出了贡献。有4名专业教师是省、市各类名茶评比评委。茶文化专业与地方经济建设发展密切合作，先后与行业、企业合作开办了"城区困难家庭子女技能培训班""五峰县茶艺培训班""武汉茶艺培训班"，近几年共培训学员近2000名，对外考评茶艺师100多人。

引入企业能人、企业文化，使专业课程内容紧跟市场行情。学院聘请了宜昌宜茗轩茶行总经理为学院"楚天技能名师"并兼任茶文化专业带头人，聘请大批茶叶企业行家为兼职教师，与学院专业教师团队共同研究专业建设与发展，共同制定培养计划与课程内容并承担教学任务。学生在生产实践中学习，教师在生产实践中研究课题。茶文化专业先后与武当山八仙观茶叶总场、宜昌市夷陵茶城、三峡国际旅游茶城、太极茶道茶楼、武汉市十井茶行、上海仙茶美文化发展有限公司、宜昌春风得意茶文化娱乐有限公司、宜红茶业有限公司、邓村绿茶公司、湖南金沙溪黑茶、荆州鸿渐茶楼等二十多家全国知名企业合作，签订合作协议，建立互惠互利的校企合作关系，把学生技能培养放在企业进行，使学生综合能力得到了大幅提升，代表湖北省参加全国茶叶技能大赛并多次获得优秀奖次，就业率达 97%。

高职教育的课程体系开发，对于保证高职院校的教学质量十分必要，是高职院校的办学特色和竞争软实力的具体体现。基于岗位能力要求的高职茶文化专业课程体系的构建，设计核心应该是"工作岗位及能力目标分析""校企合作"，专业课程开发者应该深入实践，对工作岗位、典型任务、能力目标进行仔细分析，并将分析结果用于专业课程设置、教学计划制定。教学的实施则要注意针对具体的工作任务展开，教学设计要以学生自主学习为主，理论知识的讲授以必备和够用为准，教师在教学过程中起讲解、启发、指导和评价的作用，充分实现"教、学、做"一体化、"角色""岗位"一体化。

（2011 年中国职业技术教育学会"全国职业技术教育优秀论文"）

# 茶文化对宜昌茶产业发展的推动作用研究

## 一、绪论

### （一）概念的界定

**1. 茶文化** 一般认为，茶文化有广义和狭义两种解释。广义的解释，根据《中国茶叶大辞典》为：茶文化是人类在社会历史发展过程中所创造的有关茶的物质财富和精神财富的总和。狭义的解释则认为，茶文化是有关饮茶的文化，即对各种茶的欣赏、泡茶技艺、饮茶的精神感受以及通过饮茶创作出的文学艺术作品等（程启坤，2008）。

不管是广义的茶文化，还是狭义的茶文化，茶文化的本质特征和丰富的内涵决定了它蕴涵着中国传统文化中的养生（茶文化的功利追求）、修性（茶文化的道德完善）、怡情（茶文化的艺术趣味）、尊礼（茶文化的人际协调）的真、善、美的内在精神。

茶文化不仅具有宣传饮茶、促进消费的经济功能，在对社会、对人的精神生活方面，还具有突出的稳定功能、教育功能、娱乐功能以及审美功能等（龚永新，2006）。它以物质为载体，反映出明确的精神内容，是物质文明与精神文明高度和谐统一的产物，是一种对茶事认知的集合形态的人类现象。这些文化和社会现象的内容十分丰富，涉及多个学科与行业，大致上可以分为四个层次，即物态文化、制度文化、行为文化和心态文化（龚永新，2006）。物态文化是指人们从事茶叶生产的活动方式和产品的总和，即茶叶的栽培、制造、加工、保存、化学成分及疗效研究，等等；也包括品茶时所用的茶叶、水、茶具以及桌椅、茶室等看得见摸得着的物品和建筑。心态文化是指人们在应用茶叶的过程中所孕育出来的价值观念、审美情趣、思维方式等。如人们在品饮茶汤时所追求的审美情趣，人们将饮茶与人生处世哲学相结合、上升至哲理的高度所形成的茶德、茶道等。行为文化指人们在茶叶生产和消费过程中约定俗成的行为模式，通常是以茶礼、茶俗等形式表现出来，如以茶待客、以茶示礼、以茶为媒、以茶祭祀等。制度文化指人们在从事茶叶生产和消费过程中所形成的社会行为规范，如茶政、茶法等。

本文所定义的茶文化也取其广义。

**2．茶产业** 产业，是生产物质产品的集合体。有时专指工业，有时泛指一切生产物质产品和提供劳务活动的集合体。后来随着"三次产业"的划分和第三产业的兴起，则推而广之，泛指各种制造提供物质产品、流通手段、服务劳动等的企业或组织。

茶产业，是指与茶树育苗、栽培、加工、精制、深加工利用、包装、保鲜、销售、消费、教育培训以及茶具生产销售等环节紧密相连的产业集合体。

**3．茶文化产业** 茶文化涉及多个学科领域，如历史、民俗、宗教、文学、哲学、医学、艺术、美学、饮食等，茶文化产业也正是与之同生共荣的一种产业，舒曼在《竞争环境与茶文化产业的发展》中将茶文化产业定义为："茶文化产业是指从事茶文化产品和茶文化服务的生产经营以及为这种生产和经营活动提供相关服务的产业。"

龚永新的定义更加明确具体，他首次提出"茶文化产业是有文化内涵的茶产品和以茶文化服务为主的产业的集合，泛指茶文化产品和文化服务的生产、交换、分配和消费直接相关的行业以及其他能够较多体现茶文化特征的行业"（龚永新，2004）。在这里，茶文化产品主要包括各种有文化内涵的茶田、茶楼、茶叶店、茶叶、茶艺术品，各类茶文化设施、器具，茶叶包装、广告宣传册，以及茶文化报刊、书籍等。茶文化服务主要包括茶文化信息传输、咨询服务，满足人们品茗、休闲、观光、旅游、饱览山河美景需求以及促进相关产业发展的服务性活动。通俗地说，茶文化产业是人们立足于（或者说是利用）茶文化的研究、开发，从而将其做实并获得可观效益的业务或行业。

基于此，我们认为，茶文化产业泛指茶文化产品和文化服务的生产、交换、分配和消费直接相关的行业以及其他能够较多体现茶文化特征的行业。它的基本立足点是文化，基本内容可以包括茶园文化建设、茶叶包装、茶叶经营、茶具经营、茶艺馆经营、茶艺师培训、茶文化广告传媒、茶文化书画、茶文化报刊、茶文化旅游、茶文化艺术节、茶文化信息咨询等多个方面。茶文化产业是一个尚待开发的潜力巨大的行业。

（二）研究背景

**1. 社会背景** 中国的茶文化与茶产业发展相辅相成，相得益彰。在比翼齐飞的相互作用下，茶文化逐渐形成产业态势，越来越深入地影响着茶产业的发展。

中国茶文化内容丰富，作为传统文化的一个分支，发展到今天已经包含了有文化内涵的茶田、茶楼、茶叶店、茶叶、茶艺术品，各类茶文化设施、器具，茶叶包装、广告宣传册、文化艺术、文化出版、广播影视、文化旅游等产业的内容，有人将其总结为茶叶专著、茶叶期刊、茶诗词、茶楹联、茶谚语、茶事掌故、茶歌舞、茶与小说、茶与美术、茶与婚礼、茶与祭祀、茶与禅教、饮茶习俗、茶艺表演、陶瓷茶具、茶馆茶楼、冲泡技艺、茶食茶疗、茶事博览和茶事旅游等方面。茶文化既具教化作用，又有娱乐宣传功能，能满足人们文化、休闲、娱乐、旅游等方面的需要。在文化产业日益发展的今天，茶文化已成为茶产业的灵魂，对提高我国茶产业的国际竞争力、促进茶产业升级具有重要意义。

（1）我国茶产业发展迅猛。中华人民共和国成立以来，我国茶产业得到长足发展：茶叶生产迅速发展，取得了巨大成就。茶园面积从1950年的16.95万公顷扩大到2007年的153万公顷，增长8倍；总产量由1950年的6.22万吨增加到2007年的114万吨，增长17倍；单产由1950年的每公顷366.9千克提高到2007年的706.9千克，增长近1倍。同时茶叶质量不断提高，名优茶所占比重逐渐上升，2007年全国名优茶产量达43.5万吨；无公害茶园和有机茶园快速发展，2007年无公害茶园面积达133.3万公顷；茶叶布局日益合理；六大茶类均衡发展；茶叶消费逐年上升，2006年人均达到0.45千克，并形成多样化的态势（数据来源于陈萌山，2008）。

**我国茶园面积与茶产量增长图**

| 项 目<br>年 份 | 茶园面积（万hm²） | 茶产量（万t） | 单产量（kg/公顷） |
|---|---|---|---|
| 1950年 | 16.95 | 6.22 | 366.9 |
| 2007年 | 153 | 114 | 706.9 |

**我国 1999—2009 年茶产值增长图**

| 年　份 | 产　值（亿元） | 一、二、三产业比 |
|---|---|---|
| 1990 | 46 | 100 |
| 2000 | 90 | 100 |
| 2002 | 125 | 83：15：9 |
| 2004 | 310 | 68：19：13 |
| 2006 | 550 | 59：28：13 |
| 2007 | 660 | 56：38：16 |
| 2008 | 820 | 45：41：14 |
| 2009 | 960 | 42：44：14 |

　　茶文化的发展对我国茶叶经济的发展有着直接或间接的影响，茶文化的推广、普及，有力地促进了茶叶的多元化消费，促进了中国茶叶生产、贸易、旅游的发展。特别是 20 世纪 80 年代以后，中华茶文化再度复兴，中国的茶叶经济发展又进入快车道。目前就国内而言，茶文化发展缓慢的地区，茶叶经济发展也缓慢；而茶文化活动繁荣的地区，茶叶经济发展也较快。今天，茶叶已成为全球推崇的绿色饮品。博大精深的中国茶文化，渗透于人们物质生活、精神生活和社会生活的各个方面，正在为人类的文明进步发挥着积极作用。

　　（2）宜昌拥有得天独厚的自然环境。宜昌市位于长江北岸、三峡东口，它"上控巴蜀，下扼荆襄"，号称"川鄂咽喉，西南门户"，是全国 11 个重点旅游城市之一。全市共辖五县（远安县、兴山县、秭归县、长阳土家族自治县、五峰土家族自治县）、三个县级市（宜都市、当阳市、枝江市）、五区（夷陵区、西陵区、伍家岗区、点军区、猇亭区），总人口415万，其中城区人口133万；总面积2.1万平方千米，城区面积828平方千米。

茶业是宜昌市重点发展的农业六大特色产业之一，是宜昌市农村经济中的优势产业、支柱产业。茶叶生产是宜昌农业结构调整中具有区域优势的特色产品，也是具有竞争优势的劳动密集型产品。宜昌茶产业无论是在产业规模、科技水平还是市场体系、产业链条等方面，都有良好的发展基础，有的方面达到国内先进水平，已经成为优势明显的农业特色产业。

宜昌地跨东经110°15′～112°04′、北纬29°56′～31°34′之间，东西最大横距174.08千米，南北最大纵距180.6千米。位于武夷山、大巴山和长江西陵峡两岸，山峦叠嶂，群山起伏，地理条件优越，是发展茶叶的"最适宜区"。这里是典型的亚热带季风性湿润气候，光照充足，热量丰富，雨量充沛。这里山清水秀，气候温和，特产广聚，环境宜人，独特的地形地貌构成立体农业生态气候，全市平均气温16.9℃，年平均降雨量1200毫米左右，年平均日照时数1635小时，无霜期306天。长江西陵峡及清江流域冬季温暖，极端最低气温在-5℃以上。长江葛洲坝工程、长江三峡工程以及清江流域隔河岩、高坝洲梯级水电工程的修建，使库区水体增温作用明显。

特别是采花毛尖产地五峰采花乡，山势巍峨，山峦起伏，河流交错。地形东低西高，茶树多生长在海拔400～1200米之间的林间山地中，这里山清水秀，云雾缭绕，林木繁茂，泉水长流，气候温和（900米气象资料记载：年均气温13.1℃），雨量充沛（年降雨量1500毫米），光照适中

（日照时数：1554.9 小时，日照率为 35%），空气相对湿度大，漫散光多，昼夜温差大，属典型的高山云雾气候，土壤肥沃，土层疏松，系页岩、泥质岩和部分碳酸盐岩发育而成的黄壤和砂质壤土，有机质丰富（俞永明，2002；许松林等，2002；王效举和陈鸿昭，1994）。

宜昌所属产茶区被湖北省农业厅划为"宜昌三峡茶区"，被国家农业农村部划为"长江上中游特种绿茶和出口绿茶优势区域中心"。

（3）宜昌拥有良好的茶叶品种资源。宜昌拥有绿、红、黄三大茶类和采茶毛尖、邓村绿茶、宜红茶、天然富锌茶四大品牌，其中宜红茶在国际市场享有盛誉，采花毛尖在国内市场有较高知名度。

近年来宜昌狠抓茶树无性系良种的引进、繁育与推广工作，茶树良种化建设颇具规模。全市有无性良种繁育基地 3 个，茶园面积 100 亩，在全省处于领先地位。宜昌大叶茶代号为华茶 29 号，是国家首批认定的 30 个地方良种之一。宜昌大叶茶是有性繁殖系，属小乔木型、大叶类、中生种，芽叶绿色较肥壮，茸毛多，持嫩性强，产量高，原产于湖北省宜昌县长江西陵峡两侧，以太平溪镇分布最集中，是鄂西主要栽培品种之一。

本地选育的"宜红早""宜昌大叶种"茶树品种被认定为国家级良种，高氨基酸品种"鄂茶 7 号"被认定为省级良种（俞永明，2002），还陆续从浙江、安徽、福建引进十余个无性系茶树良种。在夷陵区、五峰、长阳等地都建有高标准茶树良种无性繁殖育苗基地，形成了良种引进、选育、繁殖、推广的良好势态。

（4）宜昌茶叶生产面积与产量逐年上升。近几年宜昌茶叶面积、产量和产值稳步增长，2006 年茶园面积、产量、产值分别是 44.9 万亩、

1.875 万吨、3.42 亿元；2007 年分别增加到 51.22 万亩、2.23 万吨、4.02
亿元；2008 年全市茶叶面积 56.97 万亩，产量达到 3.06 万吨，全市茶叶
产值 5.81 亿元；2009 年分别为 59.94 万亩、3.40 万吨、7.41 亿元（宜昌
统计年鉴）。

**宜昌茶叶生产基本情况表**

| 时　间 | 茶园面积（万亩） | 茶叶产量（万吨） | 茶叶产值（亿元） |
|---|---|---|---|
| 2006 年 | 44.9 | 1.875 | 3.42 |
| 2007 年 | 51.22 | 2.23 | 4.02 |
| 2008 年 | 56.97 | 3.06 | 5.81 |
| 2009 年 | 59.94 | 3.40 | 7.41 |

随着万里长江第一坝——葛洲坝工程的建成和中国最大的工程——
三峡工程的正式兴建，宜昌已成为中国的热点城市，并迅速发展成为全
国最大的水电能源中心，内陆经济发展的中转港口、海内外客商投资开
发的聚集地、长江经济带的重要工业城市。

宜昌拥有丰富的茶文化历史，地处我国茶文化发源地的核心地带。
在新时期，积淀丰厚的茶文化与宜昌茶产业紧密结合，产生了良好的经
济效益和社会效益。宜昌茶产业无论是在产业规模、科技水平还是市场
体系、产业链条等方面，都有良好的发展基础，有的方面达到了国内先
进水平，已经成为优势明显的农业特色产业。宜昌拥有以湖北采花茶叶
有限公司、宜昌萧氏茶叶集团公司、宜昌邓村绿茶集团有限公司为代表
的初加工型龙头企业；拥有城区夷陵茶城、夷陵区三峡国际旅游茶城、
长江茶叶批发市场为代表的市场载体型龙头企业；拥有丰富的茶叶种质
资源；拥有以宜红茶为代表的国际市场产品和以采花毛尖为代表的国内

市场产品；拥有绿茶、红茶、黄茶三大茶类和采花毛尖、邓村绿茶、宜红茶、天然富锌茶四大知名品牌。宜昌茶文化已初步形成产业，并在当地经济发展中发挥着越来越重要的作用。研究宜昌茶文化与茶产业之间的关系，能够更有效地推进茶文化与茶产业的融合，充分发挥茶文化与茶产业相互作用、相互提升的特质，让茶文化与茶产业比翼齐飞，创造更多更好的效益。

**2．学术背景**　由于茶文化具有丰富的内涵、鲜明的特点，兼具物质与精神、高雅与通俗、功能与审美、实用与娱乐的内质，同时具备文化、经济、社会方面的强大功能，近二十年来，人们对茶文化及其对茶产业发展作用的研究越来越多，专著、论文也很多，并取得了丰硕的成果。笔者阅读了100多篇（部）论文与专著，并重点对一部分论文、专著进行了学习与阅读。专著方面有王冰泉、余悦主编的《茶文化论》，陈文华主编的《中国茶文化概论》《长江流域茶文化》，陈彬藩、余悦等主编的《中国茶文化经典》，陈宗懋主编的《中国茶叶大辞典》，郑培凯、朱自振主编的《中国历代茶书汇编》，简伯华主编的《茶与茶文化概论》，滕军主编的《中日茶文化交流史》，刘勤晋主编的《茶文化学》，许咏梅、苏祝成主编的《中国茶产业竞争力研究》，等等；论文有龚永新的《略论新时期茶文化产业化趋势——由以虚为主向以实为主的茶文化产业发展》，萧力争、刘仲华、施兆鹏的《论运用湘茶文化推动湘茶产业发展的优势与策略》，朱红缨的《以茶文化促进茶产业品牌经济的发展》，程荣荣、高培军的《以茶文化带动茶叶市场浅议》，林馥茗的《开发茶文化旅游，促进茶产业发展》，李赛君等人的《茶文化是茶产业的灵魂》，徐永成的《论茶文化的定义、内涵与功能》，中央民族大学杨开黎研究生学位论文《民族地区茶文化产业发展探讨》，合肥工业大学丁登花硕士学位论文《茶叶产业生态化发展模式研究》，浙江大学张琳洁硕士学位论文《现代茶文化现象研究》，浙江大学黄晓琴硕士学位论文《茶文化的兴盛及其对社会生生活的影响》，胡书玲、曹诗图的《宜昌茶文化旅游开发研究》，等等。这些专著和论文分别从理论或者实践的角度阐述了茶文化的内涵，并分析了中国传统茶文化与茶产业之间的关系、茶文化对茶产业产生的重要影响。同时，一批专家学者针对三峡地区的茶文化与茶产业开展了卓有成效的研究，如龚永新的专著《三峡茶文化》及论文《从宜昌居民消费特点谈茶文化产业的主动适应》《宜昌：努力实现由产茶大市向茶叶经济强市的跨越》《茶文化产业的形成、发展与推动》，胡书玲、曹诗图的《宜昌茶文化旅游开发研究》，龚永新、张曙光、蔡烈伟的《三峡茶文化产业建设的研究报告》，华中农业大学张弩硕士论文《宜昌茶叶产业化组织形式及发展战略》等，从宜昌地域视角阐发了三峡茶文化特点以及宜昌茶产业发展的现状。

通过阅读文献、进行归纳，现有专著及论文概括茶文化对茶产业的推动作用，认为主要表现在以下几个方面：

（1）茶文化推动名优茶产业的发展。名优茶是在优越的生态环境条件下利用优良的茶树品种、运用特殊的制茶工艺制成的产品，有一定的造型标准和人们所喜爱的独特色、香、味；有对历史的追溯和现实意义上的创新；有使人赏心悦目的欣赏价值和耐人寻味的品赏价值，在某种意义上属于文化的载体。比如我国十大名茶西湖龙井、洞庭碧螺春、白毫银针、君山银针、黄山毛峰、武夷岩茶、安溪铁观音、信阳毛尖、庐山云雾、六安瓜片等都有着优美的传说，融合了各种人物、地理、古迹及自然风光，承载了丰富的文化内涵。近年来，西湖龙井、洞庭碧螺春、信阳毛尖、君山银针等传统名茶，顾渚紫笋、径山茶、惠明茶等恢复历史名茶，还有千岛玉叶、临海蟠毫等新创名茶，形成了百花齐放的局面。中国名优茶大打文化牌，茶叶产品的营销、品牌树立与茶文化的宣传和普及有机地结合起来，以浓厚的宣传氛围举办各类大型茶事活动，包括组织开展茶叶博览会、茶王赛、茶文化节、茶叶论坛、品茗赏艺等活动，形成了独具特色的名优绿茶、普洱茶、功夫茶文化，并以此带动名茶生产，拉动名茶消费。

我国名优茶的发展成为茶业经济的增长点。2007 年全国名优茶产量达 43.5 万吨，比 1991 年 2.7 万吨增加 15 倍，名优茶产值约 240 亿元，比 1991 年 7.8 亿元增加近 30 倍；名优茶产量比重由 5% 上升到 38.2%，产值比重由 21% 上升到 80%（数据来源于陈萌山，2008）。

名优茶产业的蓬勃发展不仅给茶农带来了可观的经济收入，使茶叶产销两旺，还促使一批重点产茶区的茶叶专业市场和产地交易市场应运而生，并带动名优茶加工机械和茶叶包装业等相关专业的发展。其他如无性系良种、设施覆盖、冷藏保鲜技术都得到了推广与应用，带动了相关经济的发展。名优茶产业的发展是茶文化促进茶产业的一个典范。

（2）茶文化带来茶馆业的复苏。我国茶馆在唐代出现雏形，经宋代得到了较大的发展，到清朝茶馆遍布全国各地，成为人们日常生活休闲的好去处。近年来，由于茶文化热的兴起，茶馆业蓬勃发展，据中国茶叶进出口公司不完全统计，我国各种茶馆、茶楼、茶亭、茶庄、茶坊、茶座共计 8 万多个，销售收入达到 100 亿元，提供就业 100 万人，为世界之最。不论是南方还是北方，茶馆业都成了都市新兴的一个产业。仿古式、园林式、仿日式、西洋式、露天式，风格各异的茶馆，成为人们休闲、会友、商务洽谈的场所，充分发挥出其社会交往的功能。茶馆销售的，不仅仅是茶产品及其服务，更是文化；人们到茶馆来消费的，也不仅仅是茶产品及其服务，更是文化。茶馆陈列的名家字画、民俗工艺品、古玩、精品茶具、珍贵茶叶；茶艺人员专业的茶事服务；精致的品茗环境设计、高雅的民族音乐，无一不使人得到文化的熏陶和精神的享受。茶馆成了着重精神层面的小型文化交流中心，开拓和丰富了人们精神生活层面的内容。

上海是一个不产茶的城市，然而茶文化活动却搞得有声有色，自1994年以来每年都举行国际茶文化节，此外还通过电视、广播、报纸等媒体宣传茶文化，因而茶文化深入了上海市民的心中。豫园湖心亭茶楼、宋园茶艺馆等高档茶馆已名闻遐迩，成为许多外地游客必到之处。随着茶事活动的兴旺和人们对茶的认识的深入，去茶馆喝茶消费已成为都市人们的一种生活时尚。

杭州有茶馆400余家，像"太极茶道""丰达茶馆""茶人村""茶人之家""青藤"等茶馆已成为杭城人们所熟知的休闲场所。这些茶馆借杭城山水，特别注重文化韵味，着力营造雅致的环境氛围，讲究茶水的沏泡技术，还经常举办"茶事咨询会"，将茶艺培训列入工作内容。这些休闲场所的带动，极大地促进了茶叶消费。据调查，杭州市民年茶叶消费量1000克以上的达到了24.49%，500～1000克的36.71%。杭州的茶馆也成为这座历史文化名城中的旅游文化景观之一。

广州的茶楼也有几百家。广州人饮早茶、中午茶、下午茶、深夜茶等习俗形成了独特的茶楼文化。市民年人均消费茶叶 1600 克，广东省人均年茶叶消费量达到 800 克（龚永新，2006）。在广州，茶艺馆也悄然兴起，悬挂"茶"字招牌的茶室，也成为广州市民闹中求静的好去处。

西安茶坊以其淡雅、宁静的文化氛围，吸引了众多宾客。

四川茶馆里茶客端上一碗茶，或摆龙门阵，或看功夫独到的冲茶表演，或家长里短调理纠纷，或悠闲享受闲暇时光，真是集政治、经济、文化功能于一体的一个小社会。

茶馆是中华民俗文化的产物，茶馆文化更成为茶文化的一个重要支流。

（3）茶文化旅游的发展。文化的地域间差异促成了人们的出游动机，使跨地域人文旅游成为可能。随着经济的发展与信息时代的到来，旅游者对文化体验的追求越来越高，旅游业的发展也开始展开在"产品个性化、专业化、精品化下的文化品牌竞争"（刘彦群，2005）。在文化资源与旅游业的不断结合与发展中，茶文化作为一种蕴涵着中华民族精神的资源已经得到旅游界的广泛关注。

茶文化旅游以茶业生产为基础，注重茶业生态环境的改善，以旅游经营为重点，重视有效开发茶业资源，具有高效益、低风险的特点，开发茶文化旅游，可获得茶业与旅游业两种产业的综合经济效益。随着茶文化热的兴起以及旅游农业的发展，各产茶区都积极开发茶文化旅游资源，充分利用当地的茶叶旅游资源，挖掘当地特色，以其特有的风情吸引着各地游客。当前茶文化旅游的发展类型包括生态观光茶园、茶文化主题公园、观光休闲茶场、茶乡风情游等形式。例如福建的安溪县率先把茶产业与茶文化茶旅游有机结合，推出了茶都观光、生态探幽、休闲度假、古迹览胜四条以茶文化为特色的旅游线路，为安溪县带来了巨大的经济效益，"安溪茶文化之旅"现已成为茶文化旅游的黄金路线之一，安溪县也从以前的贫困县变成福建"经济发展十佳县"。杭州也建成了将梅家坞茶文化休闲旅游街和"龙井问茶"等已有的茶文化旅游景点相结合的"茶文化旅游圈"。重庆永川市更是利用自身的资源优势，把茶产业与旅游业结合起来，将2万亩连片的大型茶园开发成茶文化旅游基地。

2005年建成的青岛崂山茗香风情园，面积4200平方米，位于崂山万亩绿茶区的中央，是崂山实施茶文化观光旅游的绿色基地。崂山茗香风情园在设计上将现代园林艺术与传统民俗文化融为一体，内设茶树观赏、茶叶采风、茶艺观赏与茶膳品享等区域，既为茶文化的交流与传播营造了良好的环境，又为茶园自然观光旅游提供了理想场所（季少军，2006）。

这些都是以茶产业和茶文化的培育为主线，以发展茶文化旅游为重点的产业发展典型。

（4）茶叶会展业的蓬勃发展。近年来，在茶文化传播和推广的引导下，茶叶产销的主要地区都频繁举办了以展览、会议、活动三大板块为内容的茶叶节、茶博览交易会，例如由中国国际茶文化研究会举办的二年一度的国际性茶文化交流大会、一年一度的上海国际茶文化艺术节、两年一度的广州国际茶文化大会以及杭州西湖国际茶叶博览会、北京国际茶叶博览会，等等。而其他不同规模的茶文化交流活动也相继在江西庐山、重庆永川、陕西法门寺、山东济南、云南思茅、福建安溪、河南信阳、江苏溧阳、浙江径山寺、浙江宁波、河北赵州柏林禅寺等地召开。茶文化的蓬勃发展促进了茶叶经济信息的传播，促进了茶经贸的发展。

中国乌龙茶之乡——福建安溪县以会展经济为载体，举办了中国茶都（安溪）茶文化旅游节和高规格、大规模的国际性茶事活动——中华茶产业国际合作高峰会，兴建了茶叶交易大厅、展销大厅和1500多间茶叶店面，是全国少有的大型茶叶集散地、全国名茶和涉茶产品窗口，而且建有多功能活动中心、茶文化博览馆、茶艺厅、茶质量检测站、电子商务网站、茶科研中心、文化广场、品茶楼和各式展厅，是"全国目前规模最大、投资最多、功能最全、风格独特考究的集茶叶贸易、信息交流、茶旅游、茶科研为一体，极具特色优势和吸引力的茶业新都市"（刘华东，2005）。

（5）茶饮料行业的快速成长。茶文化发展的另外一个作用是明显推动茶饮料行业的成长，使茶饮料在中国尽人皆知，迅速成为饮料行业最活跃、最富竞争力的产品。茶清纯、淡泊、质朴，既能因人而异，又能与时俱进，尤其是在生活节奏快、环保意识强、饮食要求高的今天，乌龙茶、冰红茶、绿茶、奶茶等茶饮料成为时尚宠儿。喝茶要喝出健康、喝出时尚，茶文化的现代理念促进了茶饮料的快速增长。

近几年我国茶味饮料的销售以每年30%的速度增长，就已经证明了茶文化作为宣传媒介的魅力。

在我国，茶饮料行业兴起于20世纪90年代初期，当时的年产量大概在6万吨左右，只占饮料业1%的份额。1998年前后我国茶饮料业进入高速成长期，国内茶饮料企业飞速发展，一些非饮料生产企业，如啤酒、白酒、面食、制药等也纷纷涉足茶饮料这一领域。大量外资也进军国内茶饮料市场，如可口可乐公司、日本三大茶饮品牌"三得利""朝

日""麒麟"等。目前，全国已有茶饮料生产企业 300 余家，产量约 500
万吨，主要分布在东部沿海省份，生产规模较大的有"娃哈哈""康师
傅""三得利""农夫山泉"与"茶研工坊"等；速溶茶生产企业 30 余
家，产量近 1 万吨，分布在福建、广东与浙江（孙景森，2008）。而且，
茶饮料种类繁多，有茶水型、多味型、汽水型、保健型等，达 40 多种，
其中大中型企业有 15 家，上市品牌多达 100 多个，有近 50 个产品种类。
1997 年全国茶饮料销售量不足 20 万吨，2000 年达到 185 万吨，2006 年
超过 600 万吨，茶饮料占软饮料市场份额由 2000 年的 12%提高到 20%
（陈萌山，2008），超过果汁饮料，已成为继碳酸饮料、饮用水之后的第
三大软饮料。

茶饮料、速溶茶等茶叶深加工产品的发展，彻底改变了茶叶的传统
消费方式，使饮茶不受传统冲泡法的条件限制；在口味上，也使消费
者有更多的选择，扩大了消费群体，消费量得以增加。深加工用茶消费
量由 2000 年的 5 万吨增加到 2006 年的 10 万吨，促进了茶叶产业链的
延伸。

（6）茶医药保健业的兴起。随着社会文明程度的提高，人们普遍追
求健康的生活方式，绿色消费成为时尚。经过大量的科普宣传，茶的保
健防病功能逐渐被人们所了解。其内含成分特别是茶多酚具有抗癌、抗
衰老、抗辐射、清除人体自由基、降低血糖血脂等一系列重要的药理功
效，开始广泛运用于医药、食品、化工等行业。我国于 20 世纪 80 年代
中期率先从茶叶中提取出以茶多酚为主体的天然抗氧化剂，并成功地应
用于月饼、火腿等食品，有效地延长了食品的保质期。浙江大学杨贤强
教授等以茶多酚为原料开发的作为治疗心血管疾病的"心脑健胶囊"原

料也列入浙江省地方药典，并在浙江、上海等地批准了近 10 家胶囊或片剂药品生产厂。20 世纪 90 年代，随着茶多酚的提取技术不断完善和提高，茶多酚开始工业化生产，国内许多家企业开始批量生产茶多酚。茶多酚在医药保健上得到广泛应用，以"心脑健"为主的药用产品已正式用于临床，包括"茶亦宝""东茶宝""茶爽"等品牌的保健产品，近年来消费者大量增长。

茶叶内含的其他成分如咖啡碱、茶色素、茶多糖、茶皂素等都是十分有前途的产品。例如，茶色素已在江西获得准字号生产许可证，茶叶咖啡碱已被全国轻工总会列入食品添加剂使用范围，茶多糖因其特有的能有效地调节人体免疫功能而被医学界所重视。抹茶酸奶、茶糖、茶饼干、茶面食、茶冰淇淋等茶食品，茶叶香波、绿茶香水等茶化妆、洗涤用品，茶袜子、茶 T 恤等也大打健康牌，赢得消费者信赖。

茶医药保健业的兴起，从很大程度上也得益于茶文化的广泛传播，给消费者提供认识并接受茶产品的机会。茶最早源于药用，《神农百草经》记载"神农尝百草，日遇七十二毒，得茶而解之"。后来茶叶的功效由药用逐渐演变成日常生活饮料，也逐渐形成丰富多彩、雅俗共赏的饮茶习俗和品茶技艺，积淀了厚重的茶文化。现代科学更是将茶叶的清心、益思、少睡、解毒、消食、利尿、减肥、降压、抗菌、防癌等功效，进行了开发、继承、提高，从而使茶的保健功能得以更好地发挥。同时，茶的自然品质也符合了当代社会崇尚自然、回归自然的风气。茶与酒精饮料、碳酸饮料相比，具有明显的优势。可以说茶的保健功效也是茶文化的内容，是茶文化的底蕴之一。

## (三) 存在的问题及研究的意义

目前关于茶文化与茶产业关系的研究内容大多关注于历史研究、文化内涵、与外国的茶文化交流等方面，而且更多地停留在理论层面上，对如何把本地区的文化特色与茶文化、茶产业相联系并做出实效的研究，在理论界、学术界还十分少见；茶文化研究机构一般都是茶文化研究会等社团组织，较为松散，没有设立专事茶文化研究的官方组织，致使研究成果不能很好地、尽快地落实到相关政策中去；茶文化研究机构与茶叶生产、销售企业之间的实质性合作还不够。

茶文化与茶产业紧密结合的研究人才缺乏。从事茶叶经济工作的茶产业行业人员不太关注茶文化，很少能深入研究茶文化，而深入研究茶文化的人又往往缺乏对茶叶科技知识的了解，缺乏经济支撑。能将茶文化研究与茶科技知识完美结合的人才非常少，导致茶文化研究与茶科技研究成了两张皮。

茶文化对茶产业经济的发展起着越来越重要的推动作用，随着茶文化研究的深入，人们将会更多地贴近茶产业实际。如何进一步找准茶文化研究的切入点，将茶文化研究与茶产业经济紧密结合起来，将茶文化与茶商品结合起来，通过文化的注入来提升茶的价值，增加茶产业的经济效益，用好茶文化的功能，发挥好茶文化效应，把茶文化做成产业，与茶叶生产、销售企业形成有机统一体；如何有效传播茶文化、实践茶文化、振兴茶产业，进一步促进茶产业的健康发展，也必将是未来茶产业发展领域的研究重点。宜昌茶文化如何进一步发挥对茶产业的推动作用，与茶产业共同繁荣、共同发展，是摆在宜昌茶文化研究者面前的一个现实的、有意义的课题。

茶文化是中国传统瑰宝，茶产业也是经济领域的汪洋大海中极其复杂的行业，要想参透其中关系，实属不易，本人有几个有利条件：一是家乡宜昌是历史产茶地区，茶文化历史积淀丰厚，现在出产的名优绿茶已跻身于中国十大名茶行列；二是本人汉语言文学专业毕业，对中国传统文化有比较系统的深入的了解，特别是对茶文化研究感兴趣，目前从事高职茶文化专业教学及研究；三是有茶学及茶文化专业导师精心指导，对茶文化与茶产业之间的关系有理性的分析及实证的研究。

**（四）研究主题及方法**

**1. 研究主题**　本论文以茶文化对宜昌茶产业发展的推动作用为主题，将对宜昌茶文化发展的现状进行调查和分析，对茶文化对于茶产业经济发展的推动作用进行阐述，并据此提出今后发展宜昌茶文化产业的规划建议。期待本研究成果对该地域茶文化与茶产业的进一步发展起到积极的促进作用，为政府相关部门针对茶文化与茶产业的发展决策起到参考作用，并对茶文化与茶产业从业人员起到具体指导作用。

**2. 研究方法**　（1）文献研究法。通过查阅有关茶文化的文献，收集有关宜昌茶文化研究的资料，以史（权威史料）为实，以方志、民俗、民谚、传说为辅，然后根据研究的目的全面选取相关文献资料，对其进行整理、归纳、分析及综述。

（2）实地调查走访法。参与宜昌茶文化研究协会的活动；深入茶叶管理部门、茶企业、茶产地、茶市场调查，对宜昌茶叶种植、生产、加工、销售进行实地考察和调查；走访茶楼、茶馆、茶坊，调查宜昌居民茶叶消费情况。

（3）案例分析、归纳演绎法，从一般到特殊，从特殊到一般，对文献资料和调查资料进行整理和分析，归纳出宜昌茶文化与茶产业的关系。

### 3. 技术路线

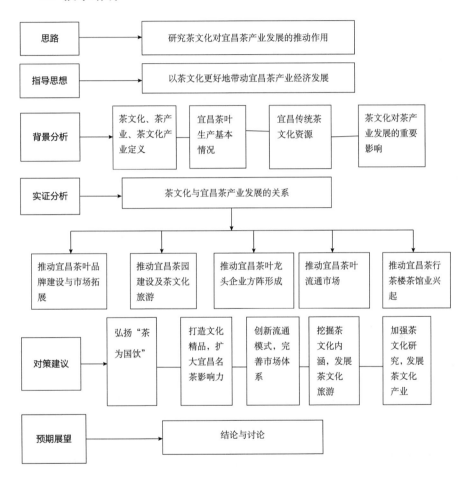

## 二、宜昌传统茶文化资源

### （一）宜昌悠久的茶文化历史

宜昌远古属西陵部落，夏商时为古荆州之域，春秋战国时为楚国的西塞要地，建有城邑，以后为历代郡、县、州、府的治所，史称峡州、夷陵、彝陵、宜昌等。

宜昌自古产茶，属于我国茶树原产地的东部延伸地带，也是古代茶向东部演进的重要区域。宜昌茶文化博大精深、源远流长，表现在社会、人文、宗教、地理、历史、文学、艺术、医药、保健、工艺、美术等广泛领域。由于茶文化在这些领域的长期沉积、渗透，融汇成了丰富多彩的宜昌茶文化，在满足人们的物质和精神的消费方面发挥着重要的作用，已经产生或正在产生丰厚的经济回报。

**1. 宜昌是茶文化发祥地之一** 三峡地区是我国茶叶生产的东延地带，是茶树次生中心。该地区茶事活动早，是茶文化的发祥地之一，堪称中国茶叶和茶文化的摇篮。这首先是因为三峡地处我国茶树原产地范围，具有得天独厚的自然条件，鲜叶素质好，容易加工成优质的茶叶；其次是三峡乃我国从西南向东南甚至向东北演进的重要地带，于此产生茗饮文化与技术相对较早，并在一定的历史时期起到了承前启后的作用。

"茶之为饮，发乎神农氏，闻于鲁周公。"传说"神农尝百草，日遇七十二毒，得茶而解之"。神农氏居住地就在今宜昌境内的神农架。陆羽这段话说明早在远古时期，我们的祖先已学会利用茶的药饮价值。西晋孙楚《出歌》中有"姜、桂、茶荈出巴蜀"，是茶叶作为歌咏内容的最早记载之一，反映出当时茶已是巴蜀特产；三国魏张揖《广雅》载"荆、巴间采茶作饼，叶老者，饼成以米膏出之……用葱、姜、橘子芼之"，说明宜昌是我国最早的茶叶加工技术发源地之一。

茶圣陆羽青年时期曾去峡州考察，后在《茶经》中把宜昌地区的茶叶列为山南茶之首。陆羽《茶经》记叙："茶者，南方之嘉木也。……其巴山峡川有两人合抱者，伐而掇之。"《茶经·七之事》又："《夷陵图经》：‘黄牛、荆门、女观望州等山，茶茗出焉。’”《茶经·八之出》又：“山南，以峡州上（峡州生远安、宜都、夷陵三县山谷），襄州、荆州次，衡州下，金州、梁州又下。”

根据“当代茶圣”吴觉农教授的解释，唐代峡州包括远安、宜都、夷陵县，作为唐代著名的产茶地带，山南道生产的茶不仅有名，品目也很多。如峡州有小江园、夷陵茶、明月、碧涧、茱萸、方蕊以及归州的归州茶等，名气都很大。因此，《茶经》中的“巴山”“峡州”在唐代主要是指重庆以东至鄂西的广大地区，其中“巴山”主要指巴东、巴西、巴南“三巴之地”，“峡州”主要指宜昌、宜都、远安的一些山谷地带。

**2. 宜昌名茶历史悠久**　宜昌茶叶生产历史上，曾经出现过众多品质优异的名茶，其中不少成为贡品。

宜昌名茶中传说最早的当属始于西汉的“昭君白鹤茶”。此茶产自王昭君故乡兴山，传说由她带入匈奴。该茶冲泡后，起初芽叶缓慢舒展，冲向水面悬挂，芽头直挺竖立，似白鹤展翅，或亭亭直立、或翩翩起舞，沉浮反复，忽上忽下，俗称“三起三落”；继而徐徐下沉至杯底，宛如“群笋出土”，又似“刀剑林立”，栩栩如生，美不胜收。

晋朝时有归州巴东真香，《桐君录》载“巴东别有真茗茶，煎饮令人不眠”；梁代《述异记》载“巴东真香茗，其花白色如蔷薇”；《舆地纪胜》载“县有巴东，县治所一名金字山，山产茶，色微白，即所谓巴东真香茗也”。明代陈耀文《天中记》：“茶生其间，尤为绝品。”

唐代时，宜昌出产众多名茶，部分列为贡品。据《新唐书·地理志》所载，唐后期宜昌贡茶有明月、碧涧、茱萸、芳蕊等。唐代李肇《国史补》卷下：“风俗贵茶，茶之名品益众……峡州有碧涧、明月、芳蕊、茱黄簝。"" 夷陵又近有小江源茶（即小江园），虽所出至少，又胜于茱萸簝矣。" 唐代诗人郑谷曾经写过《峡中尝茶》赞誉 "小江园" 茶品质绝佳："簇簇新英摘露光，小江园里火煎尝。吴僧漫说鸦山好，蜀叟休夸鸟嘴香。入座半瓯轻泛绿，开缄数片浅含黄。鹿门病客不归去，酒渴更知春味长。" 唐代诗人姚合品尝过夷陵名茶碧涧春之后，也写下《乞新茶》："嫩绿微黄碧涧春，采时闻道断荤辛。不将钱买将诗乞，借问山翁有几人。" 既表达出作者对嫩绿微黄、品质精良的碧涧春的喜爱，又道出了当时采摘碧涧春的方法之讲究。

北宋乐史撰《太平寰宇记》载："峡州土产贡茶。"《致富奇书广集》中记载："茶之品最多，今考其最胜者附后……峡州碧茶、明月、茱萸蓼……以上诸茶皆自古入贡。" 明黄一正的《事物绀珠》及王象晋的《群芳谱》都把峡州产的小江园茶、朱萸茶、碧涧茶、明月茶列为极品。

当阳玉泉寺 "仙人掌茶" 更是因李白诗篇《答族侄僧中孚赠玉泉仙人掌茶并序》闻名遐迩，这首最早写名茶的诗让我们知道早在唐代，宜昌就已经有了 "晒青" 工艺。仙人掌茶 "拳然重叠，其状如手"，内质 "清香滑熟"，饮之能 "还童振枯，扶人寿"，外形扁平似掌，色泽翠绿，白毫披露；冲泡之后，芽叶舒展，嫩绿纯净，似朵朵莲花挺立水中，汤色嫩绿，清澈明亮；清香雅淡，沁人肺腑，滋味鲜醇爽口。仙人掌茶作为玉泉寺之珍品，制作不绝。明代李时珍的《本草纲目》中有 "楚之茶，则有荆州之仙人掌" 的记载；黄一正的《事物绀珠》中有对仙人掌茶的记载；清代李调元撰写的《井蛙杂记》中亦有 "品高李白仙人掌" 的赞誉。

远安鹿苑寺的 "鹿苑茶" 是黄茶中的佳品，早在宋代就有生产，此茶外形色泽金黄，白毫显露；条索呈环状，俗称 "环子脚"；内质清香持久，叶底嫩黄匀称，冲泡后汤色绿黄明亮，滋味醇厚甘凉。清乾隆时列为贡品，"远安茶以鹿苑为绝品，每赖所产，不足一斤"。鹿苑，乃远安县西鹿溪山寺因名。"鹿苑茶不及凤山茶著名，然凤山亦无茶，外间所卖，皆出董家坂、马家坂等处。以地近凤山故名。"凤山即鸣凤山。

高僧金田到鹿苑寺讲法时，曾赞赏鹿苑茶："山精石液品超群，一种馨香满面熏，不但清心明目好，参禅能伏睡魔军。"清咸丰《远安县志》载："远安茶，以鹿苑为绝品，每年所采不足一斤。"

诞生于19世纪中期的"宜红茶"，最早出现在湖南宁乡一带，据清代湖南《巴宁县志》记：道光二十三年（1843年）与外洋通商后，广人每挟重金来制红茶，农人颇享其利。茶经日晒，色微红，故名"红茶"。据《鹤峰县志》记载，公元1743年，客乡茶商即到鹤峰开创茶业，后又有广东茶商招募江西制茶技工在宜昌五峰县渔关镇开办红茶厂，出产的红茶很受英商欢迎，成为国内著名的红茶出口产品。从此，鄂西红茶生产得以发展，制茶厂达20多家。所产红茶由水路运宜都经汉口转销英、俄等国，称为"贡熙"。

宜昌历史名茶历史悠久，品种丰富，涉及绿茶、黄茶、红茶，品质精良，文化底蕴深厚。

**3. 宜昌茶人茶事典故** 自唐以后，宜昌地区一直是重点产茶区，"当阳青溪山仙人掌茶""远安鹿苑茶""小江园明月簝""碧涧簝""茱萸簝""峡州碧涧""明月""芳蕊""宜红茶"等历史名茶，与丰神秀丽的山水齐名，吸引历代骚人茶客前来探胜寻芳。李白、欧阳修、王安石、黄庭坚、苏轼、苏辙、陆游等历代文人更是与宜昌名茶结下了深厚的茶缘，不仅使宜昌名茶闻名遐迩、流芳百世，也留下不少茶事佳话。

李白用雄奇豪放的诗句，对产于当阳境内仙人掌茶的出处、外形、品质、功效等，做了详细的描述。这首茶诗面世后，各代都有传唱，为此甚至有人称"一杯唯李白兴"，因此这首诗成为重要的茶叶历史资料和咏茶名篇。

宋景祐三年，北宋文坛之首欧阳修被贬为夷陵县令，他对夷陵的风物甚是热爱，经常亲自去体验夷陵民风。在《夷陵县至喜堂记》一文里，他写道："夷陵风俗朴野，少盗争，而令之日食有稻与鱼，又有橘柚茶笋四时之味，江山美秀，而邑居缮完，无不可爱。""雪消深林自劚笋，人响空山随摘茶""春秋楚国西偏境，陆羽茶经第一州。紫箨青林长蔽日，绿丛红橘最宜秋。"（《夷陵书事寄谢三舍人》）景祐四年，他经下牢溪三游洞沿江而上游览了扇子峡，写下《蛤蟆碚》诗一首："石溜吐阴崖，泉声满空谷。能邀弄泉客，系舸留岩腹。阴精分月窟，水味标茶录。共约试春芽，枪旗几时绿。"离开夷陵以后，欧阳修仍然对蛤蟆泉水念念不忘："虾蟆喷水帘，甘液胜饮酎。亦尝到黄牛，泊舟听猿狖。巉巉起绝壁，苍翠非刻镂。阴岩下攒丛，岫穴忽空透。遥岭耸孤出，可爱欣欲就。惟思得君诗，古健写奇秀。今来会京师，车马逐尘骤。颓冠各白发，举酒无茜袖。繁华不可慕，幽赏亦难遘。徒为忆山吟，耳热助嘲诟。"

爱国主义诗人陆游一生嗜茶如命，他的足迹踏遍了三峡，也与夷陵结下了美好茶缘。他专门写有《入蜀记》，对峡中山水胜迹、民俗风情、草木物产等都作了生动真实的描述，是继《水经注》后又一部反映三峡的名著。"晚次黄牛庙，山复高峻，村人来卖茶菜者甚众。""峡人住多楚人少，土硙争饷茱萸茶。"（《荆州歌》），在《三峡歌》里他又写道："锦绣楼前看卖花，麝香山下摘新茶。长安卿相多忧畏，老向夔州不用嗟。"

充分寄托了他对峡山、峡水、峡茶的深情眷恋。

宜昌自古就有适宜烹茶煮茗的名泉佳水。陆羽在考察巴山峡州的茶叶种植情况时发现了西陵峡的蛤蟆泉，唐代张又新的《煎茶水记》中说："峡州扇子山下，有石突然，泄水独清冷，状如龟形。俗云蝦蟆口，水第四。"引得无数文人茶客慕名而来，品尝清香甘甜的蝦蟆泉。苏轼曾与其弟苏辙、其父苏洵一起畅游三游洞，留下《虾蟆背》一诗："蟆背似覆盂，蟆颐似偃月。谓是月中蟆，开口吐月液。根源来甚远，百尺苍崖裂。当时龙破山，此水随龙出。入江江水浊，犹作深碧色。禀受苦洁清，独与凡水隔。岂惟煮茶好，酿酒应无敌。"

后来，陆游也慕苏轼之名专访风光秀丽的三游洞，在品尝了神奇的蝦蟆泉后，挥笔题诗《三游洞前岩下小潭水甚奇取以煎茶》于岩壁之上。诗曰："苔茎芒鞋滑不妨，潭边聊得据胡床。岩空倒看峰峦影，涧远中含药草香。汲取满瓶牛乳白，分流触石佩声长。囊中日铸传天下，不是名泉不合尝。"夸赞蝦蟆泉煎煮日铸茶，乃天下美味。后来，还即兴作《虾蟆碚》诗一首："不肯爬沙桂树边，朵颐千古向岩前。巴东峡里最初峡，天下泉中第四泉，啮雪饮冰疑换骨，掬珠弄玉可忘年。清游自笑何曾足，叠鼓冬冬又解船。"欣喜得意之情溢于言表。

千百年来，各代文人雅士、羽客骚人在宜昌境内留下的和茶相关的逸闻趣事，也成为宜昌茶文化中最为生动鲜活的内容。

### （二）宜昌地区独具特色的民族茶俗

我国悠久的茶文化同茶物质一样，早已造福人类，并早已渗透到人们生活的方方面面。仅就茶与茶俗为例，杭州龙井、潮汕乌龙、昆明九道茶、成都盖碗茶、羊城早市茶、北京大碗茶、藏族酥油茶、白族三道茶、土家族擂茶、景颇族腌茶、哈尼族土锅茶、布朗族青竹茶、傈僳族油盐茶、回族苗族罐罐茶、维吾尔族香茶、蒙古族咸奶茶、侗族瑶族打油茶等，无一不是与当地人民的文化生活相辅相成、息息相关、不可分割。正是这样的生活与文化的互通积累，孕育出了独具特色的茶文化习俗。

宜昌地区至今保存着很多三峡地区的传统茶艺、茶歌、茶舞、茶戏曲，茶农中流传着许多活生生的茶谚语，民族特色鲜明。诸如"客来敬茶""好茶敬上宾、次茶待常客""三杯酒三杯茶，初一十五敬菩萨""三皮叶子泡一碗，一喝就醉""春茶苦，夏茶涩，秋茶好喝不好摘"等。宜昌有春节拜访亲友送"茶食"，迎接远道而来的客人要奉上"定心茶"，婚丧嫁祭都要贡茶的"以茶为礼"的习俗；茶叶生产过程中的文化活动如"采茶锣鼓"，即在采茶时由两鼓夹一锣或一鼓一锣在田头地角即兴催工喝唱，内容大都是表现调笑嬉戏内容的民间故事，格式为四言八句；民间文学民间故事家刘德培、刘德方、孙家香的茶故事，还有如"生在青山叶儿尖，死在凡间遭熬煎，世上人人爱吃它，吃它不用筷子拈""黄泥筑墙，清水满荡，井水开花，叶落池塘"等，都是通俗易懂却又寓意深刻、活灵活现的茶谜语；始成于明代、流传于三峡东部地区的《黑暗传》中的茶传说；传唱久远的土家民歌《六口茶歌》《四道茶》《采茶调》《采茶歌》、长阳南曲中的采茶歌舞、青林寺的茶谜语、长阳的茶寓言等，都诠释着宜昌地区传承久远的茶文化习俗。不管是城市还是乡村，这些流传久远的习俗，渗入人们平常的生活，成为不可分割的一部分。

其中，采茶调是土家民歌中的重要内容。"我打茶山过，茶山姐儿多，心想讨一个，只怕不跟我。门口一窝茶，知了往上爬，哇的哇的喊，喊叫要喝茶。"言辞幽默，方言色彩鲜明。

又如在宜昌众多山区流传的《六口茶歌》，曲调悠扬、旋律欢快、歌词幽默，"（男）喝你一口茶，问你一句话，你的那个爹妈（噻）在家不在家？（女）喝茶就喝茶，你哪来呢多话！我的那个爹妈（噻）今天不在家！"通过年轻男子以喝茶为名，向他爱慕的女孩子询问打探一些无关紧要的事情来表达自己的爱情，以及女子俏皮嗔怪的应答，鲜活地再现了土家族青年男女恋爱中茶扮演着的重要的红娘角色。

最能反映三峡传统饮茶特色的当数三峡土家族普遍饮用的油茶汤和山区民间普遍消费的罐罐茶。

土家油茶汤：用茶叶拌炒米、核桃仁、芝麻、花生米、黄豆等，加上姜、葱、蒜等佐料，用菜油或猪油炒焦而成。味道鲜美、提神解渴，深受土家儿女喜爱。油汤茶正是陆羽《茶经》引录《广雅》里记载的"荆巴间采叶作饼，叶老者饼成，以米膏出之，欲煮茗饮，先炙，令赤色，捣末，置瓷器中，以汤浇覆之，用葱、姜、橘子芼之。其饮醒酒，令人不眠。"神奇的土家茶艺流传至今，仍旧是土家儿女生活中的重要内容。

土家罐罐茶是三峡流传最久的一种遗风。罐罐茶的饮用有两种方法，一是熬罐罐茶，一是烤罐罐茶。熬罐罐茶的茶具有铜铸的铜罐，也有烧制的陶罐。方法也比较简单，与煎中药大致相仿。煮茶时，先在罐子中盛上半罐子水，然后将罐子放在点燃的小火炉上，罐内水一旦沸腾，放入茶叶，加以搅拌，使茶与水相融，茶汁充分浸出。烤罐罐茶，则是将茶叶放入陶罐，置于火炉上烤热，不断颠簸，以使茶叶充分受热，待到茶香散发，冲入一半开水，沸腾以后再加一半水烧开，然后将煮好的茶汤分别斟入备有炒米、熟黄豆、芝麻、姜粒等的茶碗里，立时香气扑鼻、引人馋涎。由于罐罐茶的用茶量大，又是经熬煮而成的，所以茶汁甚浓，极苦涩。饮用罐罐茶有利于驱风祛湿，强身健体。

宜昌地区自古就有在大路边、店门前、凉桥头、树荫下设路边茶的习俗。人们把茶熬好，用一个大陶钵装着，里面放一把竹质的舀水筒，上面盖一把竹筛，桌上放两三个碗，摆在大路边，让过往的行人自由取用。设路边茶，正是三峡茶文化中以人为本的一种崇高礼俗。

## 三、宜昌茶文化与茶产业发展的关系

笔者通过调查研究以及实证分析，认为 20 世纪 90 年代以来，在茶文化大潮的推动下，茶科技、茶产品、茶市场、茶消费和茶服务发展步伐加快，宜昌茶文化也逐渐兴起，与茶产业联系日益紧密，茶文化在茶产业链中的作用凸显。宜昌茶文化正逐步成为推动和促进地方经济进步与繁荣的重要产业，成为宜昌茶产业发展的重要助推器。

### （一）宜昌茶文化推动茶产业发展

作为茶文化特色鲜明的地区，宜昌在茶文化的传承与研究方面作出了积极努力，成效也比较显著。宜昌境内的茶文化研究、教育、培训，开展得有声有色、影响深远。

2003 年，宜昌职业技术学院（现湖北三峡职业技术学院）就在全国率先开办了茶文化与贸易专业，成立了湖北省第一支专业茶艺表演队，开发了多种独具三峡特色的大型茶文化歌舞，在全国、湖北省茶艺技能大赛上屡获殊荣，并多次接待国际友人，2010 年进入了世博园区；该校培养的茶文化专业学生遍布全国，成为新一代茶文化知识的普及者与推广者。目前，该院茶文化专业已经成为湖北省高职院校重点示范建设专业。同时，该院是湖北省第一个国家级茶艺师职业资格考评点，承担着茶艺师的培训工作，为宜昌市的茶艺馆及湖北各产茶区培养输送了大批实用性人才。

依托湖北三峡职业技术学院成立的宜昌市三峡茶文化研究会，紧紧围绕地方经济发展大局，积极开展茶文化研究与推广，致力于三峡茶文化的研究与开发，大力开展三峡茶文化与茶产业发展及对策研究，在名优茶开发、茶叶品牌打造、茶业企业建设、科技咨询、科普宣传方面，开展了丰富多彩的活动，成为宜昌乃至三峡区域茶文化研究与建设的重要力量。"无公害茶叶生产基地建设研究""宜昌山地茶园生态建设模式研究""茶叶清洁化生产技术研究""五峰优质无性系茶树良种选育研究"等研究成果获得宜昌市科技进步奖，促进了茶叶科技从潜在生产力向现实生产转化，产生了良好的社会效益、经济效益和生态效益，为地方经济建设作出了重大贡献。

同时，研究会会员们挖掘、整理、开发并宣传三峡区域特别是宜昌地区的茶文化历史，出版了《三峡茶文化》《茶文化与茶道艺术》《经典茶诗文选读》等专著，发表论文近百篇（部），涌现出龚永新、蔡烈伟、李秀章、金天生、曾令相、黄启亮、曹诗图等一批研究三峡茶文化的专家，标志着宜昌市茶文化研究与教育在全国有了一定的影响。

茶文化的教育、研究紧密结合地方茶产业经济实际，极大地推进了茶产业发展。具体说来，宜昌茶文化对茶产业的推动作用表现在以下几个方面。

**1. 推动宜昌茶叶品牌建设与市场拓展** 近几年来，宜昌市以市农业局、市茶叶产业协会、特产学会、各级媒体主办，茶叶生产企业、茶叶经销商参与的各种茶文化活动如火如荼。比如，宜昌市茶文化博览会、茶界风云人物、魅力茶乡、十大茶楼、十大桶装水品牌评选活动，连续举办了三届的"三峡杯"十大名茶评选活动，萧氏春茶节，五峰、长阳、兴山等产茶区举办的大型茶文化艺术节和万人品茶大会等，将经济与文化紧密结合，收到了良好的社会效益。宜昌市十大名茶评比活动已成为推动茶产业发展的品牌活动，影响力日益深远。在这些经常性的名茶评比中，宜昌茶叶品牌如雨后春笋，成长迅速。宜昌现有茶叶品牌100多个，其中采花毛尖、邓村绿茶、萧氏茗茶、天然富锌茶等全国知名品牌声名鹊起，五峰银毫、千丈白毫、九畹溪丝绵茶、昭君白鹤茶、秀水天香、龙峡茶叶、松云白尖、栾师傅茶等一批品质优良的地方品牌不断涌现，更有仙人掌茶、鹿苑茶、碧涧茶等一批历史名茶恢复生产。

## 宜昌名茶一览表

| 历史名茶 | 现代名茶 |
| --- | --- |
| 峡州小江园（西陵峡） | 采花毛尖（五峰） |
| 夷陵茶（西陵峡） | 峡州碧峰（夷陵区） |
| 碧涧茶（西陵峡） | 邓村绿茶（夷陵区） |
| 明月（西陵峡） | 萧氏茗茶（夷陵区） |
| 茱萸（西陵峡） | 峡江碧涧（夷陵区） |
| 芳蕊（西陵峡） | 千丈白毫（五峰） |
| 仙人掌茶（当阳） | 昭君白鹤（兴山） |
| 鹿苑茶（远安） | 九畹丝绵（秭归） |
| 归州茶（兴山、秭归） | 宜红（宜都） |
| 宜红茶（五峰、宜都） | 天然富锌茶（宜都） |

宜昌各茶企从品牌名称、包装设计、品牌形象策划、产品营销等方面入手，为茶产品注入丰富的茶文化内涵，取得较好效益。比如，采花毛尖结合康熙皇上御嘱"贡茶精品，永世为继"，极力突出精品、极品的形象，在广告宣传上注重清新淡雅，产品包装和商标设计结合中华传统文化进行改良，推出宝顺、"一花一世界"、典藏浓香·书盒、典藏栗香·条盒、品韵"梅兰竹菊"系列等，提升了品牌的质量，得到消费者的好评。宜昌城区设立采花茶苑，以专业茶艺、特色美食、商务休闲吸引中高端顾客。许多茶企参展上海世博会，获得国际友人青睐。

宜昌萧氏茶叶集团有限公司萧氏牌"萧氏毛尖王"荣获日本第二届"世界绿茶大会金奖"，这是继 2007 年"金香品雪"荣获首届世界绿茶大会金奖之后萧氏茶叶集团再次蝉联该项荣誉。

在国家农业部发布的"全国茶叶重点区域发展规划"（2009-2015年）中，"采花毛尖"跻身中国名茶，与"西湖龙井""碧螺春""竹叶青""黄山毛峰"等一同被列入全国名优茶重点发展目录，也是湖北省唯一列入该计划的茶叶品牌（三峡日报，2010）。从湖北名茶第一品牌到中国驰名商标、钓鱼台国宾馆特供茶，再到目录中的中国名茶，表明采花毛尖已率领湖北茶叶品牌崛起于中国茶叶版图。在这些品牌建设、市场推广工作中，茶文化因素得到充分运用，并发挥了重要作用。

**2.推动宜昌茶园建设及茶文化旅游** 宜昌茶园基地建设与改造取得重大进展，规模化、无公害化和无性系良种化发展迅速，特别是五峰县、夷陵区不仅属于湖北茶叶十强县区之一，同时还被国家农业部纳入国家级无公害茶叶生产基地建设项目。

长期以来，宜昌注重积极加强茶园改造和高效茶园建设，茶园基地的规模和生产水平逐年提高，茶区布局日趋合理。2008 年实施改种 13500 亩，改土 42000 亩，改水 17300 亩，改路 19500 亩，全市已建成高效茶园近 6 万亩，完成低产园改造 10 万余亩。2007 年茶园面积在 667 公顷以上的乡镇达 12 个，茶叶基地逐步形成规模化、无公害化和无性系良种化，通过认证的有机茶园面积 1000 公顷，成为全省最大的有机茶生产基地；无公害茶园面积 20017 公顷，占总面积的 59%（《宜昌市 2009 年茶产业体系建设情况与 2010 年工作建议》）。

部分茶园已开始将茶文化引入茶园建设，结合生态旅游，进行生态环境修复，在山美、水美、茶园美的原生态环境中，把以"色香味形"为主的品茶文化转变为以绿色、健康为主体的新概念茶文化，硬化、绿化、美化参观道路，建设自助观光茶园的通行小道及休息场所、观光点，让城里人充分地享受茶园生态风光，吸纳大自然的美好气息，让茶园成为旅游、度假的理想场所。五峰采花茶叶生态观光园、秭归峡江碧涧生态茶园、长阳武落钟离山茶艺馆茶叶示范观光园、夷陵区雾渡河茶叶生态园区等，将茶叶生产、种植、加工等环节与茶园风光观赏、品茗休闲等活动结合起来，将茶诗词、茶歌舞引入田间地头，让游客得到视觉、听觉、触觉、心灵的全面享受，宜昌茶文化旅游已初具规模。

**3. 推动宜昌茶叶龙头企业方阵的形成**　湖北采花茶叶有限公司、宜昌萧氏茶叶集团公司、宜昌邓村绿茶集团有限公司、五峰千珠碧茶叶有限公司、五峰虎狮茶叶有限公司、宜都市宜红茶茶叶有限公司入选"全国百强茶叶企业"，以它们为代表的初加工型龙头企业，跨区域建基地、办分厂，目前有年产值逾千万元的企业 10 家，产值逾 5000 万元的 3 家，逾亿元的 1 家，宜昌绿茶俏销湖北及国内外市场，6 家企业名列中茶流通协会"全国百强企业";以宜都宜红茶叶有限公司为代表的精加工外向型企业，2001年获自营出口权，生产的宜红工夫茶出口英国、俄罗斯等国家和东南亚地区。湖北采花茶叶有限公司、三峡国际旅游茶城先后被认定为国家龙头企业。肖氏集团的自动化清洁生产线、宜红茶业的PUBU-15型茶叶色选机等机械及工艺更是达到国内领先水平，名优茶和特种茶开发成效显著，整体水平达到全省全国领先水平（《宜昌市2009年茶产业体系建设情况与2010年工作建议》）。这些公司之所以能做大做强，发挥了茶文化的作用是重要因素。以三峡国际旅游茶城为例，茶城的街铺设计全部是白墙青瓦、飞檐牌楼式的巴楚风格古建筑风格，并设计了峡江特色鲜明的小桥流水、亭台楼阁的旅游景点规划；兴建茶山公园、三峡茶叶博物馆、三峡旅游美食文化村、五星级接待酒店、旅游集散广场等旅游基础设施，打造具有三峡茶文化特色的生态农业旅游观光园；定期举办茶文化艺术节，组建茶艺队，在茶城内普及茶艺知识。三峡茶城通过兴产业、扬文化、造活力，营造茶业发展的巨大空间，茶叶交易额从运营第一年的6.3亿元攀升到2008年的10.8亿元，茶叶交易量突破3万吨，销售区域涵盖全国20多个省市，辐射三峡库区200万亩原料基地，带动1万余人就业，联动库区近百万茶农致富增收，成为长江中上游经济走廊最重要的专业化茶叶产业中心。

**4. 推动宜昌茶叶流通市场** 宜昌现有以城区夷陵茶城、夷陵区三峡国际旅游茶城、长江茶叶批发市场为代表的市场载体型龙头企业，1000余家茶叶销售店以及各产茶县（市）乡创办的中介组织、专业协会、茶叶集散地形成的日臻完善的市县乡三级多元化市场网络，全市产茶区20多家规模较大的茶厂和10多家公司在茶城设有窗口，产品通过茶城销往

茗边自风流

全国 4 个省市，还兼营福建、浙江等地的名优茶。

茶城在经营过程中，靠政府支持，大打文化牌，通过内引外联、走出去请进来等多种方式，邀请茶文化艺术参观访问团、国内大型茶叶流通市场进行茶艺茶文化交流活动；组织有关人员外出参观考察茶叶市场，观摩国际博览茶叶交易会开幕式和展销现场，以茶为媒，广交朋友。

在宣传上加大了力度，扩大了影响。茶城与三峡电视台，茶叶商会联合举办了三峡茶与品牌"零距离"谈话活动；定期举办宜昌三峡春茶交易会、茶艺表演；在市报、省报、中国改革报、省市电视台进行宣传；茶叶市场信息网络建设已经起步，部分龙头企业也开始利用互联网发布产销信息，政府亦通过网络及时提供市场行情、产销信息，茶叶市场逐步趋向信息化、专业化。

茶叶市场日趋合理，宜昌已成为渝东、鄂西茶叶集散及销售中心，专业市场销售量已占到全市茶叶贸易量的 70% 以上。

**5. 推动宜昌茶行茶馆茶楼业的兴起** 宜昌依山傍水，绿树成荫，森林覆盖率达 55.3%，人均公共绿地面积 10.44 平方米，环境优美，气候宜人，是"中国十佳宜居城市"。宜昌区位独特，交通便利，拥有现代化的机场、铁路、高速公路和水运港口，是全国承东启西、通江达海的重要交通枢纽。宜昌用地、用水、用电、用气条件优越，综合投资成本低廉。2005 年，宜昌被美国福布斯杂志评为"中国 20 个最适合开设工厂的城市"之一；2006 年，宜昌被世界杰出华商协会和中国商业联合会评入"中国百佳投资城市"，被浙商大会评入"浙商（省外）十大最佳投资城市"；2007 年，宜昌被国家统计局和中国社科院分别评为中国投资环境

"百佳投资城市"和"中部最佳投资城市";2008年,宜昌被国家商务部确定为第二批承接沿海产业梯度转移重点承接地。

近几年,宜昌的经济社会发展位居湖北省同等城市的前列,在长江沿线19个地市级城市经济总量排名中,宜昌市由第五进位至第四;在中部77座地级城市中由第9位上升到第3位。2009年全市生产总值1200亿元,比上年增长15%;社会消费品零售总额达470亿元,增长21.1%。宜昌城区成功举办过10届三峡国际旅游节、5届国际龙舟拉力赛,2006年以来,连续举办中国三峡茶文化节,还以现代传媒、文艺演出、文博会展为重点,开展各种形式的文化活动,受到了广大城镇居民的热烈欢迎和广泛参与,茶文化消费正逐渐成为居民新的消费时尚。

宜昌现有各类茶店、茶行、茶馆、茶楼1000多家,城区专业茶楼50多家。主要从事茶叶经营贸易、茶具销售、茶事综合服务,少部分承担茶艺培训、茶艺表演等专业职能。茶馆茶楼成为宜昌市民聚会聊天、休闲娱乐、了解信息、增进友谊、调解纠纷或进行商业活动的社会空间。

宜昌市的茶馆、茶楼大多属于休闲综合服务性质,集品茶、餐饮、休闲娱乐为一体。其中部分茶馆规格比较高,讲究品位,内部装修基本以传统文化为基调,也有的以现代气息、西洋风情为主题,并点缀插花、盆景、字画、民俗风物、西洋油画、工艺饰品等,使人享受到文化、艺术、情调、时代等不同的美感。其中,以太极茶道、春风得意楼、亨嘉茶楼、陶然语亭、西湖春天茶楼、唐仕商务会所、滨江五号、萧氏茗茶、采花茶苑等为代表,客人一般为中高端消费者。茶消费种类比较齐全,绿茶、铁观音、红茶、普洱、花茶占多数。这些茶楼、茶馆将茶文化与时尚文化结合起来，可用于朋友聚会、商业贸易、休闲娱乐、茶艺欣赏，甚至提供上网、阅读、看电影等特色消费项目，出现了典型的时尚茶馆文化。

宜昌另有不少茶店、茶行在以前单纯从事茶叶经营贸易的基础上发展起来，既做老本行，也从事茶具销售、品茶、娱乐，这类店铺大多位于夷陵茶城和三峡茶城，面积较大，装修既注重茶文化氛围，又突出茶叶经营主体。例如宜茗轩茶行、草木人茶行、贵升园茶行等，店主多为茶学专业出身，较精通茶叶知识，对茶道茶艺也很内行，懂得利用茶文化平台，经常与宜昌市文学艺术界人士交往，与文联、作协、书法家协会、茶文化研究会、民俗文化研究会等合作，成为这些组织的固定聚会场所，较大地提升了自身的文化品位。这类茶店、茶行主要针对茶叶批发商、文人雅士、品茗爱好者及一般娱乐消费群体，价格适中，环境宽松，是大多数爱茶市民品茶聚会的去处。因此，真正的爱茶品茗者会经常在这里交流品茗经验，互相品鉴好茶。这类店铺茶类齐全，以绿茶、乌龙茶、普洱、红茶为主。

宜昌大部分的茶叶经销店，以本地绿茶散装批发、地方品牌绿茶成品茶销售、茶叶包装等为主要业务，店面装修情况一般，主要侧重于有利茶叶保存、营销。

另有部分外来茶叶品牌形象店或者营销店，比如天福、安溪铁观音、台湾乌龙等，都在宜昌设置了形象店、代销店，一定程度上也推进了宜昌茶馆、茶楼、茶行业的竞争，带动了茶文化消费。

（二）宜昌茶文化与茶产业发展存在的问题

一般来说，文化的发展与经济的发展有着紧密的关系，经济越繁荣，文化活动也越盛行。经济与文化相辅相成，同生共荣。茶叶生产、流通是经济活动，茶叶品饮、消费又是文化生活活动，两者其实密不可分。

宜昌茶文化对茶产业起到了明显的推动作用，在一定领域内、一定程度上直接促进了茶产业的发展，并且这种影响必将进一步扩大，必将更加深远；宜昌茶叶产业发展迅猛，规模快速提升，品质不断提高，影响日益扩大，在全省乃至全国都可谓名声大噪，涌现出一批闻名全国的名优茶。但是，宜昌茶文化与茶产业之间仍旧存在一些问题亟待解决。

**1．茶叶品牌建设任重道远** 宜昌拥有采花毛尖、邓村绿茶、萧氏茗茶、峡州碧峰、天麻剑毫、虎狮龙芽、屈乡毛尖等一批闻名全国的名优茶，长期以来以"形秀丽，汤绿亮，绿豆滋味，板栗香"的独特风格畅销国内外。然而，这些广受消费者喜爱的名优茶，其品牌建设却仍旧停留在对一两种名茶的宣传与推广上，忽视了对茶品牌的铸造与宣传，致使三峡绿芽、峡州碧峰、五峰毛尖等名优茶大多作为散装原料茶卖出，进而被外地客商改名贴牌，增价三到五倍后转销全国大中城市。这种现象折射出宜昌茶叶发展的尴尬，"有名无姓"困扰着宜昌茶叶企业。

**2．茶叶基地建设亟待加强** 目前，宜昌茶园的建设标准还比较低，品种多而杂，效益差。20世纪90年代以来，是宜昌茶叶发展的高峰期，但是新发展的茶园品种纯度不高，有些引进的品种甚至不适宜本地生长，因此影响了茶叶品质以及茶企和茶农的收益。

同时，产茶区发展不平衡，资源利用率低。相当多的偏僻的茶园管理粗放，鲜叶品质差。宜昌绝大部分茶区都是按照传统的、粗放的方式管理茶园，比如茶园施肥，主要是以尿素等追肥为主，没有实行科学配方施肥，以致高档名优茶采摘期短、产量低，且紫芽、空心芽多，茶叶品质不高，严重影响了宜昌茶产品的市场竞争力。

**3．茶叶外销尚需努力**　从宜昌茶叶市场的构成来看，其单一结构制约了茶产业的发展。2007年宜昌茶叶产量达到了2.2万吨，以绿茶为主，有少量的红茶和黄茶。茶叶主要内销，90%的市场集中在湖北。以湖北第一名茶采花毛尖为例，2007年湖北采花毛尖茶业有限公司年销售额5600万元，名优茶产值4500万元，省内销售4300万元，约占名优茶销售额的95%。其他的品牌情况就更差了。宜昌市是全国茶叶生产大市，不仅气候土壤条件适宜于茶树生长、茶资源丰富，而且茶种类齐全，有绿茶、黄茶、红茶三大茶类，但却缺少有竞争力的品牌，很多产区沦为其他名牌茶的生产基地；一些低档绿茶更是主要依靠浙江、湖南的进出口贸易经销商购买；红茶也主要作为原料茶销售给外贸公司。市场单一、抵御风险能力差，严重制约了宜昌茶产业的发展。

**4．茶叶产业链有待完善**　由于认识、智能、手段所限，实际工作中，宜昌茶产业体系尚未真正建立，产业链有待完善。基地基础设施、茶苗繁育、机械耕作修剪、产品质量安全检测、龙头企业培育与政策扶持、品牌管理、合作社监管、市场设施与市场秩序等各个环节都还存在分离、断裂现象，工作协调难度大，项目争取能力低。社会化服务组织大多为"空壳"，不能履行职责。

作为茶叶产业重要的一环，宜昌茶业的延伸产业，比如茶饮料的开发，都还处于起步阶段。宜昌现有的稻花香凝清茶、秭归屈姑脐橙茶，都不是真正意义上的茶饮料。目前，采花茶叶有限公司投资的采花茶叶科技园与萧氏茶叶集团投资的萧氏茶叶高科技产业园全面启动，分别生产茶饮料、茶粉剂和茶叶机械，对宜昌茶叶产业链的完善具有重要意义。

**5. 宜昌茶产业与茶文化的联系不够密切**  宜昌拥有丰厚的茶文化历史积淀，近年来茶文化与茶产业也在逐渐融合、互相推动，产生了一定的经济效益和社会效益。但是这种融合还欠深度和广度，宜昌茶文化产业链尚未形成。茶产业经济与茶文化研究脱节，茶文化研究与茶产业尚未形成实质上的融合，文化由虚转实、真正实现经济效益的不多。

另一方面，现有的茶文化研究或推广，大多还停留在表层的现象关注上，没有结合宜昌茶品牌建设、茶园建设、茶企业文化建设做实质性的深度研究。宜昌缺乏对本地茶文化的系统挖掘与整理，更没有将独具特色的民族茶文化与茶产业紧密融合，茶企业在品牌宣传上，也只停留在穿凿附会的一些茶典故、茶艺表演、饮茶习俗介绍等，没有系统的、成型的、高档次的茶文化产品。

三是文化、旅游、茶业等各行业之间联系不紧密，各自为战，行业融合协调不够，致使三驾马车没能形成合力，影响了宜昌文化旅游业的勃兴。

宜昌茶产业及茶文化产业，迫切需要一个总体发展规划，确定未来若干年发展的政策导向，完善和优化茶文化产业发展的内部与外部环境，研究和探讨如何通过加大科技含量带动茶产业发展，构成与完善茶产业链条，形成新的茶文化产业发展体系。

## 四、茶文化进一步推动宜昌茶产业发展的建议

文化作为经济社会发展的内源动力,在新世纪对于推进经济社会发展的作用越来越重要。文化和经济历来是联系在一起的,文化对经济和社会生活的各个方面产生着广泛的影响,经济活动反过来又促进了文化的发达与进步。文化对区域发展所能够发挥的作用除了与特色产业紧密结合、提高产品的附加价值、提升产品利润、促进区域竞争力以外,还包括美化与活化区域环境、提供就业、吸引居民与观光者、提高房地产价值、吸引高端人才等。

茶产业的发展更是离不开茶文化,每一个环节均包含着丰厚的文化底蕴;茶文化的传承与进步也依赖茶产业的发展。充分认识茶文化与茶产业的辩证关系,以茶文化促进茶产业发展,以茶产业发展影响茶文化进步,达到良性循环,具有重要意义。

2009 年 7 月 22 日,时任国务院总理温家宝召开国务院常务会议,通过了《文化产业振兴规划》,提出要大力发展具有地域和民族特色的文化产业群。这对发展茶文化产业、形成茶文化产业群来说,无疑是催帆远航的东风。

笔者认为,宜昌茶文化底蕴丰厚,茶产业发展势头良好,茶文化与茶产业的关系可以更加密切,融合可以更加深入。地方政府应该克服急功近利、浮躁的心态,对地方资源与特色,本地区的人文、自然、产业等资源做出系统调查研究,统一宣传,从宏观上对茶产业和茶文化产业的发展战略、区域竞争比较优势、综合效益和可持续发展做出规划和计划。

### （一）大力倡导"茶为国饮"，引导茶文化消费

政府可以组织多形式的茶文化活动，为宜昌茶提供广阔的交易平台。积极倡导"茶为国饮"的消费理念，传播茶叶文化，促进文化兴茶，充分利用人文自然条件，加大创新力度，形成特色茶文化产业。要通过弘扬产业文化，增强产业后劲。

一是大力宣传茶的健康作用，引导居民消费，将茶文化打造成宜昌市健康名片之一。

应该通过各个层面的宣传，让普通市民充分了解茶饮健康知识，对茶的提神醒脑、助消化、去脂减肥、强心健脑、抗菌消炎、抑制癌症、预防龋齿等方面的功效进行深入人心的宣传，政府官员以及茶行业专业人员要以身作则，喝宜昌茶、讲宜昌茶、赞宜昌茶，时时处处做宜昌茶的推介者，做宜昌茶文化的宣传使者。在中国茶叶流通协会开展的一项社会调查中，有42%的受访者认为，是茶文化宣传让他们接受了乌龙茶。（龚永新，2006）由此可见，茶文化宣传对茶产业的发展影响之大。

二是大力发展文化名茶，大力弘扬三峡茶文化，树立宜昌茶的品牌形象，突出历史文化名茶的特色。

挖掘整理有宜昌地方特色的茶文化传说、茶轶闻趣事、民族茶俗、茶歌茶舞，鼓励文艺部门创作反映宜昌地域风情的茶文化主题的宣传片、文艺片；将仙人掌茶、鹿苑茶、峡州碧涧等历史名茶纳入品牌建设，打造宜昌传统的道家鹿苑茶、佛家仙人掌茶、土家罐罐茶。宜昌远安鸣凤山素有"小武当"之称，风景绝佳，可以恢复生产远安鹿苑茶，大做道茶文章；当阳玉泉寺是唐代著名丛林寺庙，香火旺盛，结合佛教旅游开发佛家仙人掌茶，相信会比现在的小厂经营更加有声势；长阳、五峰是

著名的土家风情游览区，结合旅游开发土家风情茶艺表演，对扩大茶区经营范围、提高收益都会有很大的帮助。要让道家茶、佛家茶、土家茶艺与宜昌的文化名人屈原、王昭君一样成为政府文化名片之一。

三是加强茶文化的教育与培训，加强湖北三峡职业技术学院茶文化专业建设，大力培养茶行业服务型、营销型、管理型和复合型人才，全方位培养茶叶技术推广科技人员、茶文化产业创意人才和茶艺服务人才；支持三峡茶文化研究会的研究，倡导文化消费。实施"国饮进校园"工程，在中小学开设"三峡茶文化与茶艺"的地方课程，培养宜昌市民成为健康饮茶的宣传者、推广者、实践者，让饮茶成为宜昌市民的自觉消费行为。

四是继续开展名茶评比、茶博会，办好各种展示、展销、品茶、茶艺表演及茶文化节活动，提升宜昌茶业的知名度。会展是具有特殊功能的城市营销手段。会展业因其巨大的经济社会效应、蓬勃的生命力和广阔的发展前景，被经济学家称为"朝阳产业"，并与旅游产业、房地产业并称为三大"无烟产业"。茶业会展以茶为媒，带来巨大的经济效益，成为茶业经济发展的新亮点，茶文化节、茶博览会成为推动茶业经济发展的有效载体。另一方面，茶业会展又具有强大的桥梁功能，不但能带来源源不断的商流、物流、人流、资金流、信息流，还可带动其他产业的消费，如交通、住宿、餐饮、购物、旅游、广告、装饰等。

要经常性开展茶叶交易活动，积极组织宜昌精品名牌参加国际、国内大型贸易活动，同时充分利用地处三峡的地理优势，争取在城区举行交易会，政府搭台、经贸唱戏，邀请国内著名经销商、生产企业、茶机厂、包装企业等单位参展，展示宜昌精品名牌。

五是把茶文化旅游纳入三峡国际旅游节的活动，邀请茶叶专家、茶叶经销商及其他相关领域的人士参加，开办三峡茶文化旅游高峰论坛，定期举办宜昌茶文化旅游节活动，把茶文化打造成宜昌生态名片之一。

**（二）全力打造精品名牌，不断扩大宜昌文化名茶的市场影响力**

品牌创建是品牌的一种组合运用，其目的是提升企业形象和企业核心竞争力，是企业做大以后寻求生存的一种选择（江用文，2006）。政府要在遵循市场经济规律的前提下，加强对茶叶资源整合的引导，强化协调服务，多方支持，为品牌整合营造良好的环境。

**1. 整合资源，创建宜昌品牌** 要走出"名茶就是品牌"或"品牌就是茶名"的认识误区，坚持"优势互补、资源共享、内增实力、外树形象、统分结合、互利共赢"的原则，整合社会茶叶资源，在巩固发展现有区域性企业与品牌的同时，注重把打造"宜昌茶叶大品牌"纳入议事日程。要选择品牌文化丰富、影响比较大、规模化程度比较高、市场占有程度高，在消费者中有较好美誉度的茶叶企业，帮助他们走出"区域性质企业"，立足大宜昌，整合小品牌，铸造驰名大品牌。拉长产业链，相应开发隶属宜昌大品牌的名优特、高中低等系列品牌茶，形成规模优势、集群效应，充分发挥大品牌的核心竞争力。

茶叶生产经营企业要积极利用社会资源，加强对宜昌茶叶的整体宣传，定期开展宜昌名茶评比活动，支持知名品牌创建，引导一般茶叶品牌向强势品牌集中。鼓励规模企业到茶产区办厂，兼并、收购小型加工企业，整合资源、整合技术、整合品牌。

应该积极恢复历史名茶的生产。目前，仙人掌茶、鹿苑茶等历史名茶生产规模都不大，生产条件较差，技术水平不高，茶园基地建设落后，资金链条无保障，只能走自产自销的低档路线，这无疑是对传承千年的历史名茶的漠视。宜昌应依托现有的茶叶龙头企业，将仙人掌茶、鹿苑茶等历史品茶做精做强，做成宜昌的茶文化品牌。

**2．提升质量，确保品牌品质**　政府和茶叶生产主管部门要按照产业化、规模化、标准化、商品化发展的要求，优化种植布局，推进茶园良种化，抓紧对老茶园、低产低效茶园的更新改造，提升基地生产水平和效益；积极发展安全健康的有机茶，建设高产优质有机茶叶基地，突出抓好五峰、夷陵、宜都龙头企业的有机茶生产示范基地，抓好五峰采花、夷陵邓村、宜都潘湾等无公害茶叶生产示范乡镇；完善质量检验、检测体系。支持龙头茶叶企业结合本地茶叶资源和产品特点，吸收、消化、引进适用的新设备、新工艺，不断提高茶叶加工水平。

茶叶企业要严把质量关，确保茶叶品牌品质。品牌定位要科学，注意市场个性化的需求。可以在提升产品质量的同时，创新品牌、细化品牌，将品牌与市场需求结合起来，开发更多的有针对性的产品，比如公务茶、礼品茶、女士专用茶、特定节日茶、特殊病人茶等。萧氏茗茶推出了个性化茶叶品牌，这是一种很好的尝试。

要注重包装设计。随着商品经济的发展，包装设计已成为融工业生产、科学技术、文化艺术、民俗风貌等多种元素于一体的文化现象。茶叶包装作为商品与消费者之间的信息纽带，成为茶叶营销活动和茶文化的重要组成部分，它深刻反映了茶文化的群体心态、审美趣味、价值观念、民族性格等，因而对其文化性的要求更显突出。

宜昌茶叶包装应该以鲜明的三峡地域特色及文化传统为基调，突出本品牌的文化主题，凸现峡江茶传统茶民俗，让消费者眼看、手触、心悟，在品茶之前就体会到浓浓的宜昌情感元素。要形式多样、质地多样，既美观又有内涵，既方便又环保。要注重对品牌的宣传、形象的维护、品牌内涵的拓展，要大力加强企业文化建设，挖掘本产品的文化资源，并将茶文化理念深入员工心中，做文化人、做文化事。要进一步在产品包装、品牌形象设计上做文章，突出三峡特色、宜昌特色、企业特色。

### （三）创新流通模式，完善市场体系

扩大并规范宜昌城区三大茶叶市场，使之成为集茶叶贸易、茶文化表演、茶旅游产品展销和茶科技推广、茶信息展示及配套服务于一体的中心大市场。坚持推行以大企业为龙头，紧密连接国家支持保障体系、社会化服务体系、茶叶商品市场体系的茶叶产业化经营方式，抓好茶队伍、茶品牌、茶加工、茶基地、茶市场等五大建设，推行"集团+公司+加工厂+农户"的技农工商集团化、产供加销一条龙的茶叶产业化经营。

以品牌经营为重点，在各大城市建设宜昌茶品牌形象店，将产品打入大型超市卖场，统一名称、统一标识、统一形象，注重突出宜昌绿茶的精神、神韵，以文化为先锋，影响人们的潜意识，通过强有力的品牌宣传和推介活动，培养消费者的品牌忠诚度，接纳三峡茶文化和宜昌绿茶特色风味。建立健全国际、国内茶叶销售网络，联合编造"蜘蛛网式"的湖北宜昌茶业大流通网络，尽快把宜昌茶叶推向国内外茶叶大市场。扩大宜昌茶的市场影响力，提高宜昌茶的市场占有率，积极巩固名优茶的省内市场，逐步开发省外市场，以宜红茶为基础，开拓宜昌茶叶的出口市场，特别是要开发中低档绿茶的销售市场。

### （四）挖掘茶文化内涵，大力发展茶文化旅游

宜昌是世界水电之都，是闻名遐迩的旅游胜地，是一座宜居宜业的城市。它不仅地理条件优越、宜茶区域广阔、茶业基础扎实、产茶历史悠久、文化底蕴深厚，而且国际与国内旅游形势也为宜昌茶文化旅游提供了良好的发展机遇。

宜昌可以借助湖北省打造鄂西生态文化旅游经济圈的机遇，发挥旅游圈的"核心板块"的"领头羊"作用；加强茶文化旅游引导与宣传，将茶文化旅游纳入整个鄂西生态文化旅游经济圈，作为一个重点项目给予扶持和支持；加强茶园的基础设施建设，将茶园基地、文化遗迹与周边的旅游环境相结合，使茶文化与当地的地脉、史脉与文脉相通，建设形式多样的生态茶园、茶叶大观园、茶趣园、茶叶公园，配套完善茶农旅舍、农家休闲小站甚至茶主题酒店等；精心规划线路，培育茶文化旅游精品，打造宜昌茶文化旅游特色品牌。可推广以三游洞、"陆游泉"、黄牛峡虾蟆碚、"峡州茶"的集散地乐天溪和太平溪、香溪玉虚洞等文化遗址和茶叶生态园、茶叶科技示范中心、现代茶叶企业为参观主题的峡江名人足迹游；夷陵——晓峰古寨——兴山下堡坪与水月寺生态茶园——王昭君故居——神农架神农坛的江北寻根问祖游；从宜昌宜都经五峰到恩施鹤峰境内的土家族、苗族风情茶文化旅游线路（龚永新，2010）。

### （五）加强茶文化研究，大力发展茶文化产业

目前，茶文化与茶产业正在更多的领域互相渗透，并呈现产业化发展趋势，成为推动和提升茶产业，甚至直接产生经济效益的因素。

传统的茶文化资源逐渐发挥出更重要的经济价值，是商业化、产业

化的必然要求。抽象的虚幻的文化，正逐步演变为商业实体。茶文化的发展直接导致各类茶文化经济实体的悄然兴起，如茶文化设计、茶文化教育、茶文化媒介、茶文化旅游等。茶文化产业通过生产茶文化商品或提供茶文化服务的方式直接参与到国民经济的运行之中，正在逐渐做到以实为主，发展成为社会经济的重要部分（龚永新，2006）。

武夷山是旅游名胜，又盛产岩茶，当地政府将旅游、茶业、文化产业紧密融合，用文化装饰旅游、提升旅游的内涵，无论是茶博园的兴建，还是"印象大红袍"的专业演出，都是借文化推动旅游业、茶产业发展，充分展现了武夷山非物质文化遗产的精神内涵，收到良好的经济效益和社会效益，是将茶文化由虚变实的成功典范。

当代不少茶企业也自觉担当起时代赋予的使命，发掘、创新、提升茶文化，让茶文化为广大群众所接受，茶文化消费成为大众的自觉行为。天福集团和娃哈哈集团为营造茶文化氛围做出了可贵的探索与实践。这两家企业各自发挥自己的企业优势，高屋建瓴，把文化建设纳入企业发展的规划，不仅宣传了自己的企业和产品，而且宣传了茶文化。天福集团建立茶博物院，认养云南野生茶树王；娃哈哈集团开发生产"有机绿茶"饮料，以茶饮料占领市场，对争取青少年消费者起到了重要作用。

在云南，围绕普洱茶的生产、销售与消费，全省统一协调，一是致力于普洱茶的产业化、标准化、品牌化、国际化的发展；二是对普洱茶发展影响较深的习俗进行开发利用，如傣族的"竹筒茶"、基诺族的"凉拌茶"、拉祜族的"烤茶"、佤族的"烧茶"、白族的"三道茶"等；三是集中对外宣传和加强人才培养，如云南思茅市（现思茅区）从2005年到

2008 年，每年培训人才 2000 ～ 3000 人，计划 3 年培训"中国普洱茶茶艺师"1 万名。

宜昌市得天独厚的自然资源使茶产业具备区域优势，茶业是本地强势的农业产业；宜昌处于鄂西生态经济发展圈的核心，三峡工程的兴建使其具有独特的区位优势；宜昌地区厚重的人文资源、茶文化资源都给新时期的茶业文化产业带来了无限的商机，因此，宜昌茶产业与茶文化产业正面临着更好的发展机遇。建设三峡茶业文化产业既是建设世界级旅游城市的组成部分，又是展示茶文化厚重历史传承的壮举，更是促进宜昌茶业经济持续、健康、快速发展，推动农村产业结构调整和发展特色生态旅游业的重要举措。

宜昌作为重要茶叶产区，要从"芸芸众茶"中脱颖而出，就必须跳出单纯的茶生产和茶经营，站到茶文化的高度看茶产业；就必须借鉴安溪、江浙、云南等地发展茶文化的经验，挖掘、创立独具宜昌地域特色的茶文化品牌来引领茶产业。

茶文化产业内容涉及设计业、加工业、餐饮业、旅游业、影视业、出版业、教育业、广告业、会展业、咨询业、信息网络服务业等。宜昌茶文化研究要抓住重点，围绕中心，着重开展地方茶文化资源挖掘整理，开发茶文化产品。以三峡茶文化研究会为基础组建茶文化研究机构，应与地方经济建设的实际紧密联系，深入生产一线，开展调查研究，找准茶文化研究的切入点、与茶叶企业的嫁接点，真正成为茶产业建设与发展的助推器、加油泵。应该对承载着宜昌独特文化元素、历史资料、典故、民风民俗的茶歌、茶赋、茶舞、茶文化书画作品、茶具茶器、茶邮票、自然风光写真照片等茶文化载体大力宣传，把其发展为打造品牌、拓展市场、亲近茶客的重要手段。可以学习借鉴湖州的经验，湖州陆羽茶文化研究会组织茶文化工作者编辑湖州茶文化丛书，既有阐述晋唐以来湖州茶与文化的发展历程的《湖州茶史》，又有《湖州茶诗》《湖州茶文》《湖州茶俗》《湖州茶业》等（徐明生，2007），很好地宣传了当地茶文化，让湖州茶文化品牌走向了更广阔的世界。

宜昌茶文化专题研究要紧扣宜昌人文、历史、地理特点，挖掘整理并展示传统茶文化，加强本地茶文化宣传，在全市上下营造人人都爱茶、人人会饮茶的浓厚氛围，促使市民了解茶文化、亲近茶文化、热爱茶文化、宣传茶文化，以及继承和保护茶文化。

政府要宏观调控，打破传统茶产业观念，树立"大茶产业"的观念，跳出茶业抓茶业，制定统一的产业政策和发展规划；处理好产业主体、产业交叉和产业辐射方面的关系；积极参与、支持和推动茶文化产业建设；还要大力培养茶文化产业创意人才、茶产业营销人才与管理人才，使宜昌市茶产业与茶文化产业实现可持续发展；在茶文化设施建设上，要坚持走国家、集体、社团、个人和国外人士一起兴办茶文化产业之路；注意加大都市的茶文化宣传力度，搭好茶文化"舞台"，特别是通过茶艺表演、茶歌茶舞、茶史展览、茶园观光、名茶品尝、论文研讨等一系列茶事活动，提高人们对茶文化的认识，统一推动茶文化产业建设行动。

企业要积极开展文化名茶研究，重塑宜昌历史名茶品牌，突出商品特色；引导企业文化建设，培育企业文化精神；开展生产技术咨询与指导，推动茶叶品牌建设；普及推广三峡茶艺，提升茶叶销售文化水平；培养茶文化人才，为地方经济建设做贡献。

## 五、结论与展望

产业文化是产业发展的基石，弘扬茶文化是发展茶产业的原动力。

特别是当代，茶文化在茶叶经济领域中发挥着越来越重要的作用。传统茶产业在大力弘扬茶文化、广泛开展茶文化活动、普及茶文化知识、发展名优茶、提倡"多喝茶、喝好茶"的推动下，更是有了长足的发展。在茶叶行业，大打文化牌，已成一种普遍行动，也得到了市场的充分认可，可以说，现今茶业的市场竞争实际已是文化的竞争。茶饮能历千古而不衰、亘久而弥新，就是因为茶所蕴含的深厚文化内涵。要想发展茶产业，茶文化与茶产业就得比翼齐飞，不可偏废。

宜昌地区是茶文化原生地之一，茶文化资源十分丰富；茶产业发展基础良好，茶叶产业政策优惠，种质资源丰富，流通市场完备，地域优势明显。宜昌茶文化在推动茶叶品牌建设与市场拓展、推动茶园建设和茶文化旅游、推动茶叶龙头企业方阵形成、推动茶叶流通市场、推动茶行茶楼茶馆的兴起、引导居民消费等方面发挥了至关重要的积极作用。茶文化已逐渐产业化，正成为新的经济增长点。

宜昌茶文化与茶产业的深层融合也面临着一些问题和挑战。茶叶品牌建设、茶叶基地建设任重道远，茶叶外销仍需努力，茶叶产业链还有待完善，茶文化与茶产业联系不密切。宜昌地区茶文化与茶产业发展应该纳入我国茶文化产业发展的整体体系考量，重新审视宜昌茶文化资源及开发利用情况，对传统茶文化资源的有效商业化、产业化做出实践性尝试。

我们应该看到，无论是从本地产业结构特点，还是从经济发展的地域优势；无论是历史发展的借鉴，还是鄂西生态旅游文化圈、湖北8+1城市圈建设的机遇，宜昌茶文化与茶产业互相融合、协调发展的前景值得期待，宜昌茶文化产业必将成为新兴的朝阳产业。宜昌茶产业应该紧紧围绕地方茶文化特色，加大宣传力度，坚持在调整生产关系、革新生产方式、提高茶农组织化程度以及延伸产业链、加强产业要素聚集等方面下功夫的同时，深入挖掘茶文化内涵，充分展示茶文化、宣传茶文化；加强茶文化建设，把茶文化投入生产、注入品牌、导入营销，把茶文化融入茶叶的产、加、销整个产业链中，有效发挥茶文化对茶产业的推动作用，才是提升宜昌茶产业、振兴宜昌茶经济的制胜之道。

（2010 年中国农业科学研究院农业推广专业硕士毕业论文，指导老师朱永兴、龚永新）

# 延伸课堂，传承文化，
# 推动茶文化专业建设

## 一、引言

高职院校茶文化专业建设如何与当地经济建设和社会发展紧密结合，如何适应市场需求和专业建设需求，科学设置课程，构建科学的茶文化课程体系，培养适应市场需要的高技能人才，一直是一个现实课题。

目前，全国有 51 个高校（含高职院校）设有茶学类（包括茶文化、茶艺或者相关方向）专业（周巨根、朱永兴《茶学概论》），不管是普通高等院校，还是职业技术学院，绝大多数涉茶类专业主要侧重于培养传统的栽培、加工等方面的专业人才，茶文化专业相对较少。而市场对茶文化专业技能人才的需求量却又非常大。高职院校茶文化专业建设起步很晚，成功典范和可供借鉴的经验少。

宜昌拥有丰厚的茶文化历史资源，茶产业发展迅猛，已成为宜昌支柱产业之一。三峡地区是我国茶文化的发祥地之一，这里的历史名茶、名山、名水、饮茶习俗、制茶方法等汇成独具峡江特色的茶文化。特别是在湖北省委省政府将宜昌建设成为"省域副中心城市""鄂西生态文化旅游圈核心城市""世界水电旅游名城"的战略部署中，茶文化产业承担着重要角色，对当地经济发展起到助推作用。

湖北三峡职业技术学院积极顺应市场需求，把茶产业作为研究对象，以产业发展的需要来建设专业、培养人才，从 2004 年起就开办了茶文化专业，为宜昌、湖北乃至全国培养了几百名急需的茶文化专业高级技能人才，经过几年的摸索，逐渐形成了有专业特色的人才培养模式。但是，在人才培养过程中，我们发现专业课程的设置、教学内容的选择、教学方法的使用，都有待于进一步紧跟市场、紧扣地域特点，茶文化专业课程体系更应突出结构化、系统化、开放化、个性化的特点，以强化学生综合素质能力为主要目标，进行全面构建。

因此，我们立足于传承文化，大胆探索，创新地延伸课堂，推进茶文化专业建设，取得丰硕成果。

## 二、项目研究具体措施

### （一）理论指导，宏观微观相结合

教育部于 2012 年发布的《国家教育事业发展第十二个五年规划》指出："大力推进人才培养结构的战略性调整，着力加强应用型、复合型、技能型人才培养。"高职院校更应积极面向市场，面向企业、行业，把教育与科研、行业生产等活动有效联系起来，把课堂教学与学生参加实践活动和教师参与企业问题研究等有机结合，在推动区域产业发展方面发挥积极作用。

几年来，我们围绕宜昌地区茶产业实际和学校茶文化专业教学实际，陆续完成了《三峡茶文化产业建设的研究报告》《宜昌市茶产业现状分析与升级对策研究》《茶文化对宜昌茶产业经济发展的推动作用研究》《基于岗位能力要求的高职茶文化专业课程体系构建及实施》《三峡区域茶文化（民俗）系列研究》，并将理论研究成果运用于专业课程体系的规划，进而推动茶文化专业建设。我们不断丰富教育教学内容，开设新课程、编写新教材、完善人才培养方案等，注重在茶叶的栽培、生产、加工、营销等具体实践环节中强化人才培养质量。做到了教学过程"三结合"：专业与产业、企业、岗位相结合，专业课程内容与职业标准相结合，教学过程与生产过程相结合；突出了茶文化专业人才培养"四化"的特点：教学内容项目化、教学方法实境化、技能训练常年化、实习安排季节化。

在宏观研究的同时，着眼于《三峡区域茶文化（民俗）系列研究》之"宜昌地区土家茶歌的文化魅力研究"这样一个微观切入点，整合茶文化专业课程设置，决定在我院茶文化专业率先开设"经典茶诗文赏析""茶席设计与布置"等新课程，以全面提高学生的综合素质能力为目标，以突出三峡区域茶文化为特色。专业课老师深入茶乡、深入企业、深入民间艺人之中，全面搜集、发掘、整理土家传统茶歌近 50 首、当代茶歌近 20 首、茶诗歌近 50 首、茶谚语近 100 条。研究组从文学、美学、史学、艺术的高度对宜昌地区土家茶民歌的特点、土家茶歌对于传承民俗文化的作用等进行了分析探讨，将研究成果作为"茶文化""茶诗文赏析""茶席设计与布置"等专业课程教学改革的重要内容。

## （二）完善人才培养方案，改革教学模式

从 2008 年开始尝试进行人才培养模式的改革，其中课程体系的改革是一个重要部分。邀请行业专家、企业代表、茶文化研究者进行座谈，深入基层和一线调查论证，确定在现有的专业课程中率先增设"经典茶诗文赏析""茶席设计与布置"，增加古典音乐书法、绘画、形体训练等课程，分解项目任务，科学制定教学计划。

将理论研究成果运用于专业建设，茶文化专业的课程建设成效显著，茶文化专业构建了"三合四化"的工学结合人才培养模式，实现了以项目为主线、教师为主导、学生为主体，做中学、做中教，创造了学生主动参与、自主协作、探索创新的新型教学模式。教学情境职场化、社会化，激发了学生的学习兴趣，增强了动手能力。

精选理论教学内容，加大实践教学力度，以弘扬、传承土家茶文化为重要任务，将土家茶歌欣赏作为"经典茶诗文赏析"的乡土教学内容，深挖土家茶民歌的文化魅力，细化土家茶文化的内涵，完备"茶文化""经典茶诗文赏析""茶席设计与布置"等课程内容体系。

针对不同对象、不同层次、不同要求，采用多元化的教学手段。播放茶民歌演唱、茶民俗舞蹈的视频，使教学内容更具可视性、直观性与展示性；采用案例教学、讨论式教学方法，指导学生利用课余时间查阅有关资料，在课堂上进行分析讨论，阐述自己的观点，培养学生理解、欣赏土家茶歌的能力；带领学生深入基层采访调研，这种现场教学方式使学生对土家茶歌及茶民俗有了更直观的认识与了解，对丰富多彩的民间茶文化产生浓厚的兴趣。学生接触活生生的茶文化形式，深切认识到传统茶文化强大的生命力和恒久的文化魅力，进一步树立了学习茶文化、领悟茶文化、热爱茶文化、普及传承茶文化的责任感。

### (三) 延伸课堂，理论教学与实地考察相结合

将课堂从学校延伸到社会，延伸到茶乡的田间地头，延伸到茶农家里，完成教学与实践场所的无缝对接，专业教师引领学生深入企业、深入基层，与企业和生产一线、茶歌传承人亲密接触，做到学、研、做一体。结合茶文化专业教学实际，以三峡区域茶文化为特色，深入探讨三

峡茶文化的实际内涵，将抽象、空洞的理论教学与现实的茶文化形式相结合，将单纯的课堂学习与田野调查研究、课外实训互动相结合，丰富了教学内容，改变了教学模式。

为了培养学生的创新能力和创新意识，每年还选拔优秀学生直接参与教师的课题研究，组织学生开展专题调查，结合研究项目，撰写小论文，激发了学生学习的主动性，提高了他们的综合能力。

## 三、项目建设取得的主要成效

### （一）助推宜昌茶产业发展升级

先期研究成果《三峡茶文化产业建设的研究报告》《宜昌市茶产业现状分析与升级对策研究》《茶文化对宜昌茶产业的推动作用》《宜昌茶馆业现状及发展对策研究》等为宜昌市茶产业发展提供了理论支持和积极作用，一些茶企业有针对性地选用部分研究成果，形成有特色的企业茶文化。这些文章被中国知网、万方数据等全文刊载，被众多论文作者引用，社会影响力很大。

### （二）为宜昌地区土家茶民俗文化的系统化做出了贡献

课题组研究成员参与出版的《五峰土家族自治县民俗志》《长阳土家族自治县民俗志》，选用了部分研究成果，如茶歌、茶谚语、茶工艺等，对传承土家茶文化做出了实际贡献。

### （三）学生综合素质能力明显提升

开设"茶诗文赏析""茶席设计与布置"等课程，教学改革卓有成效，学生鉴赏水平、动手能力明显增强，《三峡日报》曾对"茶席设计与布置""将课堂搬进大自然"的课堂改革做了专版报道。结合专业课程建设发掘的"土家罐罐茶"茶艺参加全国茶艺技能大赛获得金奖，茶文化专业学生艺术团《茶之恋》大型情景歌舞剧获得市级会演二等奖，学生文化项目"弘扬茶文化、服务茶产业"获得省级校园文化建设成果二等奖。

**（四）茶文化专业课程建设成果丰富**

2008年，茶文化专业被湖北省教育厅确定为全省高职高专教育教学改革试点专业，茶艺课程建设成为省级精品课。2011年茶文化专业通过省级示范专业建设验收成为湖北省重点专业。研究成果运用到"茶文化"、教指委精品课程"三峡旅游英语"、省级精品课"三峡民俗文化""茶艺"等课程教学实际中，为精品课程建设增添了富有三峡特色的教学内容。

**（五）社会效益明显**

研究成果之一"宜昌地区土家族茶歌的特点"参加中国海峡两岸茶叶学术研讨会进行大会交流，赢得海峡两岸与会嘉宾的一致好评，传播了宜昌地区土家茶文化，扩大了土家茶文化的社会影响度；《基于岗位能力要求的高职茶文化专业课程体系构建及实施》等9篇论文发表于核心期刊，对高职院校茶文化专业建设起到参考作用；率先开设"经典茶诗文赏析"课程，开创了高职院校茶诗文赏析课程教学的先河，出版专业教材《且品诗文将饮茶：经典茶诗文选读》，填补了高职院校相关教材建设的空白。

该项研究成果突出了理论研究与课程建设、课程建设与专业建设紧密结合的特点，全力贯彻为学生服务、为基层服务、为区域经济服务的方针，在教学内容、教学形式、考核方法、课程建设、实践教学等方面均有显著的特色。

## 四、项目研究主要创新点

### （一）研究思路新颖

以三峡区域"土家茶歌"为切入点，开设新课程，用课程建设推进专业建设，提升了师资水平，改革了教学内容和方法，提高了教学质量，增强了学生专业技能。

### （二）研究方法扎实

教师与学生从课堂走向社会，深入到茶乡、茶山、茶农家里感受活生生的茶文化现象，采集的资料翔实，让土家茶文化专业教学与研究内容更为鲜活。

### （三）研究内容丰富

针对传统、现当代土家茶民歌、茶谚语、茶谜、茶俗等进行系统的发掘与整理，尽力做到采录完整，探讨其文学艺术特点，研究内容可信度高，弥补了宜昌地区茶歌研究的空白。

### （四）研究人员结构齐全

集学院优势师资力量，五峰、长阳土家族自治县文化部门专家、茶文化专业学生全程参与，请来文学、艺术、历史、图书馆藏、方志研究、高校教学各方面的行家里手，知识面全，优势明显。

### （五）研究意义重大

宜昌地区有着悠久的茶文化历史，对现存的传统茶歌进行抢救性的系统发掘，并在此基础上进行系统的茶民俗研究，对宜昌地区传统茶文化的继承与发扬有着积极的意义。

事实证明，职业院校只有不断创新教学模式，追求理论的系统性和完整性，加强针对性、实践性和职业特色，形成与企业岗位职业能力相对应的独立实践教学体系，实现学生专业职业能力与企业岗位能力零距离对接，人才培养目标才能落实，理论研究才能找到落脚点，高职院校为地方产业发展服务的职责才能履行得更好。

（2013 年发表于《农业考古》）

# 茶产业文化化视域下的新时期茶馆经营

作为饮茶的公共场所，自古以来，茶馆就有许多称谓，诸如茶寮、茶室、茶坊、茶肆、茶楼、茶铺、茶摊、茶担、茶园、茶亭等，从中大致可以揣摩出饮茶场所的特征；到了现代，除了传统的品茶去处，综合性的茶会所、茶艺馆、茶道馆、茶修院、茶学堂兴起，中国茶馆可谓千姿百态。纵观其走过的千年历程，真是跌宕起伏，丰富多彩，世相百态尽纳其中。

茶馆的雏形出现于茶文化兴起的唐代，"起自邹、齐、沧、棣，渐至京邑，城市多开店铺，煎茶卖之，不问道俗，投钱取饮。"唐代封演《封氏闻见记》的这段话可算是关于茶馆的最早的文字记载了。至茶文化兴盛的宋代，汴京茶坊里充斥着官、商、艺、文、技各色人等，茶馆逐渐发轫为休闲消费之场所。直至明清，市井茶馆普及，典型的中国茶馆文化特色形成，延及今日，林林总总的中国茶馆具有了鲜明的地域特色。京派、海派、杭派、蜀派、粤派、闽派，各具风韵，无不彰显着中国传统茶馆文化的魅力，成为具有独特风情的地域徽记。

近年来，随着茶产业的高速发展，茶馆业也更加趋旺。据不完全统计，全国有一定规模的茶馆已有七万多家，成为传承中国传统文化、展示中国茶产业发展的重要载体。作为展示和传播茶文化的重要窗口，茶馆对茶产品的消费也有极大的推动作用，拉近了整个茶产业链的联系，为带动茶叶生产和消费、普及和推广中国传统茶文化起到不可替代的作用。作为茶产业链延伸的一个重要环节，在"茶文化产业化，茶产业文化化"的理论背景下，茶馆业的发展更加多元化，面临的困境也越来越复杂。因此，分析并讨论现代茶馆经营问题，有着重要的现实指导意义。

## 一、新时期我国茶馆业特点

（1）茶馆的功能和作用得到扩展。休闲、会友、洽商、言情、聚会、餐饮、商务、娱乐、教化、展示、茶艺、演出、会所、会务，甚至旅游等，茶馆对生活的参与度大大提高，日益成为人们社会生活中的重要场所。

（2）茶馆对社会生活的服务深度有所拓展。茶馆服务的"主题意识"逐渐形成，养生茶馆、名人字画茶舍、文玩茶社、茶餐馆、卡通茶艺室、茶道馆等，分类越来越细化。

（3）各具特色的风格茶馆、个性茶馆成为许多城市景观、乡村景区的展示名片。例如杭州西湖边上的湖畔居、青藤茶馆、你我茶燕，上海城隍庙附近的茶馆等。

（4）茶文化的演绎使茶馆成为展示中国传统文化的有效载体和最佳窗口。例如北京老舍茶馆、上海宋园茶馆等。

（5）茶馆业从业人员专业化程度越来越高，行业规范制度逐步确立。成立了中国国际茶文化研究会茶馆联盟（简称中国茶馆联盟），茶馆联盟大会还通过了《中国国际茶文化研究会茶馆联盟共识》；它和茶馆标准化委员会颁布的《茶馆经营服务规范》，都为茶馆业发展树立了旗帜。

## 二、新时期茶馆经营困境

经过几十年的发展，中国茶馆业取得了显著成绩，也涌现出一批有特色的茶馆，探索出有示范效应的经营模式。茶馆逐渐形成几大类别：装修高端大气上档次、消费不菲的高端茶馆；以茶饮为平台，提供文玩艺术品鉴赏的服务空间；有专业背景的融茶艺、茶道、花艺、香道、茶文化推广为一体的茶修院、茶道馆；被餐饮、棋牌等娱乐项目同化后的休闲中心，等等。这些茶馆类别众多，数量也众多，然而真正能够坚持下来并做出口碑的却凤毛麟角，究其原因，现代茶馆经营还存在着经营方式落后、市场元素缺乏、文化营销水平不高、年轻消费群体不大、同质化竞争严重、老板个人能力有限、人脉资源枯竭等问题。尤其是在高档消费减少和移动互联网对传统商业模式的冲击下，不少茶馆行业经营者都意识到生意越来越难做，茶馆发展前景一片模糊，倘若再不加以创新改变，就存在被边缘化甚至倒闭的可能。

## 三、茶产业文化化视域下的茶馆经营策略

### （一）茶产业文化化

文化本身作为一种生活形式，也是经济行为的一种，商业化的转变是符合文化自身的发展和传承规律的；同样，消费者对商品的选择和购买中，文化情感因素的比重加大，表明消费者对产品的要求更多转向为精神层面的需要。

茶产业的文化化主要体现在提炼茶文化的核心价值，开发多样化的茶文化表现形式，建立规范而差异化的茶文化传播体系，树立茶文化品牌规划意识，打造文化品牌和商业品牌。茶企业要从实际出发，导入文化元素，要以品牌核心价值为中心，依消费者观念的转变而转变。解决品牌期望为消费者带来什么、目标消费者的认可主要考虑的因素是什么、品牌文化化时如何与目标消费者沟通等重要问题。

文化化是一项长期的、稳定的行为，是一点点渗透进消费者的印象中的，愈是持续化的传递，才能够愈显出品牌的文化魅力。

我们进入了以文化为资本的信息的新时代。各种产业、各个企业只有通过文化创意，传承历史文化，整合文化资源，创新经营方式，让文化增值，发挥文化的魅力和竞争力，才能取得真正的效益，进而获得更大的发展。文化创意产业背后应该是对情感的营销。要想创造文化产业的价值链，就得深入理解并阐释其人文地理、政策举措、产品研发、生

产制作、消费市场特征等。茶馆经营也应该在茶文化背景下，注重传达生活美学，不管是异域风情、温馨家庭、怀旧复古、民俗特色、田园乡村、人文艺术等经营主题，还是书吧、茶吧、咖啡吧、简餐吧、音乐吧、生活用品零售合一的各种经营风格，都离不开品质消费、情感消费的元素。茶馆已经和吃、穿、住、行、游、购、娱、休闲体验紧密联系，交融跨界已成为不可忽视的主流去向。

**（二）茶馆经营策略**

**1．经营主题化**　茶馆经营定位要明确、主题要鲜明，向客人清楚传达你的经营理念。一个茶馆的主题，就是她的灵魂、支撑骨架的内涵。只有主题鲜明的茶馆，才能办出特色，走出一条属于自己的发展之路。

以杭州为例，坊间茶馆有近千家，有以茶艺表演见长的，比如太极茶馆；有以自助式茶点为经营模式的，如青藤茶馆、你我茶燕；有主打商务休闲的，例如湖畔居；也有集博物、欣赏、品茶于一体的文化性茶馆，如紫艺阁茶馆等。

北京老舍茶馆，是以人民艺术家老舍先生及其名剧命名的茶馆，始建于 1988 年，现有营业面积 2600 多平方米，是集书茶馆、餐茶馆、茶艺馆于一体的多功能综合性大茶馆。其经营主题汇集大茶馆、清茶馆、餐茶馆、清音桌、书茶馆、野茶馆六大京味传统茶馆模式，是京味茶馆文化的活化石和再现集萃地。在这古香古色、京味十足的环境里，客人每天都可以欣赏到一台汇聚京剧、曲艺、杂技、魔术、变脸等优秀民族艺术的精彩演出，同时可以品用各类名茶、宫廷细点、北京传统风味小吃和京味佳肴茶宴。自开业以来，老舍茶馆接待了众多外国元首、社会名流和 200 多万中外游客，成为展示民族文化精品的特色"窗口"和连接国内外友谊的"桥梁"。

赫赫有名的星巴克茶瓦纳茶吧提供手工茶饮、甜品、面包、沙拉及陶瓷茶壶等商品，装潢设计以禅宗风格为主题，墙面上摆满了茶叶罐，加上博物馆式照明，采用"咖啡店管理模式+（现代茶元素×个性化服务）"，营造出星巴克的现代茶文化，吸引了大批年轻人。

旅游主题茶馆将品茗与旅游相结合，品茗环境处于自然山水或者绵延茶山之中，休闲、旅游、品茗、观光、赏景，茶馆业产业链延伸，与旅游行业融合，极大地拓展了发展的外延。

**2．消费个性化**  茶馆应该追求属于自己的特殊气质。茶馆经营者要分清消费对象，确定自己的客户群：针对商务人士的商务茶馆，针对休闲娱乐人员的休闲茶馆，针对球迷的球迷茶馆，专门为摄影爱好者提供交流场所的摄影沙龙茶馆，文人雅士咸集的书画茶馆、京剧茶馆、邮票茶馆，针对茶艺茶道培训的茶人会所，针对漫画爱好者的卡通茶馆等。

比如广东茶艺乐园：引进台湾茶艺，主打云南普洱、铁观音、大红袍、单枞、正山小种、特色陈茶等，号称"茶叶银行——普洱茶俱乐部"，为茶友营造通风透气、干爽明亮的干仓茶库，同时强调所有茶品来自云南六大茶山无公害茶园。每年约有10%的回报率，还吸引了大批稳定客源。

**3．产品特色化**  好的茶馆一定拥有最有特色的产品，凭借不可复制的魅力独领风骚。有的侧重推销主题茶艺、传播茶文化，如和静园茶人会馆；有的推销独具风格的茶餐、茶点或者养生茶疗，如陕西福宝阁茶楼；有的展示茶文化的源、史、器、俗，如浙江月湖茶文化博物馆；有的提供中小型会务茶事服务，如杭州湖畔居；有的兼卖文玩古董；有的标榜自己"上山种茶，自种自卖"的产业倒溯模式，使顾客信赖其茶叶品质，产生极高的忠诚度。

浙江湖州递一滴水茶艺馆以安吉文化为主题，设"中国竹文化书画碑廊"，主推安吉白茶、如意红、"递一滴水私房茶"，致力于建设"生态、健康、品质"的茶馆服务平台，茶、餐、水、景、材均是原生态产品。其目标为向普通消费者、中小学生、社区居民普及推广茶文化。

湖南白沙源茶馆标榜白沙古井清澈、纯净的水源，并提供中西名茶、植物药茶，甚至红茶、咖啡，以及多款中西美点，提出了以心意划分出的"随意""美意""如意""情意""敬意""禅意"六意茶，用心研制了表达六意茶道内涵的茶具、茶器、茶品。同时展卖艺术品、奇石、高级礼品。其特色产品为近 90 个品种的中外名茶，还有 10 余个品种的咖啡，进口销售国外现代植物药茶。茶馆内长期陈列展卖各种奇石、名贵茶叶和茶具。每个座位配送纯净白沙水，有现作的西点、茶点和煲仔套餐等。

北京张一元天桥茶馆是一个非常富有传统特色的书茶馆。它将老天桥的面貌展现给广大的观众与游客朋友们。在这里品茶与休闲的同时，还可以欣赏到评书、戏曲、杂技、相声等这些原汁原味的老天桥民俗文艺演出，为八方宾客提供了娱乐休闲文化交流的平台。每个周末，北京德云社风雨无阻地在此为大家献上中国的传统艺术——相声。

注重挖掘和展示民俗文化、有地域特色的茶馆，一定会成为当地代表性的茶馆，也会成为外地游客想方设法去体验感受的场所。

**4．空间审美化**　茶馆空间营造应该从观照客人的"眼耳鼻舌身意"几个方面入手。"眼"包括装修风格、灯光明暗、色彩基调、字画装饰、茶席布置、茶器选配、茶食搭配、焚香挂画;"耳"包括音响效果、言语器具之声;"鼻"包括空气味道、花香茶香果香;"舌"包括水之甘洁、茶之爽口;"身"和"意"包括空间给人带来的舒适度、茶汤的温度、眼神的接触等,对此都应该通盘考虑。可以通过茶器的精心搭配来突出茶的味道和茶席的主题,通过灯光设置的变化体现对客人无微不至的体贴,通过插花、焚香、挂画、工艺品的摆设来提升茶空间的品质,用心营造品茗整体环境。可以考虑商务、休闲、文化、艺术、复古、收藏、博物、情趣、宗教、哲学、民俗、风物等多种元素,营造或舒适、或诗意、或温馨、或高雅、或简洁、或恬静、或精致的茶空间。

**5. 服务标准化** 茶楼茶馆管理要规范,要有整套规章制度,并且让所有的工作人员严格遵守。要保持门店整洁,台面、茶具干净,环境清静。工作人员保持仪态端庄、礼貌周到,着装、取茶、备器规范,泡茶心静,茶事服务标准。茶艺师先培训后上岗,保证茶艺流程规范,熟练掌握各大茶类的冲泡;能主动介绍相关茶叶知识,正确解答顾客的疑惑;要讲究推销策略与方法,不强买强卖;更要注重与客人的互动及后期跟踪,建立客户信息档案,及时沟通,延伸服务链。茶馆的日常管理应独立核算、专人负责、日日结算,提升个人效益,激发员工的共同责任意识。范增平先生曾经说:"茶馆没有统一、专业的管理,没有一套系统性的教育,就会出现同级不同水平的茶艺师;如果茶馆发展得好,有能力开连锁店,茶艺师就有了前途感,人才流失的情况也不会频繁发生,茶馆发展也将上一个台阶。"企业只有靠全体员工齐心协力才能健康发展,光靠一个老板,绝对走不长远。

**6. 营销现代化** 陕西水中天茶府坚持成本最小化，统一风格、统一包装、统一茶具分配；产品定价适中，面向广大消费者推出经济型小包装，开辟线上线下的电商销售模式。艺福堂塑造了线上成熟优秀的茶叶电商品牌；武夷山凤凰茶业建立的互联网平台，根据不同用户的思维方式，尝试打造能够引起共鸣的营销方案。云南茶人王心通过微信建立的线上线下、实体与虚拟相结合的茶店营销模式，赢得了一大批稳定的客户群。

2014年"双十一"，"天猫"网站的交易额达到令人目瞪口呆的571亿，而2015年"双十一"，"天猫"的交易额达到912.17亿元。其中无线成交占比68%，参与交易的国家和地区达到232个。茶叶类销售数据显示：消费者对茶叶的关注度越来越高，网购消费群体激增，对八马、大益、天福、谢裕大、卢正浩、张一元等知名品牌和艺福堂、思普、中闽弘泰等电商的认可度很高；对普洱茶、乌龙茶、红茶、黄茶、绿茶、花草茶、白茶等茶类都有涉及。全民网购的今天，茶行业已经不可避免地被拉进网络营销的洪流。

营销方式的变化，也带来了体验方式、消费方式的变革。如商家折扣促销活动、"秒杀一切"的机会、免邮服务、线下体验线上购物等，消费者都乐于参与。在全民网购常态化的今天，网上购物已经是一种生活体验方式，消费者购物日趋理性，而冲动型消费明显减少。基于互联网的营销模式归根结底就是一种思维模式上的创新：你既要有品牌的货真价实，又要给顾客超预期的口碑，还要有高效率的销售模式。说到底，就是要让顾客知道你的产品又好又便宜，又能带来体验快感。国内茶网络营销交易量最大的艺福堂，利用互联网大数据，为大众客户推出"零风险买茶"，品尝3泡，满意则付款；为VIP客户"量身定制茶叶"，根据个人喝茶习惯定制茶叶，每月固定时间快递给客户，一年后满意则付费。这种充分尊重消费者心理感受的营销模式使它获得巨大成功。

2015年5月8日，京东旗下"JD+智能奶茶馆"正式开业，承担孵化器的作用，既包含投资洽谈、企业公关、会议组织等功能，又可以成为新创公司头脑风暴甚至是办公运营的合适场所。这未尝不是一种新的创意与探索。

## 四、结语

茶文化热兴起，茶成为现代人的生活方式，这无疑将是中国茶产业未来的发展趋势。茶业单一生产的业态要向发展形态多元化、产业业态多元化发展；茶文化与茶产业的高度融合将是茶产业腾飞的前提，茶产业文化化将是必然的也是不可阻挡的。茶馆经营者要认清现实、准确定位，坚持特色、坚定信心、坚守规范，全力以赴、兢兢业业，创造新时期茶馆经营的辉煌篇章。

茶馆业的发展除了茶馆业自律以外，还需要有主管部门的指导、督查，需要工商、税务、文化市场管理等部门予以关注和扶助，政府对茶馆行业也应该有统一的"茶馆业管理规则"。对茶馆业主和员工（茶艺师）的培训、考核和奖惩，应明确职能部门；可以成立茶馆协会或者联盟，定期举办"十佳（百家）茶馆"评比、茶馆经营者交流、茶艺人员技能大赛等，规范行业标准，引领行业方向，营造行业氛围，推动行业发展。

（2016年第九届海峡两岸暨港澳茶业学术研讨会大会交流）

# 五峰土家茶文化产业创新模式研究综述

## 一、引言

文化产业是指通过工业化、信息化和商品化方式所进行的文化产品和文化服务的生产、再生产、交换和传播，以满足人们的文化需求为主要目标。其外延涉及文学艺术、影视音像、科学研究、新闻出版、信息咨询、设计策划等，涵盖了文化生产、文化设备和传媒载体三个方面。

文化产业已成为我国国民经济新的增长点，对推动经济发展方式转变、促进经济结构调整升级具有重要意义。

根据《文化及相关产业分类（2012）》和《文化及相关产业增加值核算方法》，经国家统计局核算，2014年全国文化及相关产业增加值23940亿元，比上年增长12.1%（未扣除价格因素），比同期GDP现价增速高3.9个百分点；占GDP的比重为3.76%，比上年提高0.13个百分点。核算数据表明，文化及相关产业在稳增长、调结构中发挥了积极作用。

茶文化产业是一个集合型概念，是指生产和提供具有茶文化内涵的文化产品与文化服务的行业门类的总称。泛指通过工业化、信息化和商品化方式所进行的与茶文化产品和服务的生产、交换、分配和消费直接相关的行业或领域。

其基本分类包括：茶文化产品（如茶文化艺术之都、茶文化生态园、名茶、茶具、茶画、茶书等)、茶包装设计、茶馆业、茶会所、茶文化旅游、茶文化艺术节、茶器设计经营、茶业职业培训、名茶营销模式开发、茶文化动漫、茶文化广告传媒、茶文化音像制品开发和各类茶文化活动等。茶文化产业是文化产业的一个分支，它不仅是一种文化活动，也是一种经济活动，它的出现，开发了茶文化的商品价值，也开发了一个全新的生产领域和经济领域。我国是茶文化的发祥地，具有悠久的茶文化历史并形成了丰富的茶文化资源，随着进入知识经济时代以及产业文化化、文化产业化的发展，茶叶的种植、制作、品鉴、销售也从传统产业形态向更加重视茶叶产品文化含量与创意附加值的产业形态发展，在市场经济营造的商业氛围推动下，蕴含着厚重的中华传统文化的茶文化产业，显现出强劲的发展态势，正以其独特的魅力吸引各种社会资源参与其中，并促进着社会经济和文化的发展。

近几年，从国家到地方政府的高度重视，从央企资本到涉茶民间力量的不断涌现，均说明茶文化强大的生命力已经强势介入经济领域，并发生着日益重要的作用。民生银行的"民生产业金融，支持中国好茶"，深圳华巨臣公司发起的行业盛会"中国茶产业发展高峰论坛"，欧阳道坤发起的"茶企领袖俱乐部"和"茶智业与茶媒体联盟"，周重林发起的"中国茶业新复兴计划"，泊园茶人服张卫华发起的"中华茶馆联盟"，华彩传媒发起的"中国茶产业链同盟"，芬吉茶业有限公司成立的茶学研究院等，这些组织借力茶文化，充分整合各自资源，助推中国茶产业发展。

在新时期，茶产业发展必然以资源的多元化与茶产业的多功能化为基础，构建可持续发展的新机制，单一生产的业态要向茶业发展形态多元化、产业业态多元化发展；茶叶消费也要向吃、喝、用、玩多功能化消费转变，追求品牌化、功能化、安全化、方便化、时尚化。而茶文化与茶产业的高度融合将是茶产业腾飞的前提，推进茶叶整体性增长的茶文化产业，身肩重任，更是不可阻挡的一个朝阳产业。

## 二、研究五峰土家茶文化产业模式的意义

### （一）推动产业结构升级

茶文化与茶叶生产和服务业有着很高的融合度，茶文化产品和茶文化服务可以拓展茶叶经济的空间，有效提高茶叶产品和服务业的文化含量与创意附加值，提升茶叶企业利润，是促进传统茶产业升级换代的突破口。

发展茶文化产业可以创造更加可观的经济效益。一是产业之间的融合有利于产业结构优化升级，茶文化产业是复合型产业，它具有较强的融合功能，可以带动旅游业、生态观光农业和涉游二三产业发展，促进产业融合、经济结构调整优化。二是建立在高文化和高知识基础上的茶文化产业具有广泛的关联性和较高的成长性，发展茶文化产业可以直接推动传统茶产业的创新，成为传统产业创新的重要方式和手段。三是发展茶文化产业，有利于新的文化和新的知识扩散到传统产业中，影响和改变其生命周期、市场竞争状况及其价值创造过程，从而改变其核心竞争力，促进产品的更新换代，在满足市场消费需求的同时，实现企业利润的最大化。四是茶文化产业本身是低耗高效型文化经济，具有需求潜力大、附加值高的突出特点，是绿色产业、朝阳产业，并且可以铸就上下游产业链条，带动相关制造业、旅游、文化、物流、影视传媒等业态的发展。以茶文化旅游为例，推动茶区文化旅游业发展，可以促进茶文

化与旅游等产业融合，开发茶都观光、茶古迹探幽、茶区休闲度假、茶民俗文化旅游、生态茶园旅游，满足人们感受茶文化和休闲的需要。

五峰茶叶生产结构比较单一，茶叶分类仍旧是传统的绿茶和红茶，产量少，质量不高。花草茶、养生茶、果味茶、水果茶等其他茶类鲜有涉及，没有"色、香、味、形相统一，根、茎、叶、花、果相结合"的综合化发展的茶产品。茶叶利用率低，茶叶产值不高。茶资源形态单一，茶产业功能性资源开发不够。

茶文化产业是茶产业结构调整和转型发展的重要拉动力量，近年来我国各地的实践证明，没有茶文化的推动，便不可能实现茶叶经济持续发展。

### （二）传承创新民族文化

"越是民族的，越是世界的"，中华茶文化也是体现中国特色的文化。在新的历史时期，推动茶文化的产业化发展，进一步传承和丰富我国的茶文化，既是我们的历史责任、文化使命，也是现实需要。由于茶文化本身具有累积效应，所以通过产业融合来提升自身文化内涵以及扩大茶文化外延是一个有效途径。茶文化产业的发展能够培育和壮大相关茶文化企业，进而生产制作优秀的茶文化产品，提供优质的茶文化服务，促进茶文化资源的挖掘、保护，为中华传统茶文化发展提供强大的支撑。

例如，近年来福建省茶产业得到快速发展，在澳大利亚"中国文化年"中国茶文化产业博览会上，来自福建重点茶区的武夷山安溪、福安、福鼎等县市知名茶文化企业，展示了安溪铁观音、武夷大红袍、坦洋工夫、福鼎白茶等闽茶名品，福建茶文化艺术团表演了"碧水丹山武夷茶"

等十多个以茶为主题的歌舞和茶艺节目，展现茶文化产业的独特魅力，凸显茶文化的深厚底蕴，展品销售一空，浓浓的中国茶香弥漫在整个澳大利亚悉尼城。

茶文化产业的发展还能够推动茶文化科技创新，运用最新式的科技来改变茶文化的产生方式、消费方式和传播方式，赋予茶文化新的内涵，创造出具有人文性与创意性的新形态的茶文化，让传统民族文化更容易得到传承与弘扬。以茶文化为主题的动漫业、影视业的迅速发展，就是茶文化内容创新和科技创新相结合的成果。福建省时代华奥动漫有限公司出品的全球首部茶文化动画片《乌龙小子》以茶为载体，用现代化高科技手段和拟人化手法，借茶说道，讴歌中华民族茶文化，使观众在娱乐中认识茶文化、传播茶文化。电视连续剧《婀娜公主》以茶乡生活为背景，通过艺术的表现形式演绎丰富多彩的安溪茶文化，大大提高了铁观音的知名度，对传播茶文化产生了积极影响。

浙江武阳春雨大型茶文化茶艺节目《武阳茶缘》以小城爱情为题材，演绎了一段青年男女相遇于江南雨巷茶舍，因茶结缘而相知、相守的故事。故事中，男孩女孩一起冲泡的武阳春雨三道茶，分别对应了感情发展的三个阶段：松针细雨一道茶，为君破阃舒君倦；壶山春霁二道茶，相濡相染共春酽；熟水秋澄三道茶，等闲羡煞神仙眷。从而突出爱情如茶、茶如人生的主题。节目将冲泡技艺与文化艺术完美结合，两者找到了最佳的平衡点，互相映衬，既带给观众感官享受，又给他们带来精神上的熏陶。在不失茶艺本色的基础上，增加表演的文化内涵，传承了民族茶文化，弘扬了正能量。

传承京味传统文化，是老舍茶馆的魂。但在传承的同时，老舍茶馆也讲究新意。新茶艺、新茶宴、新民乐、新皮影戏……今天来老舍茶馆的宾客不再只是怀旧的中老年人和猎奇的"老外"，越来越多的年轻人喜欢上了茶文化和民俗文化。老一辈坚持传统文化的良苦用心到现在终于看到了成效，再次说明越是民族的就越是世界的。罗格夫人来了，基辛格博士来了，老布什总统来了，连战先生也来了……老舍茶馆不仅成为老百姓休闲娱乐的场所，也同样成为国际文化交流的平台。2014年11月9日上午，中国国家主席习近平的夫人彭丽媛女士邀请来华出席2014加强互联互通伙伴关系对话会的孟加拉国总统夫人卡娜姆、蒙古国总统夫人包勒尔玛和上海合作组织秘书长夫人参观首都博物馆。其间，夫人们在首都博物馆内的戏楼前落座，观看展现中国传统文化和北京风情的才艺表演，在一曲民乐《花好月圆》的伴奏下，来自老舍茶馆的茶艺师杨阳、于婷率先上场展示北京茶艺，赢得各位贵宾的赞许。

一片茶叶，承载的是几千年中华民族生生不息的民族精神；一个精彩的创意，表述的是一个品牌、一个企业追求卓越的理念。茶文化创意产业，离不开传统茶文化；传统茶产业发展，离不开创新民族茶文化。

**（三）塑造土家文化品牌**

现代技术条件的发展，使文化载体呈现出多元化、多样性，把多业态的文化产业与制造业、旅游业、建筑装饰业、信息业、包装业等相关产业紧紧地联结在一起。文化资源的挖掘、保存、开发和利用，以及文化产品和服务从生产到传播再到消费的各个环节，前端链接着各类装备制造业（如广播电视、电影、演艺、考古、印刷等设备生产），后端对接各类电子设备制造业（如电视机、计算机、手机、阅读器等终端设备生产），文化内容（如新闻、资讯、影视、动漫、游戏、演艺）已成为信息业、旅游业的"血液"，以设计为核心的文化创意正在改造提升建筑、装饰、包装等传统产业。如果能将土家族文化元素或符号，经过创意设计植入文学、艺术、建筑、装饰和包装材料及旅游纪念品，将会提高五峰茶叶产品的文化含量和附加值。

五峰土家族自治县土家文化资源丰富，原生态性、兼容性、多元性突出。其种类繁多，有土家摆手舞、打绕棺、土家语言、土家山歌、土家转角楼、民间故事、土家西朗卡普、蜡染、绘画、雕刻、传统节日以及民间习俗等文化瑰宝。其中具代表性的为土家摆手舞、土家西朗卡普、土家转角楼、土家山歌。"南曲""五峰土家族薅草锣鼓""土家族打溜子""土家族撒叶儿嗬"均列入国家级非物质文化遗产名录（扩展名录），"五峰土家告祖礼仪""五峰土家花鼓子""五峰采花毛尖茶制作技艺""星岩坪山歌""五峰民间吹打乐"等列入省级非物质文化遗产名录。但开发力度不够，宣传力度不够，保护力度不够，本族后人很少有人懂，也很少有人热爱和传承，很多文化古迹、民族文化精髓遭到严重损坏，有的荡然无存。即便有些开发、挖掘民族文化的举措，商业性又过重，严重破坏了民族文化所固有的特性以及真实性。本研究课题将有针对性地提出以土家茶民俗（土家油茶汤、三道茶）和旅游景点为依托，进行民间工艺品（西郎卡普、银铜器具、蜡染、竹制品、剪纸），地方特色饮食（土家腊肉、土家豆制品、土家酸菜、土家糖晌），民间建筑（土家转角楼群落），民族舞蹈（茅古斯舞、摆手舞）等土家文化品牌的系列开发。

## （四）提升五峰经济内力

茶文化在茶叶经济活动中，具有三个意义：茶文化是中华优秀文化的重要组成部分；文化和产业相辅相成，茶产业的生产力推动茶文化的发展，茶文化也推动茶产业健康发展；茶文化还代表着广大茶人的利益。

中国茶文化之所以能传播到世界各地，中国的茶叶经济之所以能历久不衰，是因为两者是相辅相成的关系，谈茶文化不能没有茶叶经济，谈茶叶经济不能不说茶文化，茶文化与茶经济相提并论是中国茶业的特色，是茶业发展的不二法门。茶文化是茶业发展的灵魂和内在动力。就国内目前而言，茶文化发展缓慢的地区，茶叶经济发展也缓慢；而茶文化活动繁荣的地区，茶叶经济发展也较快。

福建武夷山凭借深厚的茶文化底蕴，着力打造精品文化旅游项目，不断提升旅游形象。将武夷山大红袍传统制作技艺成功申请为国家首批非物质文化遗产后，又代表中国乌龙茶申报世界非物质文化遗产。同时把悠远厚重的茶文化内涵用艺术形式予以再现，打造出精美绝伦的大型舞台节目《印象大红袍》，不停演出，使之成为可触摸、可感受的文化旅游项目，和美丽的自然山水浓缩成一场高水准的艺术盛宴，更给武夷山带来可观的经济效益和社会效益。

伴随着乌龙茶、普洱茶产业的快速发展，乌龙茶文化、普洱茶文化得以被不断发掘、普及和弘扬，茶与人、景、物、天地、大自然的形神结合，达到了人、物、情、景的通灵与交融，形成了独具东方特色的工夫茶文化、普洱茶文化。同时，茶叶产品的营销、品牌树立与茶文化的宣传和普及有机地结合起来，以浓厚的宣传氛围举办各类大型茶事活动，包括组织开展茶叶博览会、茶王赛、茶文化节、茶叶论坛、品茗赏艺等活动，有力地宣传了我国名优茶茶文化的精髓。

研究五峰茶文化发展现状，探讨五峰茶文化产业途径，创新茶文化产业发展模式，对扩大五峰知名度、提升五峰经济实力，将起到积极推动作用。

## 三、五峰土家茶文化产业模式创新的优势

### （一）五峰县茶产业优势

五峰地处湖北省西南部，属武陵山支脉，平均海拔 1100 米，面积 2372 平方千米。1736 年始置县治，1984 年成立五峰土家族自治县。全县总人口 20.8 万人，其中以土家族为主的少数民族人口占 84.8%。五峰是湘鄂西苏区和湘鄂边革命根据地的重要组成部分。县境内溪河密布，山峦层叠，森林繁茂，有"长江三峡后花园"之誉。

五峰产茶历史十分悠久，茶叶品质优异，是中国宜红茶的故乡。据考证，早在 2300 多年前，五峰境内就有自然生长的茶树。早在公元 3 世纪时的西晋，当时的《荆州土地记》就记有"武陵七县通出茶"（一说十县）。唐代陆羽《茶经》载"巴山峡川有两人合抱者""山南，以峡州上"，也佐证了五峰茶的悠久历史。19 世纪初，广东钧大福、林子臣等茶庄商人，先后带领江西技工来渔洋关传授红茶采制技术，设庄收购红茶，产品经宜都、宜昌运武汉，转广州出口，远销英、俄等国，享誉海内外。英国商人漂洋过海来到五峰县，在采花乡设立"英商宝顺合茶庄"，至今还有"英商宝顺合"的金字招牌存于采花茶业科技园湖北茶博馆内。清朝时期，水浕司村出产的茶叶被土司王作为贡品敬献给皇帝。

自 20 世纪 90 年代以来，五峰茶叶产业得到持续快速发展，目前茶叶已发展成为五峰县的第一大特色产业。截至 2013 年底，全县茶叶种植

面积达到 18.82 万亩，产量达到 18814 吨，茶农收入达到 3.95 亿元，茶叶农业产值达到 6.96 亿元，茶叶综合产值达到 17.45 亿元。

在五峰茶叶产业发展上，由于县委、县政府高度重视、常抓不懈，已初步形成生态、品质、品种、品牌、人才等五大优势。

**1．生态优势** 五峰森林覆盖率达到 81%，位居湖北省各县（市）之首，茶园被森林所包围，茶在林中，林在茶中，形成"条条块块镶嵌在林中，峰峰峦峦漂浮在云中"的生态茶园格局。丰富的森林落叶源源不断地为土地补充有机物质，生物的多样性也维持了茶园害虫与天敌（有益昆虫与鸟类）的生态平衡。

**2．品质优势** 五峰茶最突出的特点是滋味鲜浓，回味甘甜。这是因为五峰独特的土壤条件和自然环境非常适宜优质茶叶生长。一是土壤优质，五峰境内成土母质多为泥质岩，良好的土壤结构就像"棉布"一样保水、保肥，天然营养丰富，含有丰富的锌、硒等多种对人体有益的微量元素。而在一些花岗岩、硅质岩地区，土壤像"化纤布"一样，保水、保肥效果相对较差。二是气候适宜，亚热带湿润气候和立体气候明显。五峰年平均气温 13℃～ 17℃，终年云雾环绕，雨水充沛，茶叶的持嫩性明显好于纬度偏高、雨水较少的偏北地区。五峰海拔 2000 米以上的山峰数量超过全市的一半，最低海拔 150 米，最高海拔 2320 米，垂直气候明显，昼夜温差大，茶树因光合作用积累的营养成分多，有利于滋味、香气等物质的形成和积累，立体气候优于武陵山其他地区。

**3．品种优势** 一是群体品种栽培历史长、面积大。五峰长期栽培下来的群体品种有 4 万多亩，非常适应本地的自然和气候条件，品种优势明显。五峰产茶历史悠久，在陆羽所著《茶经》中早有记载，距今已

1300 多年。生长于采花乡黄家台村的"茶树王"，是五峰本地群体中小叶品种的代表，距今已有 500 多年历史。目前，五峰已从本地茶树群体中选育出鄂茶 7 号、五峰 310 号和 212 号等 3 个省级无性系茶树良种。五峰茶叶原生品种氨基酸含量达到 7%，而一般品种含量只有 4%；水浸出物最高接近 50%，而一般在 30% 左右。

**4．品牌优势**　五峰先后被命名为"全国无公害茶叶示范县""中国名茶之乡""全国十大生态产茶县"和"全国重点产茶县"；采花毛尖被命名为"湖北名茶第一品牌"，获得了"中国驰名商标"，湖北采花茶业有限公司为国家级农业产业化重点龙头企业，实力雄厚，发展势头强劲。2011 年 3 月 23 日，采花茶业科技园一期工程正式投产，整体达到国际一流水平，湖北茶博馆也同步开馆。

**5．人才优势**　五峰有一批从事茶叶工作的技术干部，仅高级农艺师就有 5 名。近些年我县还将"茶叶技工"作为特色劳务品牌进行培育，选拔茶叶乡土拔尖人才，全县涌现出一批茶业行业实用人才，成为提升五峰茶叶品质的重要资源。同时，与中茶所、省农科院、华中农大等科研单位建立紧密联系，为五峰茶叶产业发展提供了有强有力的技术支撑。

**（二）五峰县土家文化资源优势**

**1．土司文化优势**　五峰史称"蛮夷"之地。元、明、清初时期与鹤峰县同属容美土司管辖，直至雍正末年（1735 年）"改土归流"为止，境内残存有大量的土司文物古迹。例如，位于五峰镇水泾司村的土司城垣遗址，现残存有房屋基石、祖碑、抱鼓石、石柱础、石维及石刻等遗物；位于采花乡白溢寨的土司帅府遗址，有观武台、习武厅、哨口、炮台岭，哨棚岭、望湖楼、中营、湖坪、衙署、泮池、月弓桥、关帝像、整石缸、衙门岭、公案岭、前红土、左漂水、右小章和后关等关卡遗迹，还有世上独一无二的"暑天冰穴"奇观，均为宜昌市人民政府重点保护文物。此外，还有位于五峰镇竹桥村的土司寨堡遗址，位于五峰镇水浕司村的老衙门墓群和容美土司三军旗长田海寿墓、容美土司田寿年墓、土司文林郎田荣斗夫妇墓，位于长乐坪镇腰牌村的土家族著名诗人田泰斗墓；位于采花乡渔泉河村漂水岩河五峰镇竹桥村的"汉土疆界"碑是研究容美土司疆域分野的重要依据，湾潭镇岗坪村百顺桥碑、新改荒路记摩崖石刻均为省级重点保护文物。

**2. 茶文化资源优势** 五峰有底蕴深厚的茶文化资源。事实上，自古以来，茶叶生产已经与五峰人的生产、生活密切关联，长久以来积淀的茶文化以诗词、传说、美术、歌舞、戏曲等形式融于民风民俗之中。因此，应充分挖掘五峰茶叶在物质和精神两个层面的文化资源，这些资源包括茶的历史、生产和礼仪等。

比如五峰水浕司村的采茶文化就很有特色。水浕司村是五峰县集中产茶区，也是宜红茶主要产区之一，几乎家家有茶园、户户会做茶。茶农喜摘新茶时，就像过节一样，邀请亲朋好友、邻里乡亲去帮忙采茶开园，少则数十人，多则上百人，有的茶农还请当地的锣鼓队来助兴，边敲锣打鼓边唱土家人的山歌。这时在茶园采茶的姑娘们穿新衣，戴花围腰，打扮靓丽，随着锣鼓唱山歌，此起彼伏，甚是热闹。

现有的五峰茶文化资源既有适合产业化开发的类型也有不适合产业化开发的类型，既有有形资源也有无形资源。这些茶文化资源涵盖茶的发现、茶的历史、茶的生产、茶与风土人情、饮茶艺术、茶礼仪式、文学艺术、科技成果等方面的内容。

具体而言，现存湖北茶博馆的大型水力揉茶机、保存在北京农业展览馆的木质茶叶揉捻机，还有古老的脚踏揉捻机、畜力揉捻机，土家采茶用的竹篮、竹篓，晒茶用的竹匾，煨罐罐茶的陶土罐罐等五峰土家族茶具及茶叶加工工具，反映土家饮茶文化的茶书、茶诗茶歌（详见《宜昌土家茶民歌文化魅力研究》课题总结）、茶画、茶舞蹈、茶戏曲（《茶山七仙女》），留存的古茶园、古茶树、茶地名、茶马古道等古代茶叶加工及运输路线，属于有形的茶文化资源；茶史、茶哲学、非物质文化遗产、茶冲泡记忆、茶加工技艺、茶民俗（罐罐茶、油茶汤、四道茶）等属于无形资源。

例如，五峰古茶道沿线有古石桥、骡马店、碑刻、摩崖石刻、古道岩板路众多古迹，起点经由采花乡采花台、莫家溪，呈东西、南北两条线：南线由将军垭、湾潭龙桥、九门，桑植至长沙，北线经长茂司、星岩坪、鸭儿坪、渔峡口、资丘、长阳往北。西向为水瓢子、后槽子马店，采花台骡马店、树屏营、刀枪河、岩板河、百顺河、鹤峰、恩施；东线经楠木桥、西潭、红渔坪、栗子坪、九孔、高古城、石良司、古长乐县城、白鹿庄、长乐坪、渔洋关、湾潭、聂家河、宜都至汉口。东西向200余千米，南北距100余千米。骡马古道的形成早于英商在采花设"宝顺和茶庄"之前，至今已400余年历史，是五峰容美土司时期经济贸易、交通运输、对外交流和文化融合的一条重要纽带，具有很高的文化价值。

五峰土家茶文化有着本土化、民族化、原生态的特点，具备真善美的核心内涵，要做好土家族茶文化的保护、研究、开发与传承，将茶文化资源及核心价值整合融汇到企业、产业、品牌之中去，使之成为弘扬土家文化的最佳载体。

### （三）五峰旅游资源优势

**1．自然旅游资源丰富**　五峰北接八百里清江，南通武陵源、张家界，位于北纬 30 度地球圈上，所处纬度条件优越，植被葱茏，森林覆盖率达 79.1%，生态环境居湖北省县市之首。据专家调查，境内有旅游资源实体 502 处，共 5 大类、23 种旅游资源基本类型，其中自然资源基本类型占全国类型数的 61%。五峰有许多未经人为开发的自然生态旅游区，境内植被茂盛、风景宜人，具备有山有水、有原生态文化、有国家级和省级非物质文化遗产以及农家乐等生态旅游条件。处处都是桃花源式的生态风光，有以柴埠溪茶叶公园、香东茶叶公园、采花茶园为代表的茶景观光资源，还有以白岩坪现代农业展示园、高山无公害蔬菜产业园等为代表的生态农业观光资源，以及土家民族风情的百溪河吊脚楼群居。这些保持完好的原生态旅游资源以其绝佳风光给人耳目一新的感觉，能吸引大量的省内外游客。

**2．人文旅游资源丰厚**　五峰是土家族主要聚居地，土家族人口占全县总人口的 84.8%。其民族文化底蕴丰厚，人文风情独具特色。有优美动听的民歌民谣、涉题广泛的故事传说、粗犷豪放的民间舞蹈、别致珍奇的吹打乐曲、寓意深刻的谚语谜语、琳琅满目的西朗卡普和遍布县境的名胜古迹，有中国民间故事家"刘德培""山歌三姐"等富有影响的民间艺人，有历史悠久的"采茶、制茶、饮茶"系列茶文化；有"渔洋关市苏维埃政府旧址""江南游击队会师纪念碑"等红色旅游资源。

### （四）政府政策优势

**1．宜昌发展的大环境**　宜昌市的定位是世界著名的水电能源基地和旅游名城、长江中上游的中心城市之一、湖北省副中心城市。应落实科学发展观要求，使宜昌全面实现现代化，创造良好的人居环境，使宜昌成为宜居与创业的城市，在中部崛起战略下崛起于中部，并以"优化结构、提高效益、降低消耗、保护环境、改善民生"为基本目标，促进宜昌经济社会科学发展。2014年9月2日宜昌市委、市政府召开"加速推进文化旅游产业大发展"的专题会议，强调"文化旅游是宜昌的最大特色，文化旅游产业是全市重点扶持的支柱产业"，是"大强优美"现代化特大城市的重要功能，是城市的形象和窗口。"要加快推进文化旅游产业科学发展、跨越式发展。"这为五峰茶文化产业的发展指明了方向。《宜昌千亿文化旅游产业三年行动计划》《宜昌市创建全国旅游标准化示范城市实施方案》进一步明确：到2016年全市文化旅游产值将突破1000亿元，文化产业产值达到400亿元。宜昌将在旅游交通、住宿、娱乐、文化创意等方面，打造一批重点项目，完善产业体系。着重强调通过"强景区、创名镇、兴演艺、强文化、创品牌、创名企、融传媒、优创意、旺会展"的举措，立足自然山水文化、土家民俗文化、历史名人文化、现代工程文化等特色文化资源优势，开发一批以非遗传承、工艺美术品为特色的文化产业项目，把宜昌建成全国一流的休闲度假旅游目的地。

**2. 五峰新县城建设的新机遇** 2011年4月14日，经国务院批准，渔洋关镇成为五峰县新县城所在地。五峰县渔洋关镇，历为江汉平原、三峡地区通往鄂西山区的"咽喉"要道，有"小汉口"之称，古镇内自然与人文景观交相辉映，中有"渔洋十景""渔洋十味"等传统景点，最大的柴埠溪4A景区集"食、住、游、娱、购"于一体，旅游休闲中心形态初具。此番迁城，渔洋关将迎来前所未有的发展机遇。五峰县委县政府按照"打造具有土家茶乡特色的生态文化旅游城"的规划定位，坚持"强工兴农、荣商活旅、城乡统筹、跨越发展"的发展思路，着力构建经济、文化、商贸中心，以"宜居、宜旅、宜业"为根本，突出"绿色、生态、民族"等元素，力争用三年的时间，集中力量建设"茶乡生态旅游新城"。近几年来，五峰县委县政府加大对茶产业的引导扶持力度，在资源整合、产业化建设、质量安全监管及品牌提升和宣传等方面采取了一系列措施，有力地促进了农业增效、农民增收和社会和谐稳定。着力构建全县旅游发展大格局，按照"长阳的水、五峰的山、土家文化的魂"发展思路，统筹规划建设县内旅游资源，"连点成线、连线成网"，推进柴埠溪、白鹿石林、后河、长生洞和白溢寨等景区建设，逐步形成生态旅游大板块，实现五峰旅游成为生态文化旅游的精品线路和"鄂西生态文化旅游圈"中璀璨明珠的目标。

在茶产业发展上，县政府确定茶叶产业发展大方向，制定茶叶产业发展战略。五峰茶叶产业发展的战略目标是"建设大基地，发展大企业，打造大名牌"，实施产业化经营，同时加强茶文化建设，突出地方特色。积极拓宽融资渠道，为茶叶产业发展提供充足的资金保障。全县捆绑农业综合开发、退耕还林、扶贫、以工代赈和企业技改等方面项目和资金，引进外资投入茶叶产业发展，宜昌市国贸融资公司也被引进加入采花茶业合作开发经营。政府及其部门开展好一系列服务，在高标准、严要求发展茶叶加工企业的前提下优化茶叶企业的发展环境。茶叶加工企业建设高标准要求、重政策扶持，符合标准而且信誉好的茶叶企业在政策上给予信贷资金支持和以奖代投，少则几十万，多则上百万，甚至为其融资上千万，用于鲜叶收购、设备技术改造和茶叶科研攻关。政府带领茶叶企业走出去、引进来，占领市场，让市场引导茶叶产业发展。

政府的高度重视与积极的政策扶持给五峰茶文化产业发展提供了有力保障。

## 四、五峰土家茶文化产业模式创新对策

茶叶是五峰重要的传统产业、历史产业、主导产业、可持续发展的支柱产业，是历史上重要的农产品出口商品。五峰茶叶特产资源丰富，共有 11 类 160 多个品种；品质优良，"天麻剑豪""采花毛尖""水仙春毫"名优茶多次获得国内、国际金奖；县委县政府重视茶产业发展，茶文化与茶产业融合力度逐渐加大，茶文化产业发展势头良好。但是由于基地管理松散、产品结构单一、公用品牌缺失、市场不够健全、专业人才不足，导致在基地生产、市场营销、企业管理、文化植入、产业延伸等方面还存在很多问题。

新时期五峰茶产业的发展，要转变茶园功能，从单一加工原料向生产、生态、生活多元化转变，引导茶叶消费形态从饮茶向吃茶、用茶转变，茶叶加工方式由粗放向精细化、规模化、标准化转变，促使茶叶效益产出模式由数量增长型向质量效益型转变，茶叶驱动力从单体向第三产业带动第一、第二产业联动转变。

在大力发展文化产业的东风下，五峰要学习借鉴云南开发"普洱"茶文化、武夷山开发大红袍文化、安溪开发铁观音文化的成功经验，结合土家族的发展历史和民俗风情，加强对茶文化、企业文化的研究和宣

传，进一步挖掘、整理五峰茶文化和采花茶业公司的企业文化，使产业与文化、产品与文化、营销与文化、茶叶与旅游文化紧密结合，通过整理、挖掘、宣传、利用茶文化和企业文化，进一步提升"采花毛尖"品牌的内涵和采花茶业公司的形象，提升五峰茶的文化内涵和文化附加值。具体来讲，就是茶文化产业要实施"七一模式"。

### （一）挖掘土家文化资源，塑造一个土家茶文化品牌

**1. 创编民族特色茶文化节目**　五峰沉淀了丰富的土家茶文化资源，表现为现存的、流传的土家茶山歌、茶诗词、茶戏剧、茶歌舞、茶民俗。挖掘、整理、恢复民族传统茶文化，对发展五峰茶文化产业意义重大。

作为茶文化资源开发的主导者，政府应做好充分的前期准备工作，了解五峰茶文化相关的基础知识和地域知识，制定好切实可行的规划，并组织相关的专业人员进行探讨，以求能够更系统、更深入、更合理地开发与挖掘茶文化资源。要以茶文化作为媒介和平台，在这个大平台上搭配优美的自然环境、独具特色的自然景观和人文景观以及极具文化内涵、表现形式多种多样的民俗民风活动，加上合理的开发和利用，创造出以五峰茶文化为特征的文化商品，以此来促进茶产业的全面提升。

课题组经过两年的深入调查与采访，基本完成五峰土家茶歌的搜集整理工作，拟出版《土家茶歌撷英》一书；构思创编一台大型民俗风情歌舞，集土家非物质文化遗产、民俗、茶乡风情、传说故事于一体，包含歌舞《哭嫁》、山歌对唱、击乐演奏《打溜子》、满堂音《绣香袋》等独具土家特色的节目，来展现五峰土家族悠久的历史、瑰丽的习俗和旖旎多姿的茶乡风情。2014上半年开始，县委县政府、文化部门、宣传部采纳建议，以方一方同志为主要创编人员和文案撰写者，完成《我在茶

乡等你来》的创编与排演，同年10月9日在中央民族歌舞剧团民族剧院上演，是2014年中央民族歌舞剧团"光荣绽放"秋季演出系列剧目中，唯一一个少数民族受邀进京参演的剧目，同时也获得首届"宜昌文华奖"九项大奖。节目引起强烈反响，极大地扩大了五峰的社会影响，为继承弘扬五峰茶文化做出了积极贡献。

建议除了现有的《我在茶乡等你来》外，创新改编经典《茶山七仙女》歌舞情景剧、新创《茶马古道》《醉了茶乡》茶歌，使五峰形成茶文化"一书一剧一曲一馆"等一系列反映茶乡风情、传承土家茶文化的品牌。

**2．定期举办茶文化艺术节**　五峰采花毛尖是湖北著名茶叶品牌，可以依托采花乡优质的原生态茶叶资源，以茶叶开园节为契机，每年清明节前后举办五峰茶文化艺术节，内含土家传统采茶表演、"采花·印象"歌舞表演、"采花仙子"评选活动及与茶叶有关的摄影展、书画展，吸引外地游客到各个茶叶基地、茶叶观光园区亲自采茶、制茶、品茶，体验茶文化；邀请各地茶商在开园节上斗茶、赛茶，推广采花乡"楚天名茶第一乡"的品牌。可以进一步提高五峰作为湖北第一茶乡的知名度，同时将茶产业与旅游业相结合，塑造"茶城"的旅游形象，全面延伸五峰茶文化的综合效益。

**3．完善茶博馆功能**　湖北省茶博馆由湖北省农业厅主办，湖北采花茶叶集团承建。占地面积达2000平方米，馆内设有主展厅、三君子厅、茶源馆、茶道馆、茶艺馆、展售馆、采花堂等。汇集了中国六大茶类标本、制茶工具、制茶工艺、土家茶诗词、与茶有关的历史文物等，层次分明地展现了五峰采茶、制茶的历史演变过程，其中"英商宝顺合茶庄"

的牌匾是镇馆之宝。但作为湖北省唯一的综合性茶叶博物馆，其传播茶知识、普及茶科技、弘扬茶文化的功能还有待完善，硬件档次有待提升。要立足湖北，突出土家茶文化，进一步通过图、文、物、声、演并茂的形式，系统展示茶叶科学知识、茶具知识、五峰茶叶种植采摘加工工艺流程，湖北特色茶品种，增加土家特色茶艺、茶民俗动态演示，土家茶诗词、茶民歌、茶戏曲的有声展示。

同时还要完善茶博馆周围的生态观光园建设，兴建大型茶文化节目《我在茶乡等你来》演出基地，使之成为五峰文化生态旅游的一张吸引人的不可复制的名片。要让茶博馆成为政客、茶客、游客、文人、艺术家、普通市民流连忘返的高雅场所，让参观茶博馆成为来宜昌甚至湖北旅游必不可少的环节。

应把茶博馆办成青少年爱国主义教育基地，定期组织学生参观学习，进行知识竞赛，使儿童从小接受传统文化熏陶。

应结合新图书馆建设，保留并发展茶叶图书馆藏，建成全国知名的"茶叶专业图书馆"。

**（二）提升茶叶品牌质量，凸显生态有机特色**

茶叶品牌的设立涉及内质、安全、外形、包装、价格、文化、服务等核心、中端、外围因素。不管是机械化技术的采用，茶树良种、植保技术、加工技术的运用，还是加工工艺、包装技术的改进，品牌建设过程中的各个要素都要贯穿科技创新。

品牌的市场竞争，关键是产品质量的竞争。要在茶品牌林立的市场中站稳脚跟，就要树立五峰茶高质量的品牌形象，树立"质量就是生命保障"的意识。随着人们对食品安全重视程度日益提升，今后的好茶绝不仅仅只靠口感、外形、汤色、叶底、泡数等标准来衡量了。过去几年，五峰茶叶通过名优茶建设，有效地拓展了省内外茶叶消费市场。但也出现了名优茶导向上的偏差，导致企业过度重视礼品市场开发，"买的不喝，喝的不买"，依赖于关系销售，而忽视了消费者在茶叶消费过程中所关心的"安全、便捷、物有所值"等根本性问题。五峰要坚持"继续抓好名优茶，积极开发有机茶，普及无公害茶"的茶叶生产工作思路，把有机茶开发作为贯彻"生态立县"战略的主要措施来抓，以企业、消费者、文化为核心，建立商标品牌战略。政府负责搭建平台，从茶业产业配套、保存运输、餐饮、通讯、加工等方面加强建设，为企业公平竞争营造良好环境。行业协会要负责宣传、推广、传播土家茶文化；企业则要优化自身生产条件，把茶叶产业做大做强做优做特。企业在保持采花毛尖等传统工艺基础上，要注重技术创新、产品创新，实现科学化、自动化、清洁化、标准化生产，确保五峰茶品质。要坚持走生态之路、环保之路、有机之路、国际化之路，提升品牌价值。

**1. 加大有机茶叶基地建设力度** 农业主管部门（茶叶局）应做好行业发展规划，加快农村城镇化建设和农业产业结构化调整，制定政策适度控制茶叶种植面积。要加大良种推广力度，为茶叶品牌打好品种基础。鼓励通过改进栽培、管理技术来提高单位面积茶叶的产量和经济效益。同时以核心企业原料基地和茶叶主产区为重点，坚持从茶园培管用肥、土壤管理、病虫害防治、耕作模式、茶区周边生态维护等各个环节加强控管，加速推动茶叶基地建设向有机茶基地标准对接，不断提高茶叶基地管理水平。严格按照有机茶基地建设标准，逐步实现适宜茶叶主产区的茶叶基地建设有机化。

**2. 培育龙头企业, 提升产业化水平**　培育一批茶叶龙头企业, 组建一批茶叶专业合作社, 发展一批示范茶厂, 建成一批高质量的名茶生产基地。

坚持"龙头企业+基地+茶农""企业+专业合作社+农户"为主的产业化模式。以经济实力较强、有辐射带动能力的公司、加工企业等经济实体为龙头, 带动茶叶原料基地和区域茶业经济的发展。以龙头企业为依托, 联合基地和农户, 形成产加销一体化。

探索"行业协会+专业厂家+茶农"的群众性、专业性、互利性和自治性强的经营服务体系;"利用专业茶叶市场+经销户+茶农"的产业化模式, 培育和发展茶文化商品市场, 特别是茶文化商品批发市场。五峰茶城可以进一步学习夷陵茶城和采花茶城, 注意茶文化的打造, 不仅要成为茶叶集散地, 还要成为茶文化服务中心、游人参观的一个亮丽景点。

要特别注重培育土家茶文化产业品牌。茶文化产业的发展, 贵在利用文化创意和标准化建设树立品牌企业、品牌产品, 如福建安溪八马茶业和中闽魏氏的茶庄园, 借鉴葡萄酒庄模式发展起来的茶庄园, 采取包括营销理念和品牌战略在内的整套经营模式, 是对现代标准化的茶业管理模式的创新。

云南普洱市景迈柏联普洱茶庄园, 坐落于有机茶园之中, 毗邻以千年万亩古茶园为核心的景迈山芒景风景区, 北向普洱绿色三角洲, 东临西双版纳热带雨林区, 周边聚居着布朗、拉祜、哈尼、傣、佤等少数民族, 自然及人文旅游资源极其丰富。彩云蓝天、繁星皓月、园林茶山、多彩民俗、古寨灯火, 让游客品味天人合一的悠然雅境。它已经成为普洱市一个重要的茶产业和旅游业的名片。五峰可否考虑引进一家类似的酒店，既可以提升整体五峰旅游业实力，又为五峰茶产业树立一个品牌。

**3. 建立健全质量管理体系，保障茶叶质量安全** 质量是品牌的基础和核心保障，要参照国际通用的有机茶及国家核准的质量，实施"规模化基地、标准化生产、品牌化经营、产业化运作"的有机茶产业发展模式，狠抓生产源头管理，实施茶园统防统治。以有效控制茶叶农残为目标，建立茶树病虫预测预报体系，并开展茶树病虫害统防统治试点，逐步形成从茶园培育、采摘、加工到销售的质量跟踪体系，确保茶叶"从茶园到茶杯"各个环节质量安全。除了名优茶以外，要大力发展更适合广大消费者品饮，也适合企业进行大规模生产和品牌化经营的优质茶叶产品，对这部分产品来说，建立标准化的生产管理体系是关键，包括建立茶园建设、生产加工、产品品质、市场销售等方面的标准，以适应机械化、标准化、规模化生产要求。

**(三) 整合旅游资源，打造一条土家风情茶旅专线**

从文化资源的具体情况来看，我们可以发现文化旅游是五峰主要的文化经济类型，也满足目前最为常见的茶文化与茶经济结合的主要模式。

茶文化旅游是指茶业资源与旅游进行有机结合的一种旅游方式。其基本形式是以秀美幽静的环境为条件，以茶区生产为基础，以茶区多样性的自然景观和特定历史文化景观为依托，以茶为载体，以丰富的茶文化内涵和绚丽多彩的民风民俗活动为内容，进行科学的规划设计，涵盖观光、求知、体验、习艺、娱乐、商贸、购物、度假等多种旅游功能的新型旅游产品。

茶文化旅游以茶业生产为基础，注重茶业生态环境的改善，以旅游经营为重点，重视有效开发茶业资源，具有高效益、低风险的特点。开发茶文化旅游，可获得茶业与旅游业两种产业的综合经济效益。

随着茶文化热的兴起以及旅游农业的发展，各产茶区都积极开发茶文化旅游资源，充分利用当地的茶叶旅游资源，挖掘当地特色，以其特有的风情吸引各地游客，取得了丰富的成果和效益。当前茶文化旅游的发展类型包括生态观光茶园、茶文化主题公园、观光休闲茶场、茶乡风情游等形式。

在福建，安溪县在全国率先推出了茶都观光、生态探幽、休闲度假、古迹览寻4条以茶文化为特色的旅游线路，景点包括茶叶博物馆、凤山茶叶大观园、大坪生态茶园等，特别是和名茶发源地、古建筑、宗教旅游等相结合，为安溪县带来了巨大的经济效益，"安溪茶文化之旅"现已成为茶文化旅游的黄金路线之一，安溪县也从以前的贫困县变成福建"经济发展十佳县"。重庆永川区更是利用自身的资源优势，把茶产业与旅游业结合起来，将2万亩连片的大型茶园开发成茶文化旅游基地。江西婺源县金山生态茶业观光园是一个集观光、采茶、茶叶制作、茶艺表演、品茗、购茶为一体的综合性生态茶园。

在云南，人们注重培育普洱茶文化旅游产品的忠诚爱好者，强化普洱茶产品的唯一性，培养游客对产品的忠诚度并提高重游率，他们把普洱茶种植、采摘、生产、加工等过程融入生态观光茶园、普洱茶博物院、茶马古道等普洱茶文化旅游产品的组合要素当中，使游客对普洱茶源远流长的历史文化产生直观的体验和感受。这些都是以茶产业和茶文化的培育为主线，以发展茶文化旅游为重点的产业发展典型。

**1. 深入挖掘，科学规划，统筹发展** 五峰县要高度重视旅游发展同生态环境与文化遗产保护相协调，正确处理旅游资源开发与保护的关系，坚持统一规划、科学开发、有效保护、永续利用，实现经济效益、社会效益和生态效益的有机统一。要突出土家文化特色，充分挖掘五峰文化底蕴，深入挖掘旅游产品和旅游服务的文化内涵，加大对文化、文物、非物质文化遗产和红色旅游资源的科学开发，在民族建筑、服饰、语言、歌舞、饮食、商品、民俗、节庆等方面培育旅游文化产品亮点。根据市场导向着力开发具有五峰地方特色、民族特色和较强市场竞争力的旅游商品，满足游客购物需求。

建议以新县城（渔关镇）为中心，以柴埠溪、后河、白溢寨三大精品旅游景区为重点，集中力量整合特色优势资源、构建精品旅游线路、开发重点景区景点，着力打造生态文化品牌，扩大旅游产业规模，提升旅游产业质量，将资源优势转化为产业优势、经济优势和竞争优势，努力把五峰建成"鄂西生态文化旅游圈"中最具魅力的生态文化旅游"明珠"，建成国内外最具吸引力的生态文化旅游目的地之一。

要注重生态旅游、茶文化主题公园、茶文化观光园（茶叶生产、加工）的基地建设，扩大旅游休闲时尚文化产业链（休闲养生度假基地、土家特色美食街），民俗文化体验产业链（白溢寨民俗文化主题体验村、土家风情街、旅游产品项目开发），节庆旅游产业链（春茶开园节、土司文化节、文学艺术采风），演艺文化产业链（以茶文化和土家民俗风情文化为主题的《我在茶山等你来》大型商业演出），旅游文化衍生品产业链（旅游商品制造、旅游购物、土家特色干腊货、茶饮器具）。可集中建设特色工艺品一条街、特色餐饮一条街、休闲娱乐一条街、民风民俗一条街。

　　建设旅游文化名街、名镇、名村，打造文化旅游特色产业集聚区。积极开发文化旅游产品，推动文化与旅游结合，打造一批具有土家文化特色的旅游精品线路和产品。开发文化创意产业集聚区的旅游功能，鼓励设计、制作独具地方文化特色的文化旅游工艺品，挖掘文化旅游品牌形象价值，拓展产业链条。

　　**2．建造青岗岭生态茶叶公园**　青岗岭茶园位于渔洋关新城西南，包括曹家坪青岗岭、三房坪樱桃山、汉马池仁园寺等连片茶园。建议由采花茶业集团延伸投资开发，将青岗岭茶叶公园改为采花茶叶公园，借助采花品牌知名度，实现双赢。将茶园开发与茶马古道、渔洋关古城相结合，重点发展茶文化观光、休闲、娱乐等旅游项目，按照4A级景区标准，建成别具特色的土家风情茶叶公园。内设茶文化演艺中心、"茶乡人家"休闲文化区、游步道及观景亭、建立茶树良种展示区。在公园中开辟一处休闲文化区，区内建造茶楼，供游人品茗休闲。茶楼内设置一个展览茶叶、茶具、茶玩的展厅，主要展示五峰的各种茶叶及全国各地的各种茶具、茶玩等，宣传五峰茶叶。进行茶艺表演，使游客在品茶的同时学习茶文化知识，了解五峰茗茶。同时进行茶叶交易，形成具有茶叶品饮、销售、展示多种功能的茶文化宣传点。另在区内配置农家乐，经营土家风味美食。区内建筑按照与周围环境相协调的原则，采用土家族吊脚楼建筑风格，木质结构，黑瓦白墙，雕梁画栋，古香古色。在公园内修建茶圣陆羽雕塑及茶马古道雕塑。采茶期安排采茶姑娘身着土家民族服饰进行采茶表演，并邀请游客参与采茶，增强游客的体验。

　　**3．建设土司文化博物馆**　充分利用白溢寨的自然风光，在白溢寨兴建土司文化展示馆，对中国的土司制度、发展历程、土司文化进行综合展示，并把五峰境内的土司遗迹如百顺桥石碑、汉土疆界碑、诰命恩昭碑、九峰桥碑刻、山高水长摩崖石刻、万全洞记石刻、情田洞记石刻、万人洞记石刻等按原样复制在此集中展示。恢复重建原白溢寨南街、北街。对现有民居进行改造，重建青石板老街；兴建土家文化街区，用于展示土家风情，如摆手舞、放风灯、唱堂戏等。建筑风格采用仿古设计，修旧如旧，突出古朴氛围。定期举办各种节庆活动，让游客"未尝风土，但见人情"。

**4. 兴建采花茶文化休闲集市** 依托湖北省茶博馆，对茶博馆周边进行整体改造，建设茶文化广场。广场上设演艺中心、品茗区、美食区等，形成集茶文化展示、茶叶生产加工、休闲娱乐、商业贸易、文艺展演等功能于一体的茶文化休闲集市，吸引柴埠溪、古城、茶叶公园等景区的游客晚间在此休息、品茶、品尝美食、观看演出。《我在茶乡等你来》舞台剧要成为将渔洋关打造成不夜之城、欢乐之城、休闲之城的靓丽品牌。改造后的休闲集市可以作为一年一度的茶文化节的举办地点，成为五峰采花品牌的重要载体。

抓住五峰新县城搬迁重建的契机，把渔洋关古城的建设和茶马古道的开发结合起来，突出茶马古道文化，同时融入土家文化、茶文化及茶商文化元素。在古城中建造骡马店、客栈、饭馆、茶楼、茶馆，商铺等，恢复英商宝顺合茶庄，还原产茶季节渔洋关上人背马驮、商贾茶客川流不息的繁荣景象，突出"茶马古道重镇，土家风情集市"形象。

五峰境域内的旅游线路设计要贯穿生态、健康、休闲、文化的理念，要让游客乐于进山，完整游览柴埠溪、青岗岭万亩森林茶叶公园、渔洋关古城、五峰老县城、栗子坪、白溢寨、长乐坪连理天坑、仁和坪彩虹谷等重要景区，深切体会五峰的自然、人文景观；又要让他们乐于留宿，欣赏回味五峰独有的土司文化、茶马古道文化、土家民俗。

**(四) 注重品牌营销，做好一系列文化宣传**

五峰县茶叶品质优良，小品牌众多，据不完全统计，五峰县境内目前小有名气的茶叶品牌大概有 30 多个，采花毛尖以外有千珠碧、千丈白毫、忠顺、汲明毛尖、虎狮、五峰银毫、一品白溢春等。我们不否认这些品牌茶叶的品质，然而小品牌各自为战，不能抱团出击，就无力抗衡外来茶品牌。

**1. 打造"五峰茶"大品牌，突出拳头产品** 实行"四个统一"的管理模式，即统一品牌、统一包装、统一标准、统一监管，同时在产品标准、加工规程、检验检测方法等方面实现产品质量达标而且稳定，全力联合打造"五峰茶"大品牌，突出采花毛尖等拳头产品。

充分利用政府和市场资源，提高品牌管理水平，扩大品牌影响力。加强生产厂家准入制度，实行"母子品牌"运作模式，以企业为主体，抱团开拓市场；以政府为主导，监管品牌发展。政府负责组织企业参加展览，扩大"五峰茶"品牌知名度；组织茶叶评比，对各企业五峰绿茶系列茶产品进行评比，评比优胜者颁发证书奖励，促进茶企间的良性竞争；定期抽样检测，监测"五峰茶"质量安全，并将结果通过媒体等途径向大众公布，促进公众对"五峰茶"品牌的信任。

**2. 提升品牌社会价值** 树立以"采花毛尖"为代表的"五峰绿茶"公共品牌整体形象，坚持以"采花毛尖""天麻剑豪""水仙春毫"等企业品牌为重点，大力推进"公共品牌+企业品牌"的双品牌战略，常态化举办茶事活动，通过一年一度的"五峰春茶节""采花毛尖开园节"、斗茶大赛、茶仙子评比、采茶制茶比武等活动，强化品牌社会价值，加强品牌营销宣传。在中央、省、市主流媒体和交通要道、酒店宾馆、车站码头等地加大广告投放力度，重点推介五峰县茶文化以及后河、柴埠溪、白溢寨、长乐坪等旅游品牌，让五峰成为湖北甚至中南地区的后花园。

产品包装要突出五峰土家文化特色。中华茶文化所包含的人与自然和谐共处的哲理，充分体现了中华民族追求和谐包容、天人合一的哲学理念。这一深深植根于绿色土地中的哲理，是茶文化的美感所在，也是产业的核心资产。茶产品过去的包装往往以礼品盒为主，但礼品盒包装方式不是企业长期经营产品和品牌的主要手段，只能算是为节日和节庆准备的补充产品。茶企应注重让产品包装和品牌关联在一起，看到和买到要有一致性，单品推广上要围绕个人消费与朋友消费开发相应的包装产品，重点打造。

品牌的定位要准确，系列开发针对不同客户端的产品，不能一味走高端路线；产品的包装设计要突出便捷性、可用性，让顾客乐于接受，方便享受。

**3. 培育品牌忠诚度**　品牌的有效传播要依靠好的载体。要将品牌定位、品牌形象准确无误地传递给消费者，提高品牌知名度、感染力、忠诚度、影响力。建议聘请五峰茶形象大使。形象大使能依托本人较强的社会影响力与人格魅力为所代言的单位或者活动开展相关的推广宣传工作，在企业宣传中起着重要的推广作用。由著名影星许晴代言的八马茶业平面广告和电视广告一经推出，获得广泛好评与关注。以"大礼不言""商政礼节茶"为核心的八马广告语，以"茶到礼到心意到，有情有意有八马"为注解语的八马品牌新形象深入人心。著名影星唐国强代言江西狗牯脑茶；钢琴家黄紫楠先生和分众传媒创始人、"中国当代杰出广告人"江南春代言龙润茶；华祥苑茗茶签约金马影后、国际影星李冰冰；厦门明腾茶叶邀请张静初担任代言，清新气质与品牌的一致性得到社会认同。由社会认可度高的社会名流为茶叶代言，可以引领时尚消费，提升产品认可度，培育顾客忠诚度。

但也不是所有的茶叶企业都必须邀请身价颇高的影视演员和社会名流代言推广，品牌代言也可以创新，走文化创意的路子。2014 年 10 月，第五届中国茶都安溪国际茶业博览会上，全县 10 位 100 岁及以上年龄的男女老寿星成为吸引茶商和游客的焦点，这些百岁老人正是铁观音集团通过新闻媒体刊登启事征寻而来的。开幕式上，人们为这些百岁寿星祝寿献花，把酒祝福，请他们讲解长寿秘诀，于无形中强化了铁观音延年益寿的功效。

五峰县有品质优良的茶叶，有民族特色鲜明的茶文化，在茶叶包装与产品形象设计上，要挖掘文化内涵；可以出版关于五峰茶的专著、诗词，办一本五峰县茶文化专刊，也可以邀请一个形象健康可亲、有正面影响力的代言人，拍摄一部反映五峰茶叶大品牌的微电影宣传片，在国家级、省市级电视传媒渠道反复投播，可以极大提升五峰茶的认知度、美誉度、联想度。

**4. 创新营销模式**　根据阿里巴巴集团的数据，阿里巴巴 2015 年"双十一"交易额达到 912.17 亿元，同比增长 59.7%。连续几年"双十一"交易额的快速提升正好反映了中国电子商务的快速发展。营销活动全网化、营销模式O2O（Online To Offline，又被称为线上线下电子商务）化、交易方式移动化，是未来电子商务发展趋势。全网销售排名前二十的品牌茶企中，传统品牌茶企占据的席位从去年的6席增长至今年的11席，超过半壁江山，已然超过线上起家的纯电商品牌。由此可见，传统品牌茶企打响的这场电商攻城战，在2015年已成果初显、效果喜人。从数据看出，"双十一"当日，消费者对茶叶的关注，较2014年同期有大幅度提升。这与知名品牌茶企发力电商有很大关系。通过多年线下经营，他们累积了大量粉丝，一旦发力电商，粉丝也随之从线下来到了线上。这意味着，以前不在意电商渠道或者专注传统渠道的经销商，在市场经济整体不景气的情况下，都开始不得不转战互联网电商渠道，他们的加入，让卖方数量呈现井喷式的激增，这当然也意味着更加残酷的竞争。全民网购的今天，茶行业已经不可避免地被拉进网络营销的洪流。

过去茶行业的终端始终是最传统的销售模式，茶城和批发城是最主要的集散地，销售手段以让人去推介、坐店等客上门为主。普通的茶叶店每次销售，都会先给顾客冲泡一杯茶品尝，顾客觉得不错，才愿意付钱去购买，这也就是传统的"先尝后买"模式，实际上就是对产品品质与标准的重新评估。这种效率低下的交易方式严重阻碍了茶叶的流通。业界盛传中国的茶叶是"一流的品质，二流的包装，三流的品牌，四流的价格"，道出的是营销模式的落伍。

国家茶叶质量监督检验中心主任郑国建在2014中国（厦门）国际茶产业博览会茶商领袖圆桌会议上表示，"茶产业的创新核心是营销模式"，未来营销模式的创新方向有两种：基于互联网的创新和基于共生理念的创新。

互联网颠覆了商业的逻辑，不仅改变了现代人们的生活形态，也促进了商业生态的改变。企业需要对营销的要素进行变革，即变革对象、产品、营销、渠道、促销、品牌。比如"好想你红枣"购买了红枣交易网，使大量红枣的采购、加工、销售等上下游，全部纳入它的平台，带来了极大的商业机会，大大降低了成本。龙润普洱茶与盘龙云海"大美云南"门店合作，通过线上、线下一起引流、全员互动的O2O模式，推出"一元秒杀、团购、降价拍、众筹盖楼、免费领好货"等整点玩法，深受粉丝喜爱，送出了玛咖、三七粉、饼茶、鲜花饼等福利，给了用户最佳购物体验，获得网络营销的成功。

五峰茶企要借助网络技术推动流通体系的创新，创建体验销售与网络销售相结合的区域市场。可以入驻第三方平台（如淘宝天猫、京东等），也许会有自己的一席之地。近年的实践表明，这个营销模式很适合没有方向的传统茶企向电商转变；另外可以使用最新的O2O模式，即线上线下模式，整合线上线下资源。初期可以单店为案例，简单地将二维码与团购相结合；但想要真正做到线上线下的完美结合，就要拓宽本地消费渠道，大量使用诸如微博、微信等营销方法去实践。基于互联网的营销模式归根结底就是一种思维模式的创新，既要有品牌的货真价实，又要给顾客超预期的口碑，还要有高效率的销售模式，这三个核心可以帮助传统的茶企转型升级。说到底，就是要让顾客知道你的产品又好又便宜，又能带来体验快感。

模式的改革与创新首先是思维的创新。基于共生理念的创新，就是强调人与自然的和谐共存，强调茶叶原生态、加工标准化、包装与品饮的便捷性，让不是很懂茶的人认定品牌购买，而不是需要通过行家介绍、茶店推销来获取认同。一是要统一茶叶的原产地标志，让人一看"五峰茶"就产生信任；二是统一售卖标准，客观地对不同的茶品进行级别评定，设定某种严格的包装级别去规范一级茶、二级茶，让卖茶人能放心地像买香烟一样购买。可以通过免费、便捷的用户体验，让客户分享并认可产品，提高产品的市场覆盖度。

2012年以茶为主题的影视作品成为一大营销特色。动漫《乌龙小子》、电视剧《茶颂》、影片《西湖龙井茶》、黑茶大戏《菊花醉》、电视剧《古道茶香》，一直到老舍茶馆牵头的《大碗茶》，共同构成了茶叶"触电"的系列活动。《大碗茶》的诞生和重播体现了茶企业已进入自觉运用影视开展营销和品牌打造的新阶段。

五峰也要注重茶文化产业的商业运作，构建茶文化产业大平台。组织开发五峰土家茶文化与红色文化结合的影视剧、反映五峰茶贸易的小说剧本；创办五峰茶爱心基金，积极参与慈善事业，提升社会声誉；参加大型茶博会，展示土家茶艺专题片，要做到有其茶、有其名；做好五峰茶的新闻网站平台，及时反映五峰茶业动态，推介五峰茶品牌，系统介绍土家文化特别是茶文化。总之，要认真梳理五峰茶文化的历史脉络，提升茶文化内涵。利用新县城建设的机会，尽快构建茶文化产业发展的平台。通过讲座、学校、论坛、书籍、网络以及媒体（报纸、电视、平面广告、互联网、微电影）、艺术形式（大型文艺演出、民歌、音乐、诗歌）进行茶文化宣传，将市场与文化有机结合系统化运作，从而形成新的商业模式，助推产业模式升级。

**5. 普及茶艺演示** 要把普及茶艺与促进茶文化产业结合起来。茶艺是茶文化的物质载体和表现形式，能为观众提供艺术的、历史的、人文的、审美的文化享受。这种文化享受，带有强烈的文化传播色彩。要充分挖掘、收集和整理五峰古风的民间茶艺，结合利用现代的茶园、茶厂、茶店、茶馆、茶博馆、茶叶公司、茶叶市场等载体，常态化举行茶文化表演。

中国茶文化已有千年历史，饮茶过程也由简单的冲泡发展成精致的茶艺表演，但传统的茶艺表演还仅仅是民俗表演，停留在展示茶艺冲泡手法的层面。对于现代创新的文化表演而言，复合型是其主要特征。所以应在茶艺表演中融入书画、乐器、舞蹈、剧情等多种元素，使茶文化的文化内涵得到形式上的拓展。老舍茶馆每天的文化演出，为其提供了稳定而不菲的演出收入。福建武夷山所打造的《印象大红袍》更是以茶为元素的一台舞台艺术表演。要在五峰至少是在县城形成茶艺表演的气候，政府官员要有信心与勇气推动茶文化的发展，要敢于时时处处宣传五峰的茶文化、旅游文化，给予政策鼓励民间资本投资茶楼、茶会所、茶艺吧等茶饮空间，在县城形成品茗饮茶的风尚，不光只喝五峰茶，还要引进其他茶类品饮，这样可以丰富茶饮方式、营造茶饮氛围。

建议借助会展、演出、各类培训展示土家茶文化，在五峰中小学开设茶文化通识课程，普及土家茶文化知识和茶艺演示、土家茶民歌。在主要景区播放土家茶歌，展示土家茶艺。

**（五）培养茶文化产业服务复合人才，建设一支高素质专业队伍**

茶文化产业发展必须依赖于专业性强、具备一定创新能力的茶文化产品生产、经营、销售、策划、创意和茶艺茶事服务人才。要着力培养茶文化研究学者、茶馆经营者、茶文化基层工作者、茶经济与茶文化研究复合人才、民俗文化与旅游文化通才，引进、培养茶文化创意人才。

**1. 建立完善茶文化产业服务体系** 以县茶文化研究会、茶文化协会为主体，联合生产厂家、销售网络、文化行业、教育单位共同行动，大力发展现代茶叶服务产业，重点围绕茶园建设、生产加工，开展生产性服务，创新流通方式，发展现代流通性服务，促进茶业服务体系产业化。坚持文化科学研究，开展科技、文化下乡活动，使茶农不仅掌握科学种茶、育茶，而且掌握茶文化知识，熟悉市场经济和了解人们的消费需求和消费特点。

聘请茶业、文化、艺术、旅游界名人或者学者，组建"五峰县文化创意产业研究会"，潜心研究五峰县域经济发展特点，拿出有针对性的对策和意见，供政府决策参考。

**2. 培养专门人才** 要加强有针对性的培训教育，大力培养文化产业创意人才。对这些人才有针对性地加强对茶文化资源的研发能力，数字技术、网络技术的运用能力，经营茶文化产品的商业能力，文化创意上的创造力的培养。

通过专业院校和现代远程教育平台进行大规模培训，提升现有茶文化产业从业人员的整体素质，可以与地方院校联合，进行专门性培训，加强现代经营管理知识和茶叶专业知识的培训，培养大批懂文化、会经营、善管理的高层次茶文化经营管理人才。时至今日，一个成功的茶叶经营者，不能仅仅只懂得经营理论、认真卖茶就行，还必须要有茶叶知识、茶具知识、茶艺文化涵养，对选茗艺茶、品泉鉴水、烹茶技艺、茶具选配、茶席布置、空间设计等都要有比较系统的知识。

通过技能大赛、斗茶大赛，推动人才成长，培养一批省内外知名的制茶师、茶艺师、茶艺技师，对获得大赛奖项的参赛者给予一定的资格认证和待遇，提高专业人员的社会地位。

注重茶文化的传承，培养一批茶歌、茶民俗传承人，开发五峰校本课程，要让传统茶歌、新茶歌唱响校园，唱响五峰。

### （六）延伸茶文化产业链，开发一组土家茶文化创意产品

茶是一种特殊的农产品，具有自然和文化双重属性。茶产业链的各个环节，适合产生各种文化商品，如茶文化旅游、茶文化演出、茶创意产品等，这些以茶文化为核心思维的文化产品，不再仅仅只是农事现象，而是上升到了文化产业的范畴，具备了文化消费的经济化特征。茶业产业链长，是典型的生态、健康、民生产业实体。成功的经验证明，发展关联产业是提升茶产业综合效益的重要路径。应努力探索茶文化产业跨行业、跨区域发展的路径，注重培育以多种产业为载体的茶文化产业基地。

要发展茶文化创意产业，就必须做到"茶产业文化化，茶文化产业化"，将茶发展成为一条产业链，从茶叶本身延伸到茶叶采摘体验、茶叶包装印刷、茶叶机械研发制造、茶器茶具、茶旅游、茶文化创意、茶主题影视歌舞等与茶有关的方方面面。福建武夷山、安溪、福鼎、德化陶瓷（茶壶茶具）文化区等茶文化旅游区，应深度开发茶文化旅游项目，倡导茶文化，发展茶道、茶艺表演活动，将各种茶文化要素综合在一起，推出更多高质量的茶文化文艺演出，不断提升茶文化旅游产品的品位和档次，满足游客旅游文化活动的多样化需求。

要创新茶文化产品和运营方式，实现文化产业化、产品市场化、资

源资本化，快速培育茶文化产业品牌，提高知名度，进而产生强大的吸引力和凝聚力。对五峰茶文化资源进行创造与提升，可以使之内涵不断丰富、形式不断创新、发展领域不断拓展，充分利用高新技术改造传统茶文化产业，创新茶文化生产方式，以政策优惠鼓励采用现代网络技术、三维动画制作技术、数码影视技术和照排技术、宽带信息传输技术等，提高茶文化产品技术含量，延伸产业链条，推动文化产业升级和增值业务发展。大型茶文化节目《我在茶乡等你来》就是一个大胆而成功的尝试，下一步是如何对它进行商业运作，真正像武夷山"印象大红袍"一样成为对本地茶文化、茶品牌、茶旅游资源富有创意的诠释。

五峰茶文化产业要积极关注交叉学科的技术进步，拓展茶叶产物的应用领域，变加工茶叶为制造茶叶，"专、精、特、新"地制造茶叶的个性化终端产品。要积极推动茶叶精深加工，推动茶叶由一产向二三产业延伸，促进园区聚集和产业集群发展。五峰有好茶好水好风光，可以招商引资进行茶粉、茶饮料、茶食品等茶延伸产品的加工。要跳出格局来做茶，一个凉茶，就能成就一个企业。速溶茶、茶酒、茶牙膏、茶火腿、茶籽油、茶多酚防晒霜，打破了千百年来茶的老形象，虽然我们还不太清楚这条路怎么走才成功，但探索是趋势、创新是趋势，如同春天到来一样，各种想法在茶界盛开着。

要发掘产业内涵，挖掘关于故乡的记忆与印象，从乡土历史、故事中去感受、探索事物，以此感动消费者与其他受众。带有明显土家特色的土陶罐、陶杯、锡兰卡普土布、竹制茶具（提篮，茶道六件套，茶盘）、木制根雕茶台、土家茶食品、土家特色的包装纸等，都是茶文化创意产品。

可将土家婚庆文化与茶文化融合，开辟茶山爱情主题公园、影视拍摄基地，结合旅游局提出的"大爱五峰"，宣扬茶的"洁性不可污"的君子性、对爱坚贞不移的忠诚品质，树立茶为爱情常青树的认知理念，让年轻人都爱茶、喜茶、以茶为美。在茶山举办土家婚礼，纪念意义非凡。

在茶文化产业的发展过程中，需要进一步强化地方政府"公共服务、政策调节、社会管理、市场监管"的职能，形成有利于茶文化产业健康、快速发展的良好市场秩序。以本土茶文化传统为基础，加强政府扶持及政策引导；继续加强茶文化产品市场建设，加快发展文化名茶、茶具器、茶书、茶文化电子音像、茶文化演出娱乐、茶文化动漫游戏、茶文化电影等产品。在政策上，政府可以提供机会、设备、奖励等措施，鼓励文化产业及一般企业进行赞助，甚至从教育政策入手，等到成熟阶段，政府即可退出，让文化产业自行发展。

### （七）引领茶文化消费，营造一个"茶饮五峰"的好环境

茶行业是一个传统行业，却可以融入更多新元素，注重创新，寻找新的消费者。人们对茶文化的需求是茶文化产业发展的重要推力，它决定了茶文化产业发展的方向和速度。应适当引导和培育茶文化消费，提高茶文化消费在社会消费中的比例，鼓励和培育以互联网为载体的茶文化消费新模式，拓展茶艺术培训、茶文化旅游、茶休闲娱乐等消费。

茶文化消费包含娱乐休闲型消费、商务型消费、创意型消费、哲学型消费。最底层的是娱乐型消费，如将饮茶作为一种放松，或者去茶园

旅游等，注重的是身体休闲。商务性消费，不注重茶品或者茶文化内涵，而更侧重饮茶氛围、交友洽谈等商务需求。创意性消费，是更高一阶层的消费需求，此类消费者热爱茶文化，对于一些创意产品比如茶具、茶食、茶文化演出有更大的消费需求；哲学型消费是比较独立的、个体的，多有研习品茶、茶书、茶画等高端茶文化活动，注重对茶饮精神境界的追求，要求物境、人境、心境合一。

**1．准确把握消费特点**　茶文化产业要分析新的消费趋势及特点，进行消费者业态分析，既要考虑产品的价格、安全、便捷，又要注重消费心理、个性诉求。在快餐式、开放式、分享式的时尚文化潮流面前，要对传统的工艺、规范、礼仪与艺术进行再创新，比如茶艺表演、茶相关的知识点、茶具的创新设计等，可以以广大青年为目标群体，进行浅文化植入，深入发掘茶文化产业潜力，燃起80后、90后这批新生代消费者的热度，必将再启茶文化的新浪潮，创造茶文化新的增长期。

不可否认的是，现在已经有相当一批人对茶有了更多更高的要求，他们将是茶文化消费的主力军。与此同时，在茶文化热、有机茶热、保健茶热、名优茶热兴起等多重因素下，茶叶传统的区域性消费习惯正在走向分解，取而代之的是更为现代的、多元化的茶叶及茶文化消费趋势。近年来龙井、武夷岩茶、安溪铁观音、洞庭碧螺春、黄山毛峰、云南普洱等有着悠久历史文化内涵的名茶不仅俏销，有的甚至表现出供不应求的形势。

不管是何种层次的消费，都要注重提升茶文化消费的文化内涵，要与地方民俗相适应，引导建立被当地民众认同的、乐于接受的茶文化消费形式。五峰的茶文化消费既有"柴、米、油、盐、酱、醋、茶"，也更应该有"琴、棋、书、画、诗、酒、茶"。

健康安全、品质标准、口感美好，打铁还要自身硬，茶企要堂堂正正做事，以消费者为核心，处处为消费者着想，不为眼前的利益所诱惑，在安全可靠的基础上，让消费者轻松地享受茶生活的美好。"好喝才是硬道理"，茶叶消费要更多注重口感、安全、便捷。从全球范围内来讲，中国茶叶消费量还很低，有很大的增长空间。

**2. 准确把握消费心理**　随着一些地方出现了茶叶专卖店和茶楼茶馆相继倒闭关门的情形，大家都说茶叶生意不好做了。其实真正让我们手足无措的是最初的定位问题。一味走高端路线，无疑有悖于社会倡导的节俭之风，也违背茶尚精行俭德之德。目前的茶叶消费营要回归理性，让大家意识到广大消费者，也就是中产阶级，才是主要顾客。同时，年轻人是茶叶消费的生力军与后继力量。要开发适合年轻人心理特点的茶叶品种，在包装设计上突出青春、时尚、创意，吸引他们。比如可以做生态茶叶罐，茶叶喝完以后，罐子可以做成花盆种盆栽；还有智能型茶杯，泡好茶以后，可以每隔10分钟提醒主人喝茶，茶杯会以不同灯光颜色显示不同茶叶种类。年轻人会在酷酷的消费体验中逐渐爱上茶。

另外，在新颖的电商时代，茶企业要主动帮助消费者认知茶、选好茶，打破消费者的怀疑；改变全部大包装或者礼盒茶的模式，多做小包装茶；利用网络快销特点，提倡新鲜茶的概念。网络营销交易量最大的艺福堂，利用互联网大数据，为大众客户推出"零风险买茶"，品尝3泡，满意则付款；为VIP客户"量身定制茶叶"，根据个人喝茶习惯定制茶叶，每月固定时间快递给客户，一年后满意则付费。这种充分尊重消费者心理感受的营销模式使它获得巨大成功。

茶叶消费与人们的生活及文化体验息息相关。在强调健康和休闲的当代世界，中国茶叶的消费文化是一种先进的文化。星巴克和立顿取代不了中国的茶馆和六大名茶。人们的消费行为正从被动消费向主动消费转变、从门店消费向网络型消费转变，消费理念也由满足消费向创造消费转变。中国茶叶企业要做的，就是去面对和分析目前的中国茶叶消费文化特征，寻找出一个合理的企业模式来适应它。只有不断发扬茶叶的品饮属性，让茶主动接触消费者，健康饮茶，才能培养良好的消费市场，形成良好的购销循环。

五峰拥有独特的山水地貌、风土人情，消费者大老远跑来，你得知道他们要做什么。如果是谈情说爱，你就得将空间布置得风雅一些；如果是谈生意，你得配备更体面的道具；如果是带着电脑来你这里，你就必须有无线路由器。目前到五峰新县城的交通比较便利，茶乡可以抓住周末经济做文章。在交通便利、风景优美的茶山、景区，可以尝试兴建这样的茶楼，完善品饮、休闲、游玩、体验、住宿、农家饭等一体化功能，吸引周边游客到此度假。

**3. 倡导茶叶平民化运动，树立茶行业新风气**　目前的消费市场，在廉政政策引导下，地方名茶比肩十大名茶、跑步进入高价位高利润的时代已经结束，政商团购关系的营销走到尽头，专做产品展示、消费体验、产品零售的专卖店也走进了死胡同，"某某单位特供"、豪华包装等高消费减少，与之相反的是中低档消费明显增加，城市市场相对稳定，乡村市场开始活跃，具有保健作用的黑茶、红茶消费继续向好，绿茶、青茶消费则逐步减少。五峰茶文化产业要践行茶文化与消费相结合，这样的消费就容易持久、稳定，而且能进入较高层次。人们崇尚"不吸烟，少喝酒，多喝茶、喝好茶、喝茶上档次，品茶讲艺术"，尤其是现在汽车普及，酒驾入刑，而喝茶成了文明的聚会方式，也更理性。可针对公司、企业、个人做产品订制服务，推出中低档产品。

## 五、结语

茶叶经济的发展，实际上依赖于茶叶的生产销售和茶文化的推广。蕴涵着厚重的中华传统文化的茶文化产业吸引着各种社会资源参与其中，推进着社会经济和文化的发展。目前，五峰县政府坚持"文化兴茶、市场兴茶、品牌兴茶、旅游兴茶、龙头兴茶、有机兴茶"六大战略，致力把茶产业进一步做大做强。这是发展五峰茶文化产业的大好政策机遇和战略机遇。五峰要坚持将生产与茶市融合，促进商贸流通；将金融与茶业融合，加速茶业升级；通过文化与旅游融合，拓展产业空间；通过科技与文化融合，促进消费升级。茶文化产业工作者要摸清五峰茶文化产业发展实情，厘清产业发展思路，对五峰茶文化资源进行整合，挖掘、保护、开发已知的茶文化资源，积极恢复失传的、失踪的、流失的茶文化资源，创新发展具有时代性的新型茶文化资源，大力发展茶文化旅游业、茶文化艺术表演业、茶文化休闲产业、茶文化创意产品等大众喜闻乐见的文化生产项目，同时创新模式、创新思维，向广播、电视、网络等渠道纵深发展，开发茶文化新产品，拓展茶文化服务。茶文化产业必能开辟经济发展新途径、新空间，进而活跃地方经济，拓宽就业渠道，促进城乡居民增收，成为扩大内需、拉动经济发展的重要引擎。

（2013 年宜昌市科技局软科学研究项目成果）

# 宜昌茶文化旅游开发现状
# 及对策研究

## 一、课题研究的背景与意义

### （一）问题的提出

2018 年 3 月，中共中央印发《深化党和国家机构改革方案》，提出为增强和彰显文化自信，坚持中国特色社会主义文化发展道路，统筹文化事业、文化产业发展和旅游资源开发，提高国家文化软实力和中华文化影响力，将文化部、国家旅游局的职责整合，组建文化和旅游部。

不管是从心理需求、消费特点还是从资源载体、产品供给等各方面看，文化和旅游都天然具有紧密联系。近年来，为顺应市场发展需求，国家有关部门先后出台了《关于促进文化与旅游结合发展的指导意见》等在内的一系列促进融合发展的文件；文化和旅游在资源本体、产业形态、市场基础、发展载体、组织机构等各个层面的交叉、结合乃至融合的趋势更加明显。

目前我国的经济正处在消费拉动增长的转型阶段，旅游业是现代服务业的龙头、幸福产业之首，在推动新旧发展动能转换上，旅游业发挥着重要作用。在旅游业态渐趋丰富、旅游花样层出不穷的态势下，"旅游"早已跨越了各级旅游主管部门管辖的旅游界限，而跃升为一个涵盖全方位、全时空、全业态的万能词。"时间全域化""空间全域化""产业全域化"成为新时期旅游业的显著特征。

宜昌市作为"三峡门户",有着独特的地理优势和连接鄂中、鄂西南、鄂西北和渝东的交通区位优势。根据《湖北长江经济带绿色宜居城镇建设专项规划(2016-2020年)》和湖北省"十三五"规划,宜昌被定位为全省区域性服务业中心。宜昌要"巩固商贸、物流、金融、文化旅游等现代服务业的优势地位,同时大力培育和发展电子商务、健康养老服务、人力资源服务、体育休闲旅游及户外运动产业等新型服务业态,推进服务业开放创新发展"。

近几年来,宜昌市委市政府始终把旅游发展和茶产业发展摆在突出位置,坚持全域旅游理念,推动旅游产业转型提质增效和高质量发展,努力打造千亿产业和三峡国际旅游目的地城市。出台了《关于加快红茶产业发展,做大做强茶产业的实施意见》,推进茶旅结合,扶持各地集绿色生态、品牌展示、旅游观光为一体的茶文化休闲园建设和以茶生态、茶文化、茶民俗旅游为主体的专业村建设,促进茶文化、旅游产业共同发展。

宜昌是全国11个重点旅游城市之一,位列全国首批公布的40佳旅游城市之首,目前正在向中国著名的旅游名城迈进。在2019年1月7日宜昌市第六届人民代表大会第四次会议上,《宜昌市人民政府工作报告》指出要"促进现代服务业全面升级。推动'大旅游'产业提质增效。推进全域旅游示范创建,促进旅游与文化、农业、体育、研学深度融合""更大力度推进美丽宜昌建设"。

宜昌产茶历史悠久,拥有丰富的茶叶和茶文化历史资源。如何将茶文化与旅游紧密结合，将茶文化旅游开发做出特色、做出实效，形成宜昌旅游特色化纵深发展态势，延伸宜昌茶产业链条，带动茶产业转型升级，推动宜昌旅游业、茶产业动能转换，是一个新的、急需研究的课题。

这给本课题提供了坚实的理论基础和政策支撑。

### （二）研究现状

关于宜昌地域内的茶文化及旅游发展，国内部分专家从不同角度不同侧面做过一些研究，主要侧重于茶文化资源在旅游中的运用。但对于宜昌茶文化旅游线路考察及规划，尚缺乏系统深入的研究。

张耀武、龚永新的《宜昌历史茶文化资源及其旅游价值》，对宜昌历史茶文化资源的基本内容、宜昌历史茶文化资源的主要特点、宜昌历史茶文化资源的旅游价值等方面进行了探讨，提出挖掘、开发宜昌茶文化资源有利于打造旅游品牌、有利于丰富旅游内涵、有利于提升旅游境界、有利于开发旅游资源。

刘伟华的《茶文化对宜昌茶产业发展的推动作用研究》探讨了茶文化与茶产业之间的互生共荣的关系，结合宜昌地域传统茶文化资源，对宜昌茶产业如何利用本地传统茶文化资源、利用经济区位优势、在相关政策的扶持下更快更好地发展提出了建设性意见。

刘伟华等人的《五峰土家茶文化产业创新模式研究》立足于五峰土家族自治县的茶产业发展，对土家茶文化资源进行挖掘、整理、开发、研究，探讨发展土家茶文化产业的现实意义，并结合该县茶产业、旅游业发展现状，提出了五峰土家茶文化产业发展的"七一新模式"，为该地域茶文化产业发展提供参考意见，具有全域性参考价值。

（三）研究的意义

本课题立足于宜昌市旅游服务业、茶产业发展转型升级的经济发展宏观背景，针对宜昌茶文化旅游现状进行分析，探讨新时期宜昌茶文化旅游开发的原则、内容、模式，提出宜昌茶文化旅游开发对策，对宜昌茶文化旅游形成指导性意见，对打造宜昌茶文化旅游品牌、丰富茶文化旅游内涵、提升茶文化旅游价值、拉动茶文化旅游消费、推进茶文化旅游产业化，具有现实指导意义。

## 二、课题研究主要内容及成果

### （一）茶文化旅游

**1. 茶文化旅游定义** 茶文化旅游是现代茶业与现代旅游业交叉结合的一种新型旅游模式。

作为一种专项旅游，当代茶文化旅游发轫于 20 世纪 80 年代末到 90 年代初。云南大理白族"三道茶礼"的歌舞节目引起关注以后，中国茶叶博物馆开放，黄山旅游节民间茶俗茶礼亮相，云南思茅中国普洱茶国际学术研讨会召开，广东英德市茶趣园等茶文化博物馆、主题公园纷纷兴建，各地特色茶文化旅游节也如雨后春笋般出现，逐渐带动我国茶文化旅游的兴起。

**2. 茶文化旅游内容** 茶文化旅游是将茶叶资源与旅游资源有机结合，以得到茶叶物质享受和茶文化精神享受为主要目的的一种文化旅行。游客在休闲、放松的旅游过程中，细细品味茶的文化、内涵，体味茶的风俗、礼仪，鉴赏茶叶的品质并参与其间，陶冶身心。

以茶和茶文化为主题，涵盖茶园观光、茶叶品鉴、茶古迹游览、茶特色建筑参观、茶事劳作、茶俗体验、茶艺观赏、茶修保健、茶商品购物等多种内容，集乡村旅游、生态旅游、文化旅游、主题旅游、养生旅游于一体，茶文化旅游活动把观光、求知、体验、习艺、娱乐、商贸、购物、度假等多种旅游功能融合，具有休闲性、自然生态性、文化性、参与性与多样性的特征。

**3．茶文化旅游类型**  茶文化旅游根据内容可以分为自然风景、文化古迹、茶事建筑、社会风情等类型。

茶文化旅游的消费类型大致可以分为大众群体的娱乐型消费、商务人士的商务型消费、文化创意者的创意型消费、追求精神内涵者的哲学型消费。一般以茶园旅游、茶楼品茶、茶文化演出、茶文化高端活动的载体和形式来实现。

**4．茶文化旅游开发的现实意义**  从文化学的角度来看，茶文化旅游承担着对我国传统茶文化进一步发掘、继承与弘扬的重任。

其次，从经济学的角度看，开展茶文化旅游，有利于拓展旅游市场和发展茶业经济。

再次，从生态环境意识角度看，开展茶文化旅游，可提高游客的生态与环保意识，有利于生态旅游的可持续发展。

最后，从社会学的角度看，开展茶文化旅游，可发挥茶文化广泛而深刻的社会功能。

**（二）宜昌茶文化旅游现状**

**1．宜昌茶文化旅游现状**

（1）宜昌拥有优越的茶文化旅游资源。宜昌的茶文化历史悠久。三峡地区不仅是我国茶树栽培的重要发源地，三峡人民对制茶工艺的进步也做出了突出的贡献。三国人张揖在其著作《广雅》中提到："荆巴间采叶做饼，叶老者，饼成以米膏出之。""荆巴"即指今鄂西、重庆一带，说明宜昌及三峡地区早在 3 世纪以前就有饼茶，制茶史距今已有 1700 年以上。

《茶经·八之出》中又有记载："山南，以峡州上。"唐时峡州辖夷陵、宜都、远安、长阳、巴东五县郡，都是出产名茶之地。宜昌历史上多贡茶，如碧涧、明月、芳蕊、茱萸簝、小江园、玉泉仙人掌、鹿苑等茶。宜昌古有"春秋楚国西偏境，陆羽茶经第一州"（欧阳修），现有"山川秀丽，当有名茶"（吴觉农）的诗赞。

宜昌茶文化内涵丰富。宜昌风景秀丽，人杰地灵，文化丰厚，名茶辈出，"此地江山连蜀楚，天钟神秀在西陵"，历代著名文人，诸如李白、杜甫、白居易、欧阳修、苏轼、陆游等，也多会于此，留下许多赞颂宜昌茶的诗篇和逸闻趣事。如李白的诗篇《答族侄中孚禅师赠玉泉仙人掌茶并序》，对当阳境内仙人掌茶的出处、外形、品质、功效等做了详细的描述，是重要的茶叶历史资料和咏茶名篇。苏轼曾与其弟苏辙、其子苏洵一起畅游三游洞，留下《蛤蟆培》一诗，后来，陆游也慕苏轼之名专访风光秀丽的三游洞，在品尝了神奇的蛤蟆泉后，挥笔题诗《三游洞前岩下小潭水甚奇取以煎茶》于岩壁之上。

宜昌有特色民族茶俗。宜昌地区至今保存着很多三峡地区传统茶艺、茶歌、茶舞、茶戏曲、茶谚语、茶礼、茶饮。如流传于三峡东部地区的《黑暗传》中的茶传说；传唱久远的土家民歌《六口茶歌》《四道茶》《采茶调》《采茶歌》；五峰地区的采茶舞；"客来敬茶""好茶敬上宾、次茶待常客""三杯酒三杯茶，初一十五敬菩萨"等茶谚语；春节拜访亲友送

"茶食"、迎接远道而来的客人要奉上"定心茶"、婚丧嫁祭都要贡茶的"以茶为礼"的习俗；还有极具民族特色的茶饮"土家油茶汤""土家罐罐茶"都诠释着宜昌地区传承久远的茶文化习俗。

（2）茶文化旅游开发已有一定基础。现今的宜昌，宜红工夫茶、采花毛尖茶、邓村绿茶、五峰毛尖茶、峡州碧峰茶、九畹溪丝绵茶、鹿苑黄茶、玉泉寺仙人掌茶……名茶辈出，拥有采花茶城、三峡国际旅游茶城、滨江国际茶城 3 座综合性茶城，全市茶馆茶楼近千家，五峰茶叶公园、青岗岭茶园、湖北省茶叶博物馆、邓村茶叶公园、远安鹿苑寺茶旅游景区已成为宜昌旅游资源的重要组成部分。

其中，尤以五峰县茶文化旅游发展较快。五峰是中国名茶之乡，是中国古老的茶叶产区和中俄万里茶道的重要茶源地，先后被授予"中国名茶之乡""全国无公害茶叶示范县""全国十大生态产茶县""世界茶旅之乡""全国茶旅研学示范基地"和"中国茶旅大会·五峰永久会址"等殊荣。五峰古茶道汉阳桥段是"万里茶道"的关键节点，已被正式列入《中国世界文化遗产预备名单》，"五峰武陵画廊·宜红故里——世界茶旅之乡路线"曾被授予 2018 年度全国茶旅金牌路线称号。

**2．存在的问题**

（1）形式单调，开发力度小。目前的旅游市场中，茶文化内涵挖掘不够，很多仅仅停留在研究、保护、塑造企业形象的基础上，没有真正与旅游市场接轨。茶文化旅游的从业人员整体素质不高，基本也都是以导游和茶艺表演为主。

（2）茶旅产品具有雷同性。茶文化旅游的活动内容与形式仅仅限于游园采茶、茶品购物、品茶观艺等几方面。茶博物馆内容也比较薄弱、有价值的实物物件不多。各地大小茶文化节差异性不大。

（3）缺乏文化内涵。宜昌地区茶文化具有一定的民族性和区域性，具备形成特色吸引力的条件。但目前缺乏将这些有利条件转化为现实吸引力的机制和能力，因而也无法将宜昌茶文化旅游的特色全面、深刻地展现在游客面前。

（4）茶旅形象不鲜明。形象不够鲜明，导致茶旅线路促销力度不够。有些茶旅线路因管理经营不善、宣传不到位而显得不尽如人意。

（5）生态旅游不"生态"。有些茶区存在重金属、农残超标等问题；缺乏科学规划，茶旅游盲目投资，效益不好造成空心化、摆设化；茶文化内涵发掘不够，智能化技术和节能减排技术应用不足。

（6）县市区茶文化旅游发展不平衡。除了五峰土家族自治县、夷陵区、远安县等几个茶旅基础比较好的地区，其他县市区的茶旅发展相对迟缓或者效益不够好。

**（三）宜昌茶文化旅游开发对策**

10月9日，宜昌市文化和旅游系统围绕宜昌市委将宜昌建设成"国内一流、世界知名"的旅游目的地的重要目标要求，对应出台了专项工作方案。方案拟定了26条工作重点，本着树牢"大旅游、大服务、大产业、大市场、大发展"的理念，着力培养城市新动能，将文化旅游产业打造成千亿级甚至数千亿级的重要支柱产业。

方案提出要加快推进资源"活化"，让宜昌得天独厚的旅游元素活起来。加快推进产业发展"商品化"，坚持走市场化发展之路。加快推进旅游产品供给"体验化"，提升游客的自主参与性和美好感知度。推进旅游服务"生活化"，实现宜昌旅游高质量、可持续发展。突出"六重"：重规划、重融合、重品质、重服务、重人文、重保护，提升"五种能力"，全面推进宜昌旅游高质量发展。

可以说，新时期的宜昌茶文化旅游有了纲领性指导文件和实施方案。

根据宜昌茶产业与旅游实际情况及实证研究结果，结合市委市政府对宜昌旅游发展和茶产业发展的要求，课题组对宜昌茶文化旅游的发展提出如下对策：

## 1．宜昌茶文化旅游应该遵循的原则

（1）三产联动，构建健康茶旅生态。要坚持一二三产融合，不断完善茶叶产业链，把茶叶育苗、种植、采摘、收购、加工、包装、销售等各个环节专业化、科学化，夯实茶文化旅游的茶基地、茶产品基础，从源头上营造健康的茶旅生态环境。

要共同打造宜昌绿茶、宜昌宜红等茶叶品牌，各地市区要抱团发展，相互学习借鉴，扩大宜昌茶的品牌效应。

要推动产业融合，大力实施"茶+"和"+茶"战略，结合乡村振兴总要求，科学规划，发展生态茶业、现代茶业、观光茶业，推动宜昌茶产业高质量发展。

（2）主动融合，保障发展动力。茶文化旅游要纳入政府统筹区域产业规划，延伸茶产业链条，做到茶商农旅的大融合，在茶产业为主导产业的地区实施"茶+旅游""旅游+茶"的总体开发。主动与宜昌全域旅游开发相融合，着重在关键线路加入"茶"的元素，才能保障宜昌茶旅的动力源泉。

2016 年 7 月，习近平总书记在宁夏考察时指出："发展全域旅游，路子是对的，要坚持走下去。"湖北省委、省政府高度重视全域旅游发展，

2017年省第十一次党代会提出"加快发展全域旅游，建设旅游经济强省"。2018年省政府专门出台《关于促进全域旅游发展的实施意见》，对我省全域旅游发展提出了明确要求。

全域旅游是全地域旅游、全景观旅游、全要素旅游、全产业旅游、全天候旅游、全社会旅游、全部门旅游，应进行整体谋划。全域旅游的一个最鲜明特征，就是把整个地域作为一个完整的旅游目的地来打造。宜昌市委市政府也在《宜昌市旅游业发展"十三五"规划》里提出打造"屈原故里文化旅游区、昭君故里文化旅游区、嫘祖故里文化旅游区、三国文化体验旅游区、清江风情康养旅游区、五峰生态休闲旅游区等既相互关联又错位竞争的六大全域旅游发展区"。这六大全域旅游区，基本上都有茶文化旅游资源。想合理设计规划旅游模式和旅游线路，就要有产品线串联的思路，使之各具特色，分开布局，动线串联，增强游客体验与时间占有，让游客玩得好、待得住，才能扩大宜昌茶文化旅游产业的影响力，提升产业竞争力。

应进行多方面的开拓，加强茶文化旅游区建设；开发更多的茶文化旅游纪念品和茶宴、茶饮料、茶食品、优质茶品、茶文化礼品。加强茶文化旅游的研究和推广，加强学习与研究，借鉴外地茶文化旅游的成功经验。加强茶文化旅游的教育，培育宜昌茶文化旅游的专业队伍和后继人才。

（3）突出特色，构筑发展活力。鲜明的地域、产业、生态、风貌特色，是旅游的巨大优势。茶文化旅游，其实往往更应该淡化茶的角色，必须跳出茶去看茶旅。如果单纯停留在茶上，游客看了一个茶景点，体验了一次采茶、做茶，兴许就不会对下一个茶旅行程感兴趣了。归根结底，茶文化旅游的生命力还是在于"文化＋旅游"。每一条茶文化旅游线路，都要有其独特之处，主要就是地域文化上的差别。宜昌地区既有独特的风光文化，又有深厚的人文底蕴；既有风景优美的茶产区，又有历史悠久的茶古迹；既有传承千年的土家茶风茶俗，又有丰富多彩的三国文化……这些都是不可多得的茶文化旅游资源。要充分挖掘、彰显各县市区的地方历史和民俗文化，通过整理故事传说、查阅历史资料、梳理现有文化资源，找到与确定本埠乡村传承的主流文化，优先做好主流文化维护与打造，兼顾其他文化的点缀与延续。对历史文化丰厚的项目地，应注重保护历史、传统文化，做好传承，挖掘文化要充分，形成乡村的文化认同。例如宜昌境内平原地带的纺线、织布、蒸糕、做圆子、做布鞋等生活文化，土家的土布服饰展示、传统婚庆仪式、罐罐茶等民俗文化，推铁环、踩高跷等游戏文化等。像远安嫘祖文化节、长阳廪君文化节、五峰茶乡女儿会等，都已经成为地方群众文化活动品牌。

从道路、交通、环境、建筑风貌，到功能布局、各类设施，从休闲、娱乐，到餐饮、商贸，除充分满足居民物质和精神生活需求外，一切要从打造宜昌茶文化旅游项目的思路出发，精心设计，务显"特色"，生态茶园、茶叶采摘、茶非遗、茶工业遗迹、茶民俗、茶博馆、茶体验、茶疗、茶运动、茶研学等，都可以成为某一条线路的主打特色，使茶文化生态旅游业成为乡村赖以发展的产业之一，为乡村发展提供源源不断的经济收入。

在突出传统文化的基础上，也还要体现时代性，关注年轻人和艺术爱好者的需求。可以在茶旅沿线打造活力型街区或者特色小镇，建设有活力的早餐、夜宵、娱乐街区，开发新型茶文化旅游产品，诸如综合艺术表演、灯光秀、舞台剧等，激发景区潜能。

注意处理好淡季和旺季的关系、白天和夜晚的关系、线上和线下的关系，打造夜晚经济和冬季经济，这就需要积极引导项目投资进入宜昌茶文化旅游领域。一方面应通过优化环境招大商，吸引社会资本投资宜昌茶旅开发；另一方面应让旅游业成为茶农、村民创业的重要领域，在茶山和景区周边、避暑胜地，利用自家院落开办特色民宿或者农家乐、休闲山庄、网店，让茶区百姓发"旅游财"，只有得到茶区原住民的支持，才能保证茶文化旅游的可持续发展。

（4）功能配套，健全茶旅服务体系。茶文化旅游发展要在产业融合、资金保障、人才保障、旅游标准化等保障措施上下功夫。应完善旅游集散、咨询服务网络，加强旅游通道一体化建设，改善旅游消费软环境。要落实全要素旅游，完善综合服务，为游客提供多样化、精细化、个性化旅游服务，游客的吃、喝、拉、撒、医、住、行，设施都要配套齐全。

应将整个行政区域作为一个大景区来打造，按照"处处都是旅游景区""处处都有旅游氛围"的要求，以旅游的标准对游客行程所及的各类资源点、设施点、场所、路段等进行景观式建设和改造，使游客一入景区就有"如在画中行"的完美体验。

夷陵区坚持以景带村推动"三农"发展，以全域创建促动"三产"融合，该区拥有5A景区2家、3A及以上景区11家，实现了12个乡镇个个都有旅游产品，全区9个乡镇、35个村直接为重点景区做旅游配套，60%的村都有旅游供给体系，因而获得首批"国家全域旅游示范区"称号，为宜昌市全域旅游提供了示范性样板。

（5）创新营销，打造宜昌茶旅品牌。宜昌茶文化旅游品牌建设需要创意性策划以及必要的规划设计，如何打造好场景、讲好自己的故事，如何做好服务、设计好配套政策，都是需要考虑的重要问题。

政府应主导构建茶文化旅游品牌体系。应整合创新茶文化旅游活动各要素，建设一批茶文化特色旅游区，打造精品景区和旅游线路，建设茶文化旅游名镇、名村、名街和风景道，开发一批茶旅主题餐饮、主题酒店和特色旅游商品，形成各具特色的茶文化旅游项目。通过优化服务、提升品质，形成宜昌旅游产品品牌。

积极推出茶文化旅游精品热线，重点营销。根据内容和时间，以几个县市区或一个县市区市为主，把周边旅游项目相联合，设计出满足1～3天短时游、4～7天休闲游、10～15天康养游不同旅游需求的精品，进行精准营销。

注重营销平台与手段的创新。在宜昌旅游平台推介茶文化旅游线路，利用节庆和重要集会广泛宣传茶文化旅游，利用形象策划、媒体宣传、踩线考察、电子商务、微信、微商平台等开展宣传促销活动，充分融入"互联网+""智慧旅游"等营销理念，提高茶文化旅游业营销的市场针对性和有效性。

## 2. 宜昌茶文化旅游开发模式

（1）宜昌茶文化旅游资源类型。宜昌茶文化旅游资源非常丰富，大致可以分为物质文化资源、非物质文化资源。

物质文化资源包括：自然景观类，即具有茶文化底蕴的名山、名水、茶园，比如玉泉寺、鹿苑寺。

人文古迹类，即与著名历史人物、事件及茶相关，具有茶文化典故的历史遗迹等，比如三游洞、蛤蟆泉、宜红古茶道。

茶品类，即具有良好声誉、能吸引旅游者购买的名品茶类，如采花毛尖、五峰绿茶、萧氏绿茶、昭君白茶、九畹溪丝绵茶、宜昌宜红等。

建筑类，即与茶相关的各类建筑，如湖北茶叶博物馆、采花茶城、夷陵茶城、滨江茶城、五峰西南茶叶市场等。

非物质文化资源则包括：民俗类，即茶产区人民创造并传承的事物之和，如茶产区开采日饮食习俗、土家罐罐茶等。

节庆类，即与茶相关的节日、庆典、展会等，如世界茶旅大会、各产茶区开采节、宜昌茶文化艺术节、茶博会等。

表演艺术类，即以茶文化为内容和表现形式的表演艺术，包括茶歌舞、采茶戏、茶艺等，如茶山七仙女、茶艺大赛、斗茶大赛等。

口头文字类，即与茶相关的神话传说和故事，如神农尝茶的故事，李白与仙人掌茶的故事，陆羽、欧阳修、陆游、郑谷、苏轼等人与宜昌茶、三峡水的故事传说等。

（2）宜昌茶文化旅游模式。根据宜昌茶文化资源及茶文化旅游实际，课题组规划设计了"茶园＋景区＋人文"山水人文景观茶旅模式、"茶园＋美丽乡村"美丽乡村茶旅模式、"茶叶基地＋加工＋营销"茶经济区模式、"茶园观光＋民宿或主题酒店＋文创基地"茶文化体验模式。

"茶园＋景区＋人文"山水人文景观茶旅模式，主要在拥有比较丰富的人文景观和茶文化历史的景区使用。比如五峰、长阳、夷陵、宜都、秭归、兴山、远安等茶产区，拥有优良的自然山水条件，茶叶生产历史悠久，现存古代茶叶生产遗迹较多，民风民俗特色鲜明，如把茶园风光与山水人文景观相结合，内容丰富。

"茶园+美丽乡村"美丽乡村茶旅模式，主要在拥有自然、生态的美丽乡村的茶产区使用，譬如远安、夷陵、宜都、当阳、枝江、秭归等。当地交通便利，乡村建设成效突出，一村一品，一村一主题，最适合短期观光休闲旅游。

"茶叶基地+加工+营销"的茶经济区模式，适合功能齐全、交通便利的近郊茶产区。它们拥有自己的基地、加工厂、营销空间，甚至可以依托茶城、茶市场等，开展茶旅活动。典型例子为夷陵区、五峰县、宜都市。

"茶园观光+民宿或主题酒店+文创基地"茶文化体验模式，适合拥有茶园基地和茶民宿或者文创体验基地的茶景区。这里配套设施齐全，艺术文化氛围浓厚，能吸引追求生活品质的高端人群，比如夷陵区三峡茶镇、五峰青岗岭茶文化体验园等。

**3. 宜昌茶文化旅游线路设计** 根据适合宜昌茶文化旅游的几种模式，课题组设计规划了几条经典线路。

(1)"茶香伴你游三峡"。三游洞—夷陵邓村—三峡大坝—三峡宜昌段峡江风光茶旅路线。三游洞拥有灿烂的文化遗迹，很多历史文化名人曾经到访，也留下与宜昌茶、三峡水相关的很多传说。邓村享有"中国名茶之乡""中国最美小镇"的美称。三峡大坝则是世界著名的5A级旅游景点，西陵峡是长江三峡最为秀美的一段，山、水、茶、人、文，旅游要素齐全，内容丰富。

推荐线路：三游洞—三峡人家—三峡大坝—邓村茶园—西陵峡船游。

(2)"土家茶乡等你来"。宜都—五峰—长阳土家茶风茶俗文化旅游路线。以土家茶乡民俗和茶文化为主题，旅游时间上可长可短，可以根据游客情况自主选择。

宜都是"天然富锌茶"的故乡,三万亩茶园尽在潘家湾,潘家湾已成为"全国环境优美乡镇",每年采茶季都会举办宜都市茶香女儿会。

宜都境内推荐线路:宜都市潘家湾土家族乡万亩茶园—古潮音洞—大宋山森林公园—三峡九凤谷。

五峰有比较丰富的自然生态资源,是宜昌乃至湖北最有名的茶叶产区,先后被命名为"中国名茶之乡""全国十大生态产茶县""全国重点产茶县""全国无公害茶叶示范基地县"。在五峰青岗岭生态茶园基地,每年都会开办五峰春茶旅游节,现场有炒茶、筛茶舞、现场演绎罐罐茶及土家礼仪等表演和活动。

五峰境内推荐线路:五峰青岗岭茶园—湖北茶博馆—茶马古道—土家族风情游。

长阳境内有土家族、汉族、苗族、满族、蒙古族、侗族、壮族等23个民族,其中土家族约占51%,是宜昌地区土家文化保存比较完好的茶产区。大堰乡千丈坑生态茶园地处大堰乡南部,是全县标准化茶园的样板,被评为宜昌市最美十佳茶园。

长阳境内推荐线路:千丈坑生态茶园—三峡人家—清江画廊。

(3)"最美乡村禅茶游"。当阳玉泉寺—远安鸣凤山、鹿苑寺禅茶文化旅游路线。当阳玉泉寺为佛教圣地天台宗祖庭之一,在佛教徒心目中有神圣地位,香火鼎盛,更因唐代著名诗仙李白一首《答族侄僧中孚赠玉泉仙人掌茶并序》而证明茶禅结缘的史实。

远安鸣凤山素有"小武当"之称,朝拜者甚众,又因为黄帝、嫘祖的传说而蕴含着浓郁的神话色彩。离鸣凤山不远的鹿苑寺,则因为鹿苑茶而享誉天下。鹿苑村风景秀丽,民风淳朴,露营、茶民宿等旅游条件也逐渐具备。

推荐线路:当阳玉泉寺—当阳关公祠—远安鸣凤山—远安鹿苑村—远安嫘祖文化博物馆—翟家岭古村落。

(4)"屈原·昭君人文茶旅"。秭归—兴山—神农架茶源之旅。秭归是世界历史文化名人屈原的故乡,秭归脐橙也因为屈原而闻名世界。秭归县石柱村茶园终年保持湿润,自然环境优越,属于标准的无公害茶园基地。

秭归境内推荐线路:秭归县石柱村茶园—三峡大坝—屈原祠—凤凰山—九畹溪漂流。

兴山美丽的山水孕育了民族和亲使者王昭君,传说昭君白茶即是因王昭君而有名,也是她把茶饮带到了北寒荒漠。

兴山境内茶旅推荐线路:昭君村—昭君生态茶园。

# 三、探讨问题及未来工作思路

## 1. 存在的问题

(1)对宜昌茶文化旅游资源的梳理与实践性考察与研究,还不深入、不全面。

(2)对宜昌茶文化旅游发展的模式研究,仅停留在理论层面,除了五峰在几年前的研究成果基础上已经进入实证阶段,其他县市区的茶旅线路开发尚处于探索阶段。

(3)针对宜昌区域特点设计的开发模式的实际效果,尚有待实践论证。

**2. 未来工作思路**　希望宜昌市委市政府能够组织文化旅游部门、农业农村部门、茶叶主管部门、科研院所，结合宜昌茶产业、旅游业发展，做出顶层设计、整体规划，在三峡区域内尝试整体推广茶旅模式，分别推进茶旅线路，实现以旅兴茶、以茶兴旅、茶旅互融、茶旅共赢。

（2019年宜昌市社科联项目优秀研究成果）

# 紧抓文化内核，融合乡村旅游，构建远安茶产业发展新格局

　　于我而言，远安，是一个美丽的地方，值得一去再去；远安，是一个神奇的地方，经常给你意外的惊喜；远安，是一个神秘的地方，对世人还蒙着一层神秘的面纱。尤其是远安本就是茶圣陆羽《茶经》所列的"产茶第一县"，产茶历史悠久。远安鹿苑茶1977年至1985年先后被国家商业部评为"全国名茶"，荣获农业部颁发的"农业博览会银奖"；2009年被列入省级非物质文化遗产名录。

　　受远安县人民政府相关部门和领导邀请，我曾多次深入远安黄茶

核心产区考察，几次与全国知名专家一起参与远安县茶产业发展论证会、茶产业发展战略咨询会、远安黄茶新品鉴评会等，为远安茶产业发展问诊把脉、出谋划策。我非常高兴地看到远安茶产业近两年取得了丰硕成果：2017年获得全国农产品地理标志，荣获中国茶叶学会第十二届"中茶杯"特等奖，中国国际茶文化研究会"中华文化名茶"荣誉称号；2018年、2019年荣获"宜昌三大特色名茶"称号。

中国国际茶文化研究会授予远安县"中国茶文化之乡"称号，中华全国供销合作总社杭州茶叶研究所授予远安县"茶叶科技示范县"称号。远安也加入了中国黄茶产业联盟，与全国黄茶产地一起共商产业发展大计；与中华全国供销合作总社杭州茶叶研究院合作研发的远安鹿苑茶新品，正在申报国家专利。

远安茶正在利用自己独特的优势，趁势而上，但是也需要进一步找准定位，明晰策略，创出特色，叫响品牌。

# 一、远安茶产业发展优势分析

**1．适合优质茶叶生长的自然环境**　远安地处北半球亚热带，属大陆季风性气候区，雨量充沛，年平均降水量1000～1100毫米；全年四季分明，气候温和，年平均气温16℃左右；日照充足，无霜期长，年平均日照时数为1830小时左右，年平均无霜期275天左右，有利于茶树的种植和生长发育。

**2．悠久的茶叶生产历史**　早在三国时，在三峡地区制茶技术已经广为传播，如三国魏张揖《广雅》载："荆、巴间采茶作饼，叶老者，饼成以米膏出之……用葱、姜、橘子芼之。"（陈宗懋，1992）。说明宜昌是我国最早的茶叶加工技术发源地之一。

到唐代以前，三峡便有"滂时浸俗，盛于国朝，两都并荆渝间，以为比屋之饮"的记载。唐代陆羽《茶经》有载："山南，以峡州上（峡州生远安、宜都、夷陵三县山谷）。"根据"当代茶圣"吴觉农教授的解释，唐代峡州包括远安、宜都、夷陵县，作为唐代著名的产茶地带，山南道生产的茶不仅有名，品目也很多。说明至少在唐代中期以前，远安就有了成熟的茶叶种植、生产、加工工艺，而且远安茶已经成为名茶。

**3. 灵山秀水赋予的优良品质** 自古名山名寺出名茶。远安鹿苑茶盛名由来已久。鹿苑，乃远安县西鹿溪，山因鹿名，寺随山名，茶随寺名，名山名寺名茶，天设地造，一脉相承。鹿苑寺拥有典型的丹霞地貌，烂石丛生，生态环境优良，森林覆盖面积大，出产的茶叶品质优良。鹿苑寺"鹿苑茶"是黄茶中的佳品，早在宋代就有生产。此茶外形色泽金黄，白毫显露；条索呈环状，俗称"环子脚"；内质清香持久，叶底嫩黄匀称，冲泡后汤色绿黄明亮，滋味醇厚甘凉。

据清同治县志记载："安邑侯憩此，问及茶艾，僧言：土人采伐，鲜有存者。"至清乾隆年间，鹿苑茶被选为"贡品"，乾隆皇帝饮后，顿觉清香满口，精神倍增，夜寝难眠，龙颜大悦，御名鹿苑茶为"好淫茶"。清光绪九年（1883年），高僧金田到鹿苑寺讲法时，曾赞赏鹿苑茶："山精石液品超群，一种馨香满面薰，不但清心明目好，参禅能伏睡魔军。"清咸丰《远安县志》载："远安茶，以鹿苑为绝品，每年所采不足一斤。""鹿苑茶不及凤山茶著名，然凤山亦无茶，外间所卖者，皆出董家坂、马家坂等处。以地近凤山故名。"凤山即鸣凤山。

如今，远安黄茶以其"环子脚、鱼籽泡、幽兰香"的鲜明特征跻身为全国名茶，为"中国四大黄茶"之一。

**4. 淳朴深厚的人文底蕴** 远安既拥有宁静秀美的田园风光金家湾、鹿苑寺，深壑幽绝的峡谷景观灵龙峡、武陵峡，千姿百态的石林景观太清洞、怪石坡，林海茫茫的森林景观大堰、太平顶，数亿年前的奥陶纪、三叠纪爬行动物化石群等自然景观。又有充满道教文化底蕴的鸣凤山，楚人"首都"遗址南襄城，电影《山楂树之恋》的外景地青龙湾等人文景观。此外，远安独具魅力的花鼓戏、呜音，原始古朴的嫘祖信俗，幽雅拙野的山歌等民间文化更是丰富多彩，无不浓抹沮漳风情，活现楚风遗韵。目前"嫘祖信俗"列入国家级非物质文化遗产保护名录，"鹿苑茶制作工艺"列入省级非物质文化遗产名录；鸣凤山的道教文化与鹿苑寺的禅茶文化，使与之相匹配的茶文化资源非常丰富。

**5. 发展茶产业的大好机遇** 我国茶叶消费量尚无系统的宏观统计数据，据前瞻产业研究院《2016—2021年互联网对中国茶叶行业的机遇挑战与应对策略专项咨询报告》显示，2015年我国年人均茶叶消费量大概为1.3千克左右，总消费量约180万吨。随着人们生活水准的提高和对健康、社交、传统文化等的追求，结合对消费者消费习惯和偏好的分析，参照统计数据，我们保守预计，我国茶叶消费量未来一段时间仍有每年3%～5%的增长空间，我国的茶叶消费市场蕴涵着无限商机。

远安20万人中有农业人口15.55万，农业实属支撑产业，茶叶所占比重尤其大；茶叶注册商标69个，1个地理商标"远安黄茶"，1个绿色食品认证品牌，1个无公害食品认证品牌，基础比较好；拥有沮西片区、嫘祖镇望家、真金片区等远安黄茶的核心产区，茶叶品质优秀；从国家到市县一级，宏观政策与具体战略，都把农业发展、茶产业发展作为新的经济增长极，前所未有的机遇来临。

总之，远安茶叶拥有绝佳的自然环境、优良的品种特质、深厚的文化内涵、良好的发展机遇。因此，远安茶产业发展大有可为。

## 二、以文化为核，以旅游为翼，促进远安茶产业发展

**1. 总体思路** 远安茶产业当以农业部出台的《关于抓住机遇做强茶产业的意见》《国务院关于印发"十三五"旅游业发展规划的通知》（国发〔2016〕70号）、《国务院办公厅关于推进农村一二三产业融合发展的指导意见》（国办发〔2015〕93号）、《农业部关于推动落实农村一二三产业融合发展政策措施的通知》（农加发〔2016〕6号），以及湖北省、宜昌市大力发展茶产业的意见为指导，坚持"准确定位、生态高效、特色精品"，打造全国知名黄茶产区和生态保护型、休闲旅游型发展模式的美丽乡村产业融合体。

（1）打造全国知名黄茶产区。从明代开始诞生的黄茶，历史名茶众多：湖南的君山银针、北港毛尖、沩山毛尖，四川的蒙顶黄芽，浙江的温州黄汤，安徽的霍山黄大茶、桐城小花、广东大叶青等，都是出名的黄茶。黄茶独特的焖黄工艺，在中华茶叶制作技艺宝库中独树一帜。并且，黄茶性温中和，与东方中庸智慧相映成趣，道法自然，天人合一，臻于化境。

远安黄茶，虽品质优良、历史悠久，然生产规模小、品牌众多、标准难以统一、工艺水准不一而并未走到全国前列。远安茶产业发展应该明确"做优做精做强黄茶品牌"，统一标准，统一工艺，突出特色，用"天下黄茶，看我远安"的气魄，与"小武当"鸣凤山道教文化相结合，

争取历史名茶与茶文化之乡的权威认定，努力打造中国黄茶名县，塑造"远安黄茶"的靓丽名片。

（2）打造生态保护型模式和休闲旅游型模式相结合的美丽乡村。茶文化旅游是一项历史悠久而又新兴开发的旅游项目。茶产业发展一定要坚持"茶+"的开放式思维，跨区域联动推进有机茶产业发展的大战略。对远安来说，目前最为可行的，便是"茶+旅游"的跨界融合发展。

远安属于生态优美、环境污染少、自然条件优越、水资源和森林资源丰富的地区，具有传统的田园风光和乡村特色，生态环境优势明显；交通便捷，距离城市较近，适合休闲度假，旅游资源丰富；目前，经过多年的规划发展，基本形成"一村一品""一乡一业"，特色鲜明，民宿、餐饮、休闲娱乐设施逐渐完善齐备，美丽乡村旅游产业链发展潜力巨大。可以以优质生态环境为依托、在茶叶适种区以规模化茶园为基础，实现以茶叶为主的生产集聚、农业规模经营，规划建设家庭休闲农场、家庭农庄、企业乡村会所，形成以泛旅游产业集群化为方向的区域生态农业旅游综合开发项目，把生态环境优势变为经济优势。

同时，兼顾远安地域内特殊人文景观，包括古村落、古建筑、古民居以及传统文化地区，发挥优秀民俗文化以及非物质文化遗产的作用，进行文化展示和传承。要唱响"游美丽乡村，品远安黄茶"的主旋律。

**2．找准茶叶品类定位** 中国的茶市场历来不缺少品牌，消费趋势也是多元化、大众化、个性化兼容的。"树品牌黄茶，做特色红茶，销大宗绿茶"，以黄茶为拳头产品，突出健康功效，做精优产品。新开发的工艺黄茶，有了等级区分，迎合高中低档市场不同需求。

满足新生代茶饮市场，开发特色红茶、时尚红茶，突出少而特。绿茶走大宗生产路线，满足中低端市场和产值需求，做人人喝得起的茶、人人爱喝的茶。结合科研开发，产出一部分衍生产品。

**3．构建生态保护型和休闲旅游型茶产业布局** 不管是"茶+旅游"，还是"旅游+茶"，全县要总体联动、科学规划。个人建议可以确定"一馆、一店一庄园；二镇三坊四基地"的茶旅一体化思路，形成茶文化、嫘祖缫丝文化、道教文化、乡村特色旅游文化并重的全域生态旅游格局，完善交通、餐饮、厕所、住宿、旅游、购物、娱乐、健康等配套设施，达到畅通、宜游、秀美、富裕的目标。

具体来讲，可以树三个品牌：一馆——一个特色鲜明的远安文化博物馆；一店——茶文化主题酒店；一庄园——茶主题庄园。建二镇——旧县、嫘祖两个"一镇一品示范乡镇"；三坊——鹿苑、石桥、金桥兴建三座主题茶楼（茶坊）；确保四基地——鹿苑、石桥、望家、盐池四大核心生产基地；辖鹿苑、红岩、石桥、龙泉、望家、真金、盐池、青峰、定林、金桥等十个专业村。

让问茶之行、寻茶之旅、品茶之路，贯穿整个远安自然村落景区。以"天下黄茶 看我远安"的气魄，打造以茶或丹霞地貌为主题的景观风光带和精品街。

要让所有的游客到远安以后，能够住茶酒店、品黄茶、观茶园、赏茶景、购茶品，体验茶文化、道教文化、禅茶文化，既可以旅游、养生、度假，又可以祈福、求祥、采茶、制茶。

**4．规划实施集约化、现代化、标准化、智慧化的茶产业战略**

（1）加强茶园建设与管理。根据产业的"微笑曲线"，未来茶行业的

"价值链—收益"中，上游原料的资源价值将凸显，我们将看到一道美丽的"微笑曲线"。而解决这些问题的关键之处就在于，首先要组织茶农，将土地集中，统一生产标准，改良品种、提升品质，全面实施绿色防控技术，生产安全、正宗、地道的好茶；其次，组织茶馆、茶楼、茶店传播、销售安全、正宗、地道的好茶，这些传播渠道，既应有实体门店，更要有现代互联网营销手段。

茶产业的基础是茶农，是种植业，从源头抓起，把小散乱弱的茶农有效组织起来，让产业第一线的茶农富裕了，这个产业才有希望。政府对茶园建设与管理应该多投入，统一标准，加强管理。茶农只需专心种好茶、管好园。

应争取建立产地茶直供交易服务平台，学习直供直销一体化运营经验，全面整合远安茶上游供应链资源，让供应链与直供交易服务平台的终端门店资源形成一体化运营体系；另一方面，减少流通层级，并通过直供交易服务平台严格品控质检，让原产地优质好茶与消费者直接见面。这样有利于树立远安茶的品牌形象，赢得消费者的信赖和口碑。

（2）建立专业合作社。我国有个"幸福茶农"品牌，他们的营销模式早已被业界所关注。从茶园到销售，幸福茶农计划于2017年扩大到50个专业合作社，2018年扩大到200个专业合作社，并已着手打造销售终端"幸福茶园"——构建100个"幸福茶园"专卖体验店，建立百万元茶店、千万区域经销商的营销战略，由点到面构建全国名优茶区、特色茶区、特色农产品区等产业基地。我们可以尝试与之对接，借力发力，或者部分学习借鉴，扩大远安黄茶的知名度。

建立专业合作社，将分散的茶农组织起来，帮助茶农提升市场竞力、抗风险能力和经济效益。通过"合作社+社员"的经营模式，构建统一的远安黄茶品牌，统一定价、统一融资、统一服务、统一结算、统一分红，完整的利益链条可以让茶农参与到组织中来，家家户户都是股东，人人都是老板。大家心往一处想、劲往一处使，茶产业就会改变各自为战、零散乏力的现状。其实，乡村旅游也可以仿照这个模式运行管理。

将茶产业发展与精准扶贫相结合，建立经营主体与贫困户利益联结机制。"公司+企业+基地+贫苦户"的利益联结机制，优先用工、优先收购、优价收购、免费供应茶苗、免费提供技术、免费提供绿色防控农药等，以带动茶产业发展、增加农民收入。有条件的企业出资承包荒山、流转土地，发展成片茶园，就近安置贫困农户就业。

四川雅安名山万亩观光生态茶园将茶旅结合真正落实到位，大到茶园区整体规划设计，小到每家每户墙头瓦上篱笆墙的茶文化装饰，无一不体现设计者的良苦用心与细致入微。当地大手笔地打造了"茶区变景区，茶园变公园，劳动变运动"的理想茶园。让当地老百姓"住上好房子，过上好日子，养成好习惯，形成好风气"。从一开始的"让我种茶树，我跟你拼命"到如今的"不让我种茶树，我跟你拼命"，政府在主导产业结构调整中做到了因地制宜、因茶致富。茶叶生产与销售形成了合理化格局，茶农、企业、中介、市场，基地建设、茶园管理、鲜叶收购、茶叶加工分工精细，形成了稳定的链条，茶园管理规范，茶树生长良好，百姓安居乐业。

（3）延伸茶产业链。坚持标准化生产，提升茶叶质量效益。要注意产品标准化与差异化问题：认识到茶叶标准与消费者之间的距离，既要建立茶叶生产环节的质量标准，又要增强流通消费环节的标准化。

"十三五"期间，随着全面建成小康社会持续推进，旅游已经成为人民群众日常生活的重要组成部分。旅游消费日益大众化，需求越来越品质化，发展趋向全域化。自助游、自驾游成为主要的出游方式。人民群众的休闲度假需求快速增长，对基础设施、公共服务、生态环境的要求越来越高，对个性化、特色化旅游产品和服务的要求越来越高，旅游需求的品质化和中高端化趋势日益明显。旅游业与农业、林业、水利、工业、科技、文化、体育、健康医疗等产业深度融合。因此，随着茶产业链的延伸，市场份额也会越来越大。如何延伸茶产业链，就变得尤为重要。

应开发旅游与文化创意产品、数字文化产业，开发以茶为原料或题材的旅游消费品，创作有远安特色的动漫作品；发展文化演艺旅游，推动旅游实景演出发展，打造传统节庆旅游品牌。茶产业的蓬勃发展，一定会带动种茶、制茶、评茶、茶艺、包装、旅游、文化、广告等产业的迅猛发展。

（4）将"互联网＋茶"思维融入智慧农业。在生产方面，应用"互联网＋茶"构建智慧农业，通过构建农业物联网、云服务、大数据分析来实现茶叶生产技术问题、产品标准化问题、茶叶质量安全问题以及生产全程可追溯问题的解决。通过提高茶叶种植加工各个环节的信息化水平，保证产品标准化，并实现自动化控制，降低成本，提高质量。

在品牌方面，利用互联网新媒体及粉丝圈子进行品牌塑造与传播。首先，我们可以通过大规模的广告运动和推广活动让消费者知晓品牌，然后再缩小范围进行有针对性的告知和推广，继而再通过连续的有针对性的推广和活动形成美誉度、忠诚度，之后形成良好的品牌联想，最终形成口碑。

在流通方面，应结合互联网新兴工具，创新营销模式。这其中包括电商、微店、微商、众筹、O2O、大数据营销等，每一种形式都是一个完整的系统工程，而绝非是个孤立的活动。应搭建线上线下的销售平台，包括网络媒体、微信微商——例如前期茶语网"茶叶榜"对"御贡黄茶"的推介。做到"溯原保真、标准规范、开放整合"，所有的茶叶，茶农用的每一种肥料和农药都有"码"可扫，全程可查可溯，让消费者完全放心。

茶园建设方面，应打造智慧旅游、智慧茶区。实现景区无线网络覆盖，电商平台引进茶产区，配套物联网设施，通过物联网科技化管理茶园，保证茶叶品质卓越。

**5．注重文化建设与宣传，夯实产业发展基础**

（1）推进乡村文化建设。茶区文化建设要关注细节：凡是涉及远安民俗风情的元素均可进入茶区文化建设的范畴，成为乡村旅游特色景观。要以村为单位，移风易俗，端正茶农价值观。

应将乡土工艺要素、水利要素、植物要素、动物要素、地貌要素、气候要素、农田要素、交通道路要素、农具要素、农家小院要素等综合运用。利用这些特色元素，做到茶区民居建筑风格统一，道路标识、院落设计、墙头纹饰等突出远安地域文化特点，一村一景或者一村一特色。

（2）茶旅文化深度融合。应推广乡村旅游合作社模式，使茶区农民通过乡村旅游受益。将乡村田园变成景区，民居农舍变成民宿客栈，乡村道路变成旅游景观道，农产品变成旅游商品，传统城镇变成文化旅游城镇。把茶园、茶山、茶村建设得更美丽，通过专业的规划设计和科学的日常管理，把茶区打造成茶旅结合、天人合一的靓丽风景。从"景区旅游"向"全域旅游"转变。

以鹿苑村为核心，打造茶园生态游、文化游、茶民宿等景区主体。切忌乱开发、滥开发，切实保护鹿溪河流域的生态环境，对引进的旅游开发项目要严格把关、严格管理，不能因噎废食、只顾眼前利益，破坏了良好的生态环境。

（3）引入资本，拓展产业骨架。新农业的崛起需要资本推动，讲求长远回报，要有良好的商业盈利模式才可持续发展。远安可以引进有热情、懂专业、高科技的资本进入，兴建茶主题酒店与茶庄园，开设体验式劳动（认养茶树、茶园，采茶，制茶，买茶，卖茶）、酒店式茶园、茶书院、乡村酒吧、自驾车旅居车营地、帐篷酒店、新型民宿、婚纱摄影基地、青少年爱国主义和社会实践教育基地、民俗文化传播基地、民间收藏展示中心、公益社团拓展基地、自行车环道、步游廊道等项目。茶书院除了茶叶生产加工的培训，还可以定期组织专家，给茶农进行养生保健、茶文化、儿童教育等方面的内容丰富的培训。

（4）借茶兴文，以文扬名。与科研院所、专家团队合作，组织专班，争取课题，深入挖掘远安地域文化、茶文化资源，从民俗学、地域学、文学、茶学、旅游学交叉互融的角度去研究远安黄茶的过去、现状和将来。

挖掘整理远安地方特色的茶文化传说、茶轶闻趣事、民族茶俗、茶歌茶舞，鼓励文艺部门创作反映远安地域风情的茶文化主题的宣传片、文艺片、微电影、沙画、散文、诗歌、小说等。特别是要做好黄茶的文化溯源及鹿苑寺的自然人文景观的复建和文化传承。鹿苑寺是古佛教圣地及绝品黄茶生产地，如果想大力发展黄茶，鹿苑寺是文化根基。

还应注重对远安黄茶的加工工艺流程文化的发扬与传承，做足省级非物质文化遗产目录的文章。

（5）注重专业人才的培养与使用。注重茶叶技术人才队伍建设，特别是核心技术文化传承；邀请组织国家、省市级专家教授和技术能手，手把手或者通过互联网，辅导、培训茶农，提升茶农的食品安全意识和种植水平；定期开展采茶、制茶、评茶、茶艺师技术能手大赛，开展斗茶大赛，推动茶叶品质提升。注重茶文化产业创意人才和制茶师、质检员、茶艺师、营销经理等茶产业营销与管理人才的培养与使用，让所有利益相关者都成为新茶人，使茶产业与茶文化产业实现可持续发展。

（6）加强企业文化建设。产品的命名、茶叶包装都应该以鲜明的远安地域特色及文化传统为基础，突出本品牌的文化主题，凸现传统茶民俗，让消费者眼看、手触、心悟，在品茶之前就体会到浓浓的远安情感元素。要形式多样、质地多样，既美观又有内涵，既方便又环保。要注重品牌的宣传、形象的维护、品牌内涵的拓展，大力加强企业文化建设，挖掘产品的文化资源，并将茶文化理念深入员工心中，做文化人，做文化事。进一步在产品包装、品牌形象设计上做文章，突出远安特色、企业特色。

（7）营造氛围，扩大影响。县委县政府要用大气魄，大手笔来运作茶产业发展格局。可以举行高规格的茶文化活动，比如全国性茶产业发展论坛、多层级茶文化交流、茶旅推广等，让自己的专业人员走出去学习、请专家名家进来，思想的碰撞会带来新的思维模式，开放的心胸会闪现创新的火花，同时，这些活动本身即是对远安和远安茶的极好宣传。每次的大型活动，要整合资源，合力出击，不能你讲你的嫘祖，我讲我的鹿苑寺，远安的经济实力也经不起这样的分块折腾。文化捆绑打包策划、运营，可能会事半功倍。

县域内将茶元素融入全县各领域，茶文化进机关、进企业、进学校，渗透到城市、乡镇、街头巷尾，纸质媒体、虚拟媒体、自媒体，看得到、听得到、用得到，大力宣传茶产业，扩大影响面、知名度。注重年轻消费群体的培育。除了在校学生的茶知识启蒙，还可以在中小学尝试推行"每天三杯茶"活动，培养良好的健康生活理念。让茶文化走进茶园（茶园艺术景观等创意农业），为广大群众所接受，让亲近茶文化、热爱茶文化、宣传茶文化，以及继承和保护茶文化成为大众的自觉行为。

总之，远安拥有得天独厚的自然条件，拥有底蕴深厚的民俗文化，拥有品质精良的茶叶品牌，拥有"山清水秀，林木繁茂，民宅秀丽，世外桃源"般的乡村旅游资源，更有远安县委县政府建设实力远安、生态远安、幸福远安的雄伟决心和高度重视、大力发展茶产业的信心，只要紧紧抓住文化这个根本内核，赋予茶产业内涵，深度融合乡村旅游，丰富茶产业格局，提升茶产业的综合效益，一定可以助推远安茶产业更上层楼，塑造辉煌。

（2017.3 远安县茶产业发展专家论证会上交流发言）

# 恩施民俗茶文化的内涵及其呈现

恩施州位于鄂西南边陲，地处武陵山腹地湘、鄂、渝三省市边界交汇的"武陵民族走廊"，历史悠久，文化灿烂，是我国西部地区的民族文化宝库，是巴文化的发源地和传承地，是"文化沉积带""历史冰箱""文化聚宝盆"，文化积淀非常丰厚，保留了许多文化的原生态形式。独特的地理环境和人文环境，导致本地区民族文化具有民族性、历史性、地域性、差异性、交融性、发展性等鲜明特点。恩施民俗茶文化是恩施民族文化的重要组成部分，由土家人的先祖——巴人始创，历代土家人集体创造，并在武陵山区世代沿袭传承，"传承性"和"多样性"是其主要特征。

在人类文明的进程中，恩施行政归属多有变动，随着环境变化而归属不同的亚文化圈。在此历史背景下形成的恩施民俗茶文化，具有"以土为本，民族融合"的特点——以土家族茶俗为主体，融合苗、侗、汉、回等其他兄弟民族文化内涵，独具特色。

探究恩施民俗茶文化的特点，要有全新的广阔视角：立足恩施，放眼武陵，以巴文化为根脉，以土家族文化为底蕴，在民族融合的历史大背景下，以历史的、发展的眼光，深挖恩施民俗茶文化内涵，弘扬恩施茶文化所凝聚的民族精神，向世人展现其独特的文化魅力。

## 一、源远流长的恩施民俗茶文化

民俗，是依附人民的生活、习惯、情感与信仰而产生的文化。民俗文化是由所在区域的全体民众共同创造、分享、传承的风俗生活习惯，它具有普遍性、传承性和变异性，它是世俗的，属于集体共有，带着泥土气息，具有烟火味道。"恩施民俗是以土家族习俗为主的民俗，是作为继承性文化现象的民俗，更有古代巴人的许多遗风。"

巴人最先饮茶，并创造了茶文化。巴人及其先辈，自上古时期开始就以茶叶为饮料，成为习俗。作为巴人一支的"廪君蛮"起源于清江中游武落钟离山，廪君是部落首领。随着巴人势力的强大，茶文化随着巴人的步履先后传播到汉中、四川盆地，后来又传到武陵地区。随后，巴人因为政治、军事等原因进行了大规模的迁徙，将茶叶及茶文化传播到族群所至之处。公元前316年，秦灭巴，巴人后裔退回至武陵山区生存繁衍，从此再也没有进行大的迁徙。巴人后裔世居在武陵山区，一直保留先祖的饮茶习俗。

## 二、恩施民俗茶文化形成原因

特殊的地理环境与政治制度是恩施特色民俗茶文化形成的主要原因。

恩施境内交通十分不便，成为中央政权难以到达的边远"荒徼"之地。历代封建王朝对此地实行"羁縻制度""土司制度"，采取"齐政修教、因俗而治"的策略，执行"汉不入峒，蛮不出境"的民族隔离政策，在恩施地区建立"施州卫""大田千户所""百里荒千户所"等军事设施，对土司地区内外人群流动进行严格的控制和管理。这些措施导致文化技术交流滞阻，中原文明对恩施地区影响甚微；土家人沿袭先祖巴人习俗，茶文化一脉相承。清雍正十三年（1735年）"改土归流"以后，随着"蛮不出峒，汉不入境"禁令的打破，更多的汉区人口进入恩施，相邻的苗、侗等兄弟民族也在武陵山区自由迁徙，恩施州出现了前所未有的民族文化大交流、大融合的局面，极大丰富了恩施茶文化的内容。这个 29 个民族落居其中之地，最终形成了以土家族文化为主导、其他民族文化大融合的内容丰富、形式多样、特色鲜明的恩施民族茶文化。

恩施地域广阔、河流纵横，清江被称为土家人的母亲河，也是土汉文化分界线，是"武陵民族走廊"文脉之一，由此形成层次较为丰富的文化生态区域——峡江文化、清江文化、酉水文化三大文化生态圈。

在共同的土家族文化背景下，清江南北又具有较大差异性，由北向南呈现渐进式发展趋势：清江以北汉区，受汉文化影响相对较大，尽管依然保留"火煏作卷结为饮"的古老饮俗遗风，但土家族文化背景下的民俗茶文化融入诸多汉文化因子，"土味"里掺杂"汉味"；清江沿岸的卫所辖区，属土、汉文化交汇地带，以土家茶俗文化为主流，融合了包括汉族在内的其他兄弟民族的茶俗文化特点，"土味"里多味纷呈；南部土司地区开发较晚，更好地保留着先民的古老饮俗，民族特色更加浓厚，"土味"地道而纯粹。

在漫长的历史长河中，不同民族文化互相碰撞，彼此交融，交互吸收，你中有我，我中有你，逐渐形成以土家族文化为主体，融入苗、侗、汉、回等少数民族特色的茶俗文化形态。

## 三、恩施民俗茶的文化内涵

茶本草木，因人的利用而衍生出茶的文化。五千年饮茶习俗代代相传，恩施人在以茶为饮的民俗生产活动中，为恩施的茶赋予了丰富的精神内涵。

**（一）茶是民族文化与精神的象征**

至迟在距今 5000 年前，巴人及其先辈开始饮茶。三峡地区及清江流域的考古发掘为研究这一地区的饮茶起源乃至茶业初兴提供了一批有价值的实物证据：发现早期人类控制性用火的遗迹，距今 5700 年前的房舍遗迹及室内灶膛，大量的小型釜、壶、杯，尤其是"单耳杯""尖底杯""尊形杯""小底尊形杯"这些早期巴文化代表性器物，是"饮茶用的饮具"。擂茶、油茶汤、罐罐茶是具有民族地域特色的三大古饮。今天，火铺上的"打油茶"香糯怡人，火塘里熬煎的"罐罐茶"醇酽清神，千年擂茶遗留着"五味汤"的奇效神功。巴人及其先辈从生食茶叶到煮茶成羹再到单独作饮，历经几千年发展，积淀成丰厚的文化内涵，茶成为民族文化、民族精神的象征标识。

**1．茶是祖先神灵的化身** 茶是土家族的生殖女神，从南至北，恩施流传着与茶有关的生殖女神、护儿女神的传说与故事。清江南部恩施州来凤县所在的酉水两岸，流传着苡禾娘娘茶生子的故事：苡禾娘娘因为生食茶叶而怀孕，生了八个儿子——"八部大王"，他们是土家人的先祖，苡禾娘娘因此被土家人奉为生殖女神；清江流域，民间流传着茶山娘子的故事：茶山娘子又叫"春巴妈帕"，是盐阳女神的化身，为了驱赶茶园的毛虫，她纵身投入火海，舍身保护茶园，她的故事代代相传。"茶婆婆"，又叫"阿米麻妈""巴山婆婆"，碗柜是她的神域，她常年受母亲们的祭祀，祈求她保护儿女平安长大。

**2．茶是祭祀神灵的圣物** 恩施人崇巫信鬼，相信万物有灵，所供奉的神灵众多，各种祭祀活动也多。茶是土家族祭祀神灵时请神、安神、娱神、酬神、送神的圣物。比如，在"梯玛的世界"里，梯玛（土家语，即土老师）一声令下，"茶婆婆舂擂钵"，梯玛通过"传茶"仪式完成人、神之间的沟通，茶是人神间的通道；又如，土家族祈神舞"跳耍神"的伴舞唱腔"耍神调"里必有"采茶"。

**3．茶是民族精神传承的见证者**　恩施人喝茶多在火塘（火坑）边。火塘，是恩施农村的标配，其历史可追溯至 5700 年前。改土归流以前，火塘是恩施人取暖、烧茶、煮饭、会客、娱乐、睡觉、劳动的生活场所；同时，火塘更是传承民族文化精神的神坛。祖父"讲古"颂扬先祖先贤，祖母唱歌传承传统艺术，父亲"手上活路"沿袭传统技艺，母亲缝衣做鞋秉承勤俭家风，兄弟你比我划习得生存本领，姐妹挑花绣朵编织美好生活。茶作为最普通、最平凡、最恒久的伙伴，见证着非物质文化传统技艺以及世代颂扬的民族精神于火塘边代代相传。

**（二）茶是民俗事象的载体**

土家族文化，大多寓于民俗事象。恩施民俗文化里蕴藉着诸多有关茶的内容，茶成为民俗事象里不可或缺的主角，茶所具有的除湿、驱疫、祛寒、保健等功效自古至今一直护佑着恩施人民的身体健康。

**1．茶是礼尚往来的信使**　恩施人礼尚往来要随礼，接人待客要奉茶。在人际交往中，时时请茶，处处敬茶。红白喜事，婚丧嫁娶，你来我往，茶充当着信使的角色，润滑着人际关系。

**2．茶是农村集市的隐语**　恩施最早的商业经营者用暗语、手势、捏指头来表示商品价格。茶叶是恩施土特产，自古以来就是对外贸易的大宗商品之一。在中华人民共和国成立之前，茶是猪行、牛行、农村集贸市场的隐语，表示数字"四"，暗语为"茶钱"，别称为"茶老关"。

**3．茶具是承载礼仪的礼器**　恩施人对茶的崇拜呈现在繁复的礼仪中。新娘出嫁必备红漆雕花的"茶盘"作为嫁妆，既可端茶奉茶，又可承载彩礼、贺礼；在各种仪典活动中，茶盘又成为祭祀的神圣礼器。在恩施"哭嫁歌"《要嫁妆》中，茶壶、茶杯成为"十要"之一，"公婆礼性大，早晚要筛茶"，日常生活器具中的茶壶又成为敬老行孝的礼器。

**4．茶棒是维护封建礼制的法具**　在恩施，西兰卡普神的故事广为流传：西兰因嫂嫂谗言而含冤死于茶树棒下，"后门白果开花，嫂嫂是非小话，死于茶树棒下"。本土民歌亦唱"白果姑娘爱刺绣，深夜细观白果花，嫂嫂说她会情人，爹爹劈头棒杀她"。"茶树棒"成了维护封建礼制的执法工具。

# 四、恩施茶文化在民俗中的具体呈现

对于盛产茶叶的恩施来说，茶俗是恩施民俗文化的主要内容，也是恩施土家族文化的重要组成部分，是恩施茶文化的具体呈现。在恩施这一历史文化的"大冰箱"里，留存了许多古老的饮茶习俗，这令中国茶文化研究领域的有关人士庆幸不已！茶在恩施民间被广泛应用，涉及日常生活、人际交流、人生仪礼、时岁节令、宗教信仰等方方面面，在祭祀、丧葬、庆贺、婚礼、年岁节俗等民俗文化方面有诸多独特呈现。

## （一）生活茶俗

恩施山大人稀，沟壑纵横，气候湿润，瘴疫盛行，茶是驱疫、清神、健体的生活之必须品。日常生活中，寻常百姓喝清茶，老汉钟爱罐罐茶。但是土家人最钟爱的还是油茶汤，"土人以油炸黄豆、苞谷、米花、豆腐、芝麻、绿焦诸物，取水和油，煮茶叶作汤泡之，饷客以敬，名曰'油茶'""间有日不再食，则昏愦者"。油茶汤是恩施饮食文化的代表之一，与藏族酥油茶、蒙古奶茶并称中国三大少数民族茶饮。

## （二）年节茶俗

节日是一个民族精神栖息的乐园，她将民族的记忆、丰富的智慧、美好的愿望寓意于象征性的仪式之中，借此增进认同、凝聚人心、建构秩序。茶在恩施节日习俗里扮演着重要的角色，除夕、元宵、花朝、清明、谷雨、立夏、端午、月半、重阳、霜降、小年等传统民俗节日里，几乎都飘着茶香。

## （三）祭祀茶俗

土家族先民曾经历过原始的"万物有灵"的图腾信仰。在恩施，土家族人是居住最久的本地人，其他民族信仰呈现不同程度的"土化"现象，是对"万物有灵"信仰的继承与发展。有信仰就有祭祀，在祭祖宗、祭家先、敬傩神、敬梅山、敬土地、敬灶神等祭祀活动中，茶同样有举足轻重的意义。

## （四）丧葬茶俗

丧事，俗称"白喜事""生时喜酒死时歌"。乐观豁达的恩施人重死如生，视死如归，"丧事喜办，哀而不伤"是恩施丧礼特色。茶在丧葬礼俗中，是待客的礼仪，客来敬香茶，以"敬茶"写在执事单中；茶又以"净茶"的身份与鲜花、香果一道，是酬神、祭祀亡人的祭品。在请水神、叩茶、跳丧、交祭、路祭、回殃、立碑等环节，茶是不可或缺的神圣祭品。

## （五）诞生茶俗

新生命的诞生延续着一个家族的希望，在恩施，诞生茶俗有"茶神婆护娃""踏生吃茶""出月祭井""还魂汤""赶白虎"等。

茶神婆护娃：茶婆婆受到母亲们的常年敬奉。婴儿临产前，母亲会用白纸剪个打伞的纸人（俗称"茶婆婆""巴山婆婆""阿米麻妈"）贴在碗柜壁或火塘屋板壁上，每天吃饭前敬奉，以保佑小孩易养成人。

踏生吃茶：婴儿诞生后，第一个来产妇家的人，谓之"踩生"或"逢生"，产妇家要煮甜酒鸡蛋茶、红糖阴米茶热情招待客人。

出月祭井：小孩子满月这天，在火塘祭完灶神后，捎上祭礼、抱着小孩，来到水井边祭拜水井菩萨，再用茶壶盛壶水回家，烧热后给小孩洗澡去疫，求得水井菩萨保护。

还魂汤："罐罐茶"被本地老年人称为"还魂汤"。恩施人除瘴祛疫全凭本地所产草药和偏方，火塘里随时熬着浓酽苦涩的罐罐茶，老人常饮则清神健体。但凡小孩有个头痛脑热、破皮流血，饮之驱疫、洗之消毒，火塘里的罐罐茶就成了妙药灵汤。

吊胎赶白虎：童子伢崽最怕"过堂白虎"捉魂魄。如小孩干瘦、四肢无力、不想吃饭、只想喝水，谓之"走胎"，家人要用黑布包裹红米七颗、茶叶三片、灯草三节，缝成三角形小袋，再向三姓人家讨白、黑、蓝丝线三根，将布袋吊挂在孩子脖子上，谓之"吊胎"，以赶白虎。

## 五、从茶俗到茶礼的升华

礼俗相融，礼是社交礼节，俗是地方风俗，礼与俗在一个民族长期的内外交往中很自然地融合在一起。由于交往的需要，礼仪对行为进行规范，寻常生活化的民俗便升华为精神追求的礼仪。恩施地区"民俗简朴，无浮华奢侈习气""一般习尚，向称淳朴"。这些茶民俗蕴涵着丰厚的民俗文化，久而成礼。

### （一）待客茶礼

家里来人，不论认识与不认识，必先请坐，再装烟倒茶。茶是本地特产，以茶待客比较讲究，视实际情况而定：常客来了吃清茶，贵客来了吃鸡蛋茶，远客来了吃油茶。待客的最高礼仪是鹤峰"比兹卡茶道"，又叫"鹤峰四道茶"，主要内容包括白鹤茶、泡儿茶、油茶汤、鸡蛋茶。

### （二）庆贺茶礼

谢师茶礼：年轻人拜师学艺，"出师"时要置办"谢师茶"。将师伯、师叔请到高堂，再将师兄、师弟请到场，备好酒馔、茶礼、红包、香、纸、蜡烛等，举行隆重的谢师仪式：美酒香茶先敬鲁班，再敬师父，师父则以传家工具箱回敬弟子。

修发迹茶俗：起新屋，又叫"造发稷""修发迹"。新屋的梁木是房屋中堂的主干，中堂是全家供养祖先及神灵的地方，是整栋房屋的"信仰核心"。制中梁异常讲究，"梁木中央要凿个眼，用红布包上朱砂、银子、茶叶、米，滴上酒等塞于眼内"。朱砂、银子、茶叶、米、酒等均有深刻的寓意：朱砂辟邪镇宅，银子代表财富，茶叶代表人丁兴旺，米代表丰衣足食，酒代表富足奢侈。茶叶"多子多福"的生殖寓意在这里显得意味深长。

祝寿茶礼：恩施人50岁即可做寿，逢十过整生，至亲送"寿匾"，升匾仪礼非常隆重，"通行四献礼"，即上香、献帛、奠爵、奠茶，先敬家先，随后晚辈为寿星献茶，以求"茶寿一零八"。

### （三）婚俗茶礼

恩施人对新嫁娘的标准为"泡茶煮饭、洗衣浆裳、支人待客、谋略划算，样样在行！"如果新娘"要茶不茶、要饭不饭，好吃懒做、娇生惯养，样都不样"，则不受待见。可见，茶成为恩施人衡量女性品德与能力的试金石。婚姻仪式茶味浓厚，主要有请茶说媒、下茶定亲、订茶合庚、采茶备嫁、茶陪木匠、茶礼团客、茶娘哭嫁、拦门茶礼、茶迎上亲、合茶圆亲、洞房闹茶、改口敬茶、回门谢茶等内容。

### （四）祭祀茶礼

在祭祀活动中，以茶行礼以示虔诚。乐师吹奏的请神曲牌名曰"迎宾调"，又称"茶调子"；梯玛令下，茶婆婆擂擂钵，此为"传茶"；清茶一杯祭奠神灵，谓之"奠茶"；安葬新坟前，混以茶叶、米、朱砂画太极以定穴位，谓之"安龙"；小年夜祭灶神，将茶叶、饴糖、杂粮各盛盘排列锅中，谓之"马料"，等等。恩施人认为茶具有通仙灵的神圣力量，茶成为请神、安神、娱神、酬神的圣物。

恩施茶文化是古代巴文化的重要组成部分，是这一地区民族文化、民族精神的象征之一，是民族融合状态下茶文化的活态综合反映。"罐罐茶"是古老清饮的活化石，"油茶汤"上溯巴人"千年羹"，"擂茶"里深藏"五味汤"的药理，恩施玉露引领蒸青之风流……恩施茶文化所展现的丰富形态，堪称中国茶文化发展史的缩影，其底蕴深厚、内容丰富、形式多样、一脉相承，具有民族性、历史性、地域性、差异性、交融性、发展性等鲜明特征。

恩施民俗所彰显的茶文化内涵，正是恩施各族人民在漫长的历史长河中创造的智慧结晶。具有浓郁巴风土味的恩施茶俗使恩施茶文化成为中华茶文化领域的一朵奇葩和重要组成部分。

（2017年"中华茶文化与非遗传承"国家教学资源库建设项目之恩施玉露"恩施茶文化"研究成果，与马定莲联合署名发表于《农业考古》）

# 传承与创新，规则与自由

## ——兼论创新茶艺之本质与内涵

## 一、引言

中国传统茶艺从晋代开始萌芽，至唐陆羽《茶经》而初步定型，及宋而鼎盛，到明清复归简洁平实，其间流传至日本、韩国等地，形成日本抹茶道和韩国茶礼。

中国传统茶艺经过长期积淀，形成千姿百态、异彩纷呈的茶艺表现形式。按内涵分，有民族茶艺、宗教茶艺、人文茶艺等；按演示者分，有成人茶艺、少儿茶艺、道茶演绎、禅茶演绎等；按目的分，有表演型茶艺、营销型茶艺、生活型茶艺、技能型茶艺、修行养身类茶艺等。我们现在一般统称为中华茶艺。

从萌芽、定型、发展到现在，中华茶艺作为一门综合艺术，她的生命就在于不断创新与变革。

晋代文学家杜毓是将茶饮形式美学化的第一人，他的《荈赋》写了茶的产地、生长、采摘、制作、择水、择器、煎煮、品赏、功效等内容，第一次用文学的笔法描摹了晋代茶饮的茶具、水品选择、煎煮方式、茶汤颜色，可谓是我国传统茶艺的最早萌芽，也奠定了传统茶艺所需的茶、水、火、器、境、人等基本要素。

及至唐代，陆羽把饮茶当作一种艺术过程，创造出完整的煎茶法，制造出成套茶器，完成了列具、理器、生火、炙茶、末茶、选水、候汤、煮茗、品饮这一整套中国茶艺模式。这种茶艺，贯穿着科学的茶叶知识，规范的技艺程式，美学的意境氛围，高尚的茶德精神，深厚的哲学思想。

同时，在朴实的煎煮过程中，茶人们也开始更多关注饮茶给予人的美物、美意、美德的体验。常伯熊吸取陆羽《茶经》精华，在从事煎茶活动的过程中，对饮茶的环境布置、茶师服饰、茶具组合艺术、口头表达能力以及整个空间意境等各方面都广为润色，使煎茶活动富含艺术情趣和文化品位，富于观赏性和艺术美感，这就是风雅类茶道。

陆羽与常伯熊，前者更注重茶之道，后者更关注茶之艺。这似乎也是最早的茶道与茶艺之分。

宋代，中国古代品茶艺术达到登峰造极之境。点茶法相对于煎茶法的改革，带来茶艺结构中要素的变化。备器、选水、炙茶、碾茶、罗茶、候汤、熁盏、点茶、分茶，从茶具到饮茶方式，虽然同样讲究茶汤，同样以茶聚会、以茶交友，也同样讲求茶理深沉、茶意优美，却是"以艺茶游戏，举一国攻茶"，呈现出无与伦比的精致奢靡。斗茶、分茶、绣茶、漏春影，茶艺成为玩赏艺术。"缙绅之士，韦布之流，沐浴膏泽，熏陶德化，盛以雅尚相推，从事茗饮。"清晰地再现了饮茶与社会兴盛和谐的关系。饮茶成为祛襟涤滞、致清导和、提高社会修养的"盛世之清尚"。

元明时期的茶艺又一次迎来了改革与创新，崇尚简约、返璞归真，中国茶艺史上的过渡期饮茶法——末茶法出现，备器、煮水、备茶、点茶（点分茶法、点独饮法、点笔茶法、点花茶法）、饮茶、分茶礼，一方面承袭宋代点茶法，另一方面开启明代沏茶法。以朱权为代表的茶人们，借茶"乃与客清谈款话，探虚玄而参造化，清心神而出尘表"，末茶法的改革也承接了当时茶人们的精神追求与寄托。

明清时期，基于饮茶文化社会思潮的成熟以及茶叶生产方式的创新，人们开创了饮茶方式的新领域。瀹茶法、泡茶法、工夫茶流行，茶艺各元素都有了细致的要求与审美。在茶品上，从茶叶到茶汤的"色、香、味、形"都有明确的规定；水泉的选择在茶艺中占据重要地位；候汤、辨汤等是把握"火"的重要技巧；紫砂艺术兴起，汤铫、茶炉、茶壶、茶盏等茶具被应用选择；人文茶境的营造方面，"简便异常，天趣悉备，可谓尽茶之真味矣。"制茶与饮茶的简化，给饮茶者留下了自我发挥的空间，饮茶的精神活动也超越了固化的饮茶过程，达到了规则外的自由。

至此，茗饮方式基本完备，近代饮茶风尚开启。色、香、味、形，与食同源；利健康、荡昏寐，与药同理；悦神、雅志，重饮之道。饮茶开始从日常生活方式走向日常生活审美。

我们今天来讨论创新茶艺，一定要清楚地认识到：茶艺从产生，定型，到今天，一直都是在不断创新、不断发展的。没有创新与变革，就不会有茶艺的传承与延续。

## 二、何为创新茶艺

时至今日，茶艺成为健康生活、美好生活、时尚生活的一种表征。关于茶艺的定义、概念、内涵、要求、准则的讨论，也是不绝于耳，行业内外的名家、专家，多有真知灼见，为广大茶艺爱好者提供了很好的参考意见。

所谓"艺"，古为"藝"，《说文解字》释义为：①种植；②才能、技能、技术；③准则、法度、限度；④工艺、技艺、文艺、艺人、艺术。（《汉语大字典》另有文章、典籍，区分，静，古代教育的六种科目统称"六艺"，姓氏等义项。）对其中第④个义项里"艺术"的解释则是"包含戏剧、曲艺、音乐、美术、建筑、舞蹈、电影、诗和文学等的总成，特指富有创造性的方式、方法。"

茶艺，是一门高尚的、雅致的、内涵广泛的艺术形式。从"艺"的释义来看，茶艺之"艺"，至少应该包含以下几层意思：一则技能、技艺；二则准则、规范；三则创造性的方式、方法。

因而，广义的茶艺，可谓研究茶叶的生产、制造、经营、饮用的方法和探讨茶业的原理、原则，以及达到物质和精神全面满足的学问。狭义的茶艺，则可以说是研究如何沏好一壶茶的技艺和如何享受一杯茶的艺术。归根结底，茶艺，应该是关于茶的艺术，是在茶道精神和美学理论指导下的茶事实践，是一门生活的艺术。

就茶艺的内涵而言，笔者以为应该包括：①对各种茶叶色、香、味、形的欣赏，包括干茶、茶汤、叶底；②茶叶沏泡过程，包括沏好一壶茶必须具备的技艺和沏茶本身的演示艺术；③茶具的欣赏，即必备茶具的质地、款式与特殊茶具的收藏把玩；④茶席的布置与设计；⑤良好的品茗环境与空间设计；⑥修身养性的精神洗礼。

因此，我们可以说，茶艺的本质，就是科学地、优雅地泡好一杯茶，符合礼仪地奉上一杯茶，身心愉悦地享受一杯茶。只有先弄清楚了茶艺的内涵与本质特征，才能准确把握创新茶艺的实质。

所谓创新茶艺，是针对规范茶艺而言。1999年，"茶艺师"由国家劳动部列入《中华人民共和国职业分类大典》1800种职业之一；2006年，国家劳动和社会保障部出台《茶艺师国家职业标准》，明确凡是从事相关职业的人员都需参加茶艺师资格考试与鉴定，取得相应资格后方可上岗。自此，按照《茶艺师国家职业标准》进行的茶艺师资格实操考试可算是规定了茶艺的由来。2010—2016 年的三届的中国技能大赛全国茶艺职业技能竞赛中，规定茶艺成为选手参赛必考项目。

规定茶艺即指在规定的时间、场合，用指定的茶叶、用水、器具，按照各茶类科学冲泡的固定程序呈现茶汤的过程。这个过程里，茶、水、火、器、境，都是规定好的，无一定主题，无个性展示，由不得自由发挥与创造，考察的重点是茶艺师冲泡茶叶的基本功和规范程式。之后，在规定茶艺基础上，又新增了茶汤品鉴的的考试项目，重在考察茶艺师科学泡茶、进行沟通、正确传播的能力，把茶汤作为一件艺术作品以供品鉴。这可以说是尊重了茶艺在历史上作为饮茶法而存在的一种考查方式。

而创新茶艺，则是相对规定茶艺而言的自创茶艺，重在考察茶艺师的茶艺技能、思想境界、协调能力、应变能力、艺术修养、审美情趣。

规定茶艺重在考核茶艺基本功，即茶艺礼仪、行为习惯、协调能力、茶汤质量、气质神韵，重规则规范，无多少自由空间。创新茶艺则重在艺术创造，主要考察茶艺作品主题的原创性、思想的文化性、演绎者的个人修养以及对茶汤品质的调控能力，规则之外，还有自由。这给了茶艺师们更多自主发挥与创造的可能。近几年来，从全国到地方，茶文化活动方兴未艾，各级茶艺赛事如雨后春笋，创新茶艺也是花样翻新、层出不穷，涌现了大批高质量的优秀作品。

然而，我们也清醒地发现，随着茶文化的复兴繁盛，当今的创新茶艺也因鱼龙混杂、乱象横生而屡被诟病，让广大爱茶者无所适从。我们常常见到将茶文艺等同于茶艺的作品，以茶为题材编故事，并夸张地表演出来，以至于茶艺成了茶剧、茶舞、茶小品、茶微电影，茶退居于后，成了配角，茶汤也成了可有可无、可喝可不喝的鸡肋。

须知，茶艺是一门生活艺术，绝不是一门表演艺术。创新茶艺，只能是立足于一杯好的茶汤，以主题的创新、内涵的创新、茶席的创新、泡法的创新为辅，完成对美好生活的再现。

## 三、创新茶艺之本质与内涵

茶艺涉及茶科学、茶文化、美学、文学、美术、音乐、书法、花艺、香道、人体工学、礼仪、形体训练、空间美学等多个范畴，是一门综合艺术。国家茶艺职业技能竞赛创新茶艺竞赛项目从创意，礼仪、仪表、仪容，茶艺演示，茶汤质量，文本及解说，时间等六个维度去综合考量个人或者团体自创茶艺的水平。

具体来讲，要求：①主题鲜明，立意新颖，有原创性；意境高雅、深远；茶席设计有创意。②演绎者发型、服饰与茶艺演示类型相协调；形象自然、得体，优雅；动作、手势、姿态端正大方。③根据主题配置具有较强艺术感染力的音乐；演绎动作自然、手法连贯，冲泡程序合理，过程完整、流畅，形神俱备；团队各成员分工合理，配合默契，技能展示充分；奉茶姿态、姿势自然，言辞得当。④茶汤色、香、味等特性表达充分，所奉茶汤温度适宜、适量。⑤文本阐释有内涵，讲解准确，口齿清晰，能引导和启发观众对茶艺的理解，给人以美的享受。⑥在10～15分钟内完成茶艺演示。

在这些项目指标中，创意 25 分，茶艺演示 30 分，茶汤质量 30 分，其他三项各 5 分。从权重可以看出创新茶艺考察的重点仍然在于主题原创、布席新颖、演绎精彩、茶汤恰当。

因此，创新茶艺的本质是在不变之中求变，在变中求不变。否则，舞台再恢宏，布景再美丽，故事再动人，主角再漂亮，茶汤凉了、苦了、涩了，意义何在？不过是一场舍本逐末的镜中花水中月的戏罢了。

### （一）创新茶艺，根本在于夯实基础，强化技能

技能是茶艺之根本。不管是创新茶艺，还是传统茶艺，根本落脚点还是在于泡茶的基本技能、技艺。一个合格的职业茶艺师必须具备的专业技能、技艺，包括熟练掌握茶叶生产、种植、加工、品饮等科学知识，准确把握茶性特点；精准掌握六大茶类茶叶的冲泡演示方法（识茶、选具、布席、煮水、火候、茶量、冲泡、分茶、奉茶）；还要系统了解茶文化历史、茶具、泡茶用水、茶事艺文、茶艺与音乐、茶艺与插花、少数民族饮茶风俗、茶会组织、茶馆经营管理、茶馆日常英语等知识；能够传播推广科学的茶知识。

茶艺最核心和最根本的任务，就是把植物的茶转变为仪式化的茶汤，使这一杯茶汤，充满人情味和审美感。茶、水、器、火、境是茶艺最关键的元素，但只有通过人，才能相互协调。因而，在茶艺的实践操作中，个人冲泡技法、举止礼仪、行为习惯、气质神韵、协调能力、审美情趣也往往决定一杯茶汤的质量，成为衡量一个茶艺师基本素质的重要因素。

2016 年，在全国茶艺职业技能竞赛中，首次引入了茶汤质量比拼这一项。该项目着重于茶汤品质的呈现，以日常生活中让亲友轻松、舒适地喝上一杯高质量的茶汤为目的，考量选手冲泡茶汤的水平、对茶叶品

质的表达能力以及接待礼仪、沟通水平。

个人自创茶艺项目则从作品的原创性、艺术性及选手的文学修养、礼仪素养、茶汤质量、调控能力等方面全面考量选手的茶艺技能。

不管是理论考试，还是规定茶艺、茶汤比拼或自创茶艺，关注的重点都是作为一个茶艺师需要掌握和展示的最基本的茶艺技能和技艺。这是职业茶艺师的立身之本，也是最具说服力的专业素养。因此，要掌握基本的理论常识，规定动作不走样，才算是迈进了茶艺师这个行当的门槛。

**（二）创新茶艺，贵在坚持准则与规范**

就中国的茶艺而言，从冲泡的技艺来看，无论是何种泡法，都有基本的、不可或缺的环节，从布席、备器，到煮水、温壶；从备茶、泡茶，到分茶、奉茶，这每个阶段，都是有一定规律可循的，这个规律，就是茶道赖以存在和沿袭的载体。唐代陆羽煎茶法中提到的造、别、器、火、水、炙、末、煮、饮之"九难"；宋代提出新茶、甘泉、洁器，与天气、佳客搭配的"三点"之说，反之则有"三不点"；明代在饮茶环境上也有"十三宜"与"七禁忌"之说。日本茶道大师千利休也提出了"四规七则"（指和、敬、清、寂的茶道精神和提前备好茶、提前放好炭、茶室应冬暖夏凉、室内插花保持自然美、遵守时间、备好雨具、时刻把客人放在心上的具体要求），强调人境、心境、艺境、环境对茶会的关键作用。这些规则约定了茶艺中人与己的关系，人与物的关系，物与物、人与人的关系。

在茶艺演示中，程式就意味着规矩，意味着规则与律条。简单、大气、雅致、精美、理性的茶艺流程，让人在体味茶叶的自由与率真之余，更多的是清醒、是约束、是规范、是自律。因此，可以说，无论怎么创

383

新，最基本的规范程式都是茶艺演示者要遵循的，在此基础上再兼收并蓄，泡好一壶茶汤。

中国人历来讲求礼仪规范，对很多的礼仪也规定得格外详尽而周密，从服饰、器皿，到规格、程序，举止的方位，都有具体的规定。中国传统茶艺中蕴含着茶礼。庄晚芳先生提倡的"廉美和敬"的中国茶德精神，无一不是讲究茶艺礼仪的。

茶艺活动中，器物位置、行茶动作、程式顺序、泡茶姿势、行走线路，都有其基本规范。一个茶艺师，要能够熟练掌握茶叶冲泡基本规则：准确把控泡茶中的水温、投茶量、出汤次数与时间等环节；容仪整洁，举止端庄，辞令得体，真诚亲切；泡茶手法熟练、圆融、自然、大方，切忌花哨多余。

应熟练掌握茶席设计中的基本规则，准确把握器物的选配与位置关系。茶与器、器与席、席与景、茶与水、人与物……每一样之间都有需要遵循的规律。优秀的茶艺师不仅懂得于不变中求变，更要懂得变中还要有清晰的主题脉络，一以贯之。

中国茶艺，讲究一个"道"，这个道，就是自然的法则，一切以自然、圆融、愉悦、舒适为好。茶艺对规则的敬重，其实表现出中国传统文化对礼法的尊重、对自然的敬畏、对生命的珍惜。

**（三）创新茶艺，核心在于真情与个性**

茶艺的审美对象，一是茶汤，二是技艺。茶、水、火、器、境，是茶汤形成的物质基础。煮水器、泡茶器的选择，赏茶荷、品茶杯、闻香杯的配备，对欣赏茶汤的色、香、味，起到重要作用。茶艺师熟练运用茶艺各元素，实现茶汤呈现、分享、品鉴。日常生活饮茶，通过一杯茶汤，在平凡中的生活中创造美、表现美；舞台艺术茶饮，深化了茶艺审美意识，技艺交融展示美的生活。

创新茶艺，是通过视觉、听觉、味觉、嗅觉、触觉的通感，使演示者、参与者跳出规则的局限与束缚，共同沉浸于真善美的自由境界中。涉及眼、耳、舌、鼻、身感受的茶品鉴赏、茶汤质量、茶艺师仪容、茶席设计、空间布置、器具组合、音乐选配、主客交流等，是外在形式的真与美。人、茶、器、水、火、境完美统一，让人体会到中国茶艺蕴含的文化美、空间美、艺术美、思想美、意境美。

然而，更重要的是茶艺展示的主题、思想、内容，要求真、向善、尚美。不管是规范的饮茶方式，还是个性十足的民俗茶饮方式，或复古还原历史的饮茶方式，都要尊重科学、尊重民俗、尊重历史，在规定流程中求真创新。任何随意的胡编乱造，都是对茶艺的亵渎。

善意与仁爱，是人类永远的情感主题。利用茶艺表达对自然、生命、亲情、爱情、友情、家乡的热爱，是最常见的。成功的创新茶艺，无疑都是能够打动人心的真诚的艺术作品，使茶艺的审美主体与客体能够同时被茶艺传递的真善美所感动，甚至震撼。

那些不懂茶艺为何的人，在舞台上、茶桌前装腔作势、矫揉造作、夸张媚俗的表演，毫无真诚可言，更无真美可信，极大地损毁了茶艺师的形象，伤害了茶艺的本质。

茶艺作品如何与传统文化、当代生活发生联系，如何反映中国和全球化的世界，这是每个茶艺创编者要问答的问题。中国茶艺要走向世界，要得到世界承认，还要靠茶艺师内在的创造力。我们鼓励准确深入阐释主题内涵，演示形式加入独创性、茶席设计与器具选配个性化。演示者通过形式新颖的创编和演示方法来展示茶的精神内涵和本质，让观赏者受到启发，产生共鸣，过目不忘。

这几个要素里，关键是主题与内容的创新。主题的阐释，一是通过主题文本的解说词，二是通过其他要素的创新来辅助达到。文本阐释要简洁精炼，演示者操作时不宜解说茶艺，一心二用，还是不如专注一境的好。茶本来是"冲澹简洁，韵高致静，则非惶遽之时可得而好尚矣"，静心泡茶，才能尽可能地去与茶共语，体物这一泡茶的来之不易，保持"一期一会"的尊敬、感恩、怜惜之心。好的茶艺演示，应该能让观赏者观而明理、思而悟道。如因演示目的不同，实有必要，则另当别论，茶艺解说可设在前奏与奉茶结束后，也可作为旁白。

### （四）创新茶艺，使命在于文化传承

传承是茶艺之使命。新的时代背景下，茶艺要有所为有所不为，创新茶艺不能一味标新立异，而完全抛却传统。创新茶艺的创新，一定是有所继承的创新，这个继承，就是要继承一脉相承的茶文化的精髓、茶文化的核心——廉、美、和、敬的茶道精神。

中国茶艺师如果能够把中国茶艺传统化为创意资源，就能够创造出全新而具有中国特色的茶艺作品。茶艺的创编必须坚持基于民族文化基础之上，因为"只有民族的才具有本体的文化和艺术价值，也才是具有个性的贡献"，内容的创新也好，形式的创新也罢，中华民族传统文化这个主题是千百年来中国文化的最高精神和审美理想，应该是一以贯之、亘古不变的。任何时候的任何中国艺术，都要有充分的民族个性自觉。茶艺的灵魂是茶道，茶艺的最本质特征应该与茶道相吻合，因而，创新茶艺要展示其求精进、尚本真、修儒雅、得中和的内涵精神。

一为求精进。茶，生于烂石砾壤之间，却不自轻自弃，努力吸取天地精华，虽经风吹日晒雨淋、采摘揉捻顿挫、气蒸火烤炭焙，却不改初衷，坚守自己的清白与价值追求，最后在沸腾的开水中，勇敢绽放自己，毫无保留地奉献自己，最终成就那一杯完美的茶汤。要想习得茶的精进之精神，首先要有一颗谦虚温良的心，真正地认知茶、读懂茶，了解每一份茶来之不易的艰辛，懂得每一片茶的初心，潜心去领悟茶与水的"一期一会"，以求对得起这份茶对于你的信任。简单、大气、雅致、精美、理性的茶艺流程，让人在体味茶的自由与率真之余，更多的是清醒，是约束，是规范，是自律。

　　二为尚本真。真者，信也。茶艺崇尚本真的特质，可以帮助我们树立求真务实、脚踏实地的科学研究精神，树立自然、朴实、快乐的健康理念，形成诚实、守信、真诚的品格。

　　学习茶艺，首先要学习茶叶科学知识，了解茶叶的生长、种植、加工、品饮特点，懂得做好茶、泡好茶、会喝茶的重要性。其次，茶饮要求尊重茶的天然属性，珍惜茶的"真香灵味""烹而啜之，以遂其自然之性"，容不得虚假、花哨、粉饰。茶艺演示也注重"天然去雕饰"，潜心泡出一杯好茶汤，足以尽情诠释茶的魅力，不能过分夸大演绎茶以外的元素。

　　三为修儒雅。茶为草中英，乃天地之灵物，承丰壤之滋润，受甘霖之霄降，是"南方之嘉木""象征着尘世间的纯洁""洁性不可污"，象征着高贵的君子性。

　　茶的特性与人的性情最为贴近，其冲淡、平和、纯洁、正直、朴实、高雅、与世无争的特性非常吻合中国传统文化的特质。茶艺具有浓郁的文化韵味：内涵丰富的茶道精神，赏心悦目的演示动作，精美绝伦的茶席设计，尽善尽美的茶饮环境；人们通过茶艺活动获得精神的愉悦，"探玄虚而参造化，清心神而出尘表"，修身养性，使自己的心智更为高雅。

四为得中和。茶艺最核心和最根本的任务，是把植物的茶转变为仪式化的茶汤，使茶汤充满人情味和审美感，呈现一杯更加完善的茶汤。"茶"为茶汤之核，"器"为茶之父，"水"为茶之母，"火"为内功，"境"为外力，"人"则是协调、观照的主体，通过准确把握前面五个基本元素之间相互依赖与制约的关系，来进行有礼有节的茶艺演示，最终调和出一杯蕴含天、地、人三者灵气的好茶汤。

茶艺的最高境界，重在诠释自己对茶、对人、对自然、对人生的理解，即人与自然的和谐、人与人的和谐、人自身的和谐、人与社会的和谐，充分体现了中国儒释道哲学的中和之精髓。

**（五）创新茶艺，生命在于理论体系的创新**

创造力、创新性是茶艺之生命源泉。新时期的茶艺，要有新创意、新观念、新形态和新载体。

当代茶艺发展，急需新理论体系的建立。对茶艺要有全面和理性的认知。

唐卢全有"七碗茶歌"，言尽茶饮的七个层次："一碗喉吻润，两碗破孤闷。三碗搜枯肠，唯有文字五千卷。四碗发轻汗，平生不平事，尽向毛孔散。五碗肌骨清，六碗通仙灵。七碗吃不得也，唯觉两腋习习清风生。蓬莱山，在何处？玉川子乘此清风欲归去。"

从品茶艺术的角度看，卢全在诗中所描写的"一碗"至"七碗"的境界，把饮茶分为从"喉吻润"（解渴）、"破孤闷"（去烦）到激发创作欲望、释放内心的压抑，一直到百虑皆忘、飘飘欲仙，进入禅的境界，从现实到理想，从物欲到精神。因此，我们也可以知道，自古以来，饮茶行为就是各有所求、各取所需，不一定非要每一个人都上升到最高的境界。润喉解渴也罢，提神益思也罢，坐禅兴寐也罢，明心悟道也罢，目的不同，层次不同，对茶艺的要求也应该不同。

因此，当今的创新茶艺，对不同场合、不同目的的茶艺活动，考评的要素应该有所区别。

会展上的表演型茶艺，一般着重于产品的推广、企业的宣传，因而夸张的舞美设计、精致的背景处理、适宜的音乐搭配，都是可以的，因为要的是营造氛围、宣传效果，重点并不是一杯茶汤。营销型的茶艺，大多数也是出于这个目的而进行的。

生活类茶艺，主要侧重日常生活中的茶饮，重在如何让茶饮为大多数人接受，那么重点应该是如何把茶泡得好喝，让更多人接受茶、喜欢茶，进而引导他们喝茶、消费茶。茶艺考量的关键点应该在茶的调饮、茶的品鉴、茶饮的多种可行性的探索，激发大家对茶艺的兴趣，倡导家庭日常的健康茶饮。

技能型茶艺，则是考察专业的茶艺师泡茶的基本功底，包括对各大茶类的茶性的了解、把握，以及对茶性的科学呈现；动作程式规范、选茶配器得当、介绍知识正确、席面设计协调、关照客人周到。最终必须是用一杯茶汤来表现茶艺师的水准。

修行类茶艺，着重于挖掘或者展现精神层面的要求。形式上可能应较为简略，不应过多注意华器华服、美景美人的展示，要更加注重精心选茶、静心泡茶、凝神品茶，通过固定的茶饮程式，修习心性，感悟茶道茶理。一人得神、二人得韵、三人得趣，人、茶、器、水、火、境，完美成为一个整体，席间不语，一切尽在不言中。

中国茶艺走到现在，还要继续发展，要讲究创意和设计，但也要分清茶艺的类别与目的。如果是强调"茶礼"，那要做的应该是"恢复旧制并传承"。如果是着重"茶德"，那更要讲究的是茶中之哲学意蕴。如果需要进行剧情设计、空间设计、创意呈现，这就应该是茶文艺的范畴了。

整体上来讲，因为类别不同、目的不同，对茶艺的评判标准也应该不同。我们要分清不同茶艺的初衷，也不能对表演型、营销型茶艺一味批判，毕竟茶产业的发展和企业的品牌建设也需要更多的宣传和市场之手的推动。

## 四、结语

中国传统茶艺既要立足于创新发展，向世界证明自己的创造性、开放性、包容性，更要懂得坚守现实的、传统的、深厚的文化根基，在规则之下寻求自由的表达，在传承的基础上求创新，努力形成自己的文化特色和理论体系，成为中华民族文化精髓的真正代表和重要载体。

日行一茶，能启发人们关注自我、心灵、精神、意义、情趣，实现生活的美学追求。

中国茶艺，要成为日常化的生活仪式。

（2017 中国茶叶学会"全国茶艺沙龙"研讨会交流，2019 年发表于《农业考古》）

# 从心出发，重新出发

## ——代后记

这是一个悲伤的、痛苦的、死亡的春天。

这是一个艰难的、煎熬的、战斗的春天。

这是一个感动的、再生的、希望的春天。

这是所有中国人不能忘记的春天。

这是每个湖北人难以言说的春天。

有的已经沉睡，有的正在死去，也有的刚刚苏醒。

在这样一个特殊的春天里，羁留于他乡，面对汹汹疫情，牵挂困守江城的手足同胞，渺小如我、无力如我，内心有着深深的恐惧、不安，甚至耻辱、羞愧。经过最初二十多天的寝食难安以后，决定听从老师们的建议，静下心来，做点什么。他说，当下，我们应该接受现实，尽可能安顿好自己的身心，也就是共纾国难的最好行为。他说，彼此平安，相期以茶。作为一个习茶者，我懂得这句话的意义。我想，这个特殊的时期，除了祈祷，静守、思考、总结，也许是我唯一能够做的事情。

当我在茶台前坐下，一杯氤氲的茶汤中，十五年的习茶时光，一个个场景，一幕幕画面，都涌到眼前……老师们亲切的眼神、和蔼的笑容、勤谨的态度，同学们欢乐的笑声、珍贵的友谊、坚韧的品质；自己从一个茶的爱好者，成长为一个茶文化的忠实传播者，从一个学生成长为"中华优秀茶文化教师"，从一个汉语言文学专业教师成长为一个茶文化专业教育者、研究者……一路走来，多少老师耳提面命，多少老师谆谆教诲，多少师友携我同行。时至今日，我是幸运的，我是幸福的。

从2006年开始，我就与杭州、与茶结下不解之缘。因为爱茶，决定要去读茶学专业研究生的时候，是经过了艰难抉择和艰苦努力的。毕竟一个上有老下有小的中年职场女性，要付出的实在太多。当我终于接到录取通知书，踏进坐落于美丽的西子湖畔的中国农业科学院茶叶科学研究所的大门，那一瞬间，我觉得自己所有的辛苦都是值得的，与生俱来的那种对美好事物的亲近感被深深地激发了。中茶所被四季常青的茶园和山岚云雾所环绕，常年与茶树相伴、与山花为伍，俨然如世外桃源，这是我非常喜欢的学校。后来，我也曾到美丽的浙江大学参加高级茶道养生师班的课程学习。就这样，从农业推广硕士，到专修班，再到国家级茶艺师资班；从一个学生到中国茶叶学会茶艺师资班的特聘教师，历经十五年的时光，我成了收获最多的那个人。

我遇见最敬业最具茶德的老师。他们都是茶的使者，爱的使者。课堂上的兢兢业业、循循善诱，生活中的无微不至、谆谆教诲，让我们不仅学到系统的专业知识，更让我们学会做人做事。他们用言传身教，让我们体悟如何成为一名真正的茶人——以身许茶，淡泊名利，坚守信仰，不改初心，求真，向善，尚美。他们向所有的学员展现了老茶人的崇高风范。难忘年近八旬的阮浩耕老师冒着炎热酷暑给我们讲述中国茶馆文化；难忘童启庆先生对我腰疾的关怀和为我按摩的手掌温度；难忘程启坤先生在我硕士论文答辩会上的精彩点评与殷切期望；难忘王岳飞教授一直以来的关心与指导；难忘大雪纷飞中屠幼英教授温暖的笑容；难忘鲁成银老师带我们走进火红的枫树林，去感受茶生活与大自然的美；难忘周智修老师不厌其烦地给我们示范茶艺实操，更难忘冬日里为手术后的我精心熬制好的热腾腾的药草汤；难忘陈亮老师带领我们穿行于茶树资源圃里的晶莹汗水；难忘刘栩老师幽默而丰富的审评术语；难忘于良子老师淡定睿智的微笑与四明山偶露的童真；难忘年轻的袁碧枫老师事无巨细的周到与体贴；难忘薛晨、潘蓉、陈钰老师跑前跑后的快乐身影与爽朗笑声……

我遇见最友爱最好学最热心的同学。他们来自五湖四海，各行各业，因着一份热爱、一份信仰，成为同窗。同学们克服各种困难，用顽强的精神、坚韧的毅力、踏实的学风、朴实的品格，展现了新茶人的精神风貌。难忘第一次相见的紧张与羞涩，难忘每次离别与再见的不舍与欣喜，难忘所有同学给予我的理解与帮助，难忘他们为我张开的臂膀和流下的热泪……

我遇见了最真诚最坦荡、求知若渴的学员。每一个到中茶所学习的学员，就像一片片茶叶，在阳光下散发着油润的光泽；又像一朵朵茶花，吐露出清雅的芬芳；像一颗颗种子，深深扎根于茶行业的土壤，努力成长为一棵茶树。他们或为茶行业翘楚，或为大中专院校和社会培训学校老师，或为爱茶者与美好生活的追求者，为了"茶"这一共同的目标，走到一起。

源于心中爱茶的热情，我们相约、守候；源于老师的热情教导，我们成长、丰厚；源于同学的相互扶持，我们从陌生人成为朋友。四季流转，我们走过岁月的一个圆；坦诚相待，我们结下生命中的一份缘。

遇见茶，让我们成为更加真实的自己；遇见恩师，让我们成为更加成功的自己。遇见同学，让我们成为更加善良更加美好的自己。十多年的系统学习，让我从基础开始，从实践开始，重新面对自己，面对茶，进一步夯实根基，调整与完善自己的理论体系。

从实践中来，再到实践中去，反复的学习、研究与总结才是不断进步的途径。十多年来，遵循恩师们的教导，在完成正常的教育教学任务之余，一直坚持围绕地方茶产业、茶文化开展学习与研究。湖北是产茶大省，特别是位于古峡州地带中的宜昌、远安、五峰、长阳、恩施等地，茶文化历史悠久，有很多优势，茶也是地方支撑产业，但产业发展仍然面临着很多问题。参与本地茶产业发展的调研、规划，指导本土茶企业品牌与文化建设，挖掘、整理本土茶文化资源，梳理、创新茶文化产业发展的可能性，为当地政府决策提供借鉴与参考，是我应尽的职责。在此期间，也得到了母校中茶所、浙江大学、中国茶叶学会、中国国际茶文化研究会、湖北省茶叶学会、宜昌市茶产业协会、宜昌市三峡茶文化研究会、民俗文化研究会多位专家老师的悉心指导与教诲，让我能够为家乡做点力所能及的事情，并将这些想法与思路形成文字。这些文字，无非只是自己十多年来学茶、习茶、研茶的一个总结和记录，很多文字已经过时，很多情况也发生了改变。旧时文章，陈旧数据改是不改？思来想去，还是尽量维持原状的好，无论是当时的幼稚，还是如今的浅陋，总算是一个真实的心路历程。结集出版，内心惴然。尤其是恩师阮浩耕先生不嫌拙文浅薄，疫情期间，不顾耄耋高龄，百忙中再为一序，倍感鼓舞与激励。九年前，拙著《且品诗文将饮茶》蒙先生作序，蓬荜生辉，受到很多茶友喜爱。多年来，一直受先生垂爱与关心指点，如不奋蹄自砺，有负师恩。

困守在南国的房间里，无法感受春天的气息。朋友们纷纷通过手机分享那些记忆中或者期待着的春天。我却想起2017年深秋的中茶所，火红的枫香、金色的银杏，照耀着我的眼和我的心。那一棵历尽沧桑的老黄连树，依旧屹立在那里，默然不语。站在大门口，辞别老师们、学友们，用满满的珍爱与珍惜。

人生总在别离。我们不断告别。告别一个人，告别一段时光，告别一件往事，告别过去的自己。这个春天，告别的人太多，被迫不辞而别的人也很多。不管是一事一物，还是一人一情，只要彼时我们曾经付出了真心真情真爱，即便匆匆而别，遗憾应该会少点吧？对茶，亦如此，我想。

回到今年这个春天，难道不也是一样？狄更斯在《双城记》里说："那是最美好的时代，那是最糟糕的时代；那是智慧的年头，那是愚昧的年头；那是信仰的时期，那是怀疑的时期；那是光明的季节，那是黑暗的季节；那是希望的春天，那是失望的冬天。"也许我们正面临着的就是这样的季节——最黑暗的、也是最光明的；最失望的、也是最有希望的。

"新竹高于旧竹枝，全凭老干为扶持。下年再有新生者，十丈龙孙绕凤池。"我们每一个茶文化工作者，应该怀着勇气、信心、热爱和奉献，高擎茶的旗帜，以平生之心力，重新出发，尽己之责，脚踏实地，为茶之美业添砖加瓦。

谨以手中这一杯茶，祭奠没来得及看见2020年春天的朋友。谨以此书感恩习茶路上所有的师长、朋友、亲人的帮助与鼓励，感激中国农业出版社为此书出版呕心沥血、辛勤付出的众多编辑们。

刘伟华

2020.2.25 于深圳

补记：2020 年 10 月 23 日，父亲与我们不辞而别，他没能看到此书的出版。谨以此书告慰父亲在天之灵。2020 年 12 月 31 日。

**图书在版编目（CIP）数据**

走笔且吃茶：茶文化漫谈 / 刘伟华著. — 北京：
中国农业出版社，2021.4
ISBN 978-7-109-27543-0

Ⅰ.①走… Ⅱ.①刘… Ⅲ.①茶文化－中国 Ⅳ.
①TS971.21

中国版本图书馆 CIP 数据核字(2020)第 213557 号

**走笔且吃茶：茶文化漫谈**
**ZOUBI QIE CHICHA: CHAWENHUA MANTAN**

中国农业出版社出版
地址：北京市朝阳区麦子店街 18 号楼
邮编：100125
责任编辑：吕　睿
版式设计：马红欣　责任校对：吴丽婷
印刷：北京印刷一厂
版次：2021 年 4 月第 1 版
印次：2021 年 4 月北京第 1 次印刷
发行：新华书店北京发行所
开本：700mm×1000mm　1/16
印张：25.5
字数：400 千字
定价：78.00 元